"十三五"职业教育国家规划教材

微课版

Access数据库
技术与应用项目化教程

新世纪高职高专教材编审委员会 组编

主 编 屈武江

副主编 李 秋 陈金萍

　　　 霍艳飞 李艳阳

　　　 张钦建

第二版

● 互联网+：

高清视频讲解，让学习更高效

● 超值资源包：

微课视频+教学课件+教学大纲+素材+课后答案

● 主流版本+大量实例：

主流Office 2010版软件，配备大量实例，积累实战经验

大连理工大学出版社

图书在版编目(CIP)数据

Access 数据库技术与应用项目化教程 / 屈武江主编
. —2 版. —大连:大连理工大学出版社,2018.1(2022.8 重印)
新世纪高职高专计算机应用技术专业系列规划教材
ISBN 978-7-5685-1118-6

Ⅰ. ①A… Ⅱ. ①屈… Ⅲ. ①关系数据库系统-高等
职业教育-教材 Ⅳ. ①TP311.138

中国版本图书馆 CIP 数据核字(2017)第 274939 号

大连理工大学出版社出版
地址:大连市软件园路 80 号   邮政编码:116023
发行:0411-84708842   邮购:0411-84708943   传真:0411-84701466
E-mail:dutp@dutp.cn   URL:http://dutp.dlut.edu.cn
沈阳百江印刷有限公司印刷   大连理工大学出版社发行

幅面尺寸:185mm×260mm   印张:18   字数:459 千字
2014 年 10 月第 1 版   2018 年 1 月第 2 版
2022 年 8 月第 5 次印刷

责任编辑:马　双   责任校对:杨　娅
封面设计:张　莹

ISBN 978-7-5685-1118-6   定　价:45.00 元

本书如有印装质量问题,请与我社发行部联系更换。

前言

　　《Access 数据库技术与应用项目化教程》(第二版)是"十三五"职业教育国家规划教材、"十二五"职业教育国家规划教材，也是新世纪高职高专教材编审委员会组编的计算机应用技术专业系列规划教材之一。

　　Access 数据库是 Microsoft 公司推出的运行于 Windows 操作系统之上的一种关系型桌面级数据库管理系统，Access 2010 是目前流行的版本。Access 2010 不仅继承和发扬了以前版本功能强大、界面友好、易学易用的优点，并且进行了增加智能特性、创建 Web 网络数据、增加数据类型，优化用户界面等数十项改进，使原来十分复杂的数据库管理、应用和开发工作变得更简单，更轻松，更方便；同时，突出了数据共享、网络交流、安全可靠的优势。Access 具有普通用户不必编写代码就可以完成大部分数据库开发和应用的特点，这使它成为目前流行的数据库管理软件之一。

　　教材特色

　　1. 本教材采用基于工作过程的项目化、任务驱动的教学模式，采取"任务描述—相关知识—任务分析—任务实施—任务实训—任务小结"的结构来整合理论知识、实践技能以及实训内容。在每个教学任务中都由相关知识点提供理论知识的储备，任务分析对任务内容进行讲解和阐述，任务实施指导学生完成任务的操作，任务实训针对本任务的学习进一步强化训练。

　　2. 本教材选取 Access 2010 作为数据库技术教学内容，教材内容与企业生产实际紧密结合，充分体现了技术先进、实用性强的特点，自第 1 版出版以来，得到了市场的广泛认可。

　　3. 本教材具有"案例连贯、由浅入深""够用""难度降低"的特色，适应高职高专学生学习能力的需要。本教材采用了三个实际项目，学生管理系统作为主要教学案例贯穿全书，图书销售管理系统作为任务实训，库存管理系统作为综合课程设计实训项目。

　　4. 本教材采用"小提示""任务实训""课程设计"等教学提示和安排，加强对知识点和实训任务的深入理解。

　　5. 本教材介绍了 Access 2010 数据库的相关理论和实践操作，并以学生管理系统为教学案例应用 Access 2010 实现具体应用软件系统开发的过程。本教材的教学内容与全国计算机等级考试二级 Access 考试大纲相衔接，可作为全国计算机等级考试二级 Access 的教材和参考资料。

6.本教材编写团队多年从事数据库技术和程序设计语言的教学工作,应用数据库技术设计、开发了多个应用软件系统,具有丰富的 Access 数据库教学和开发设计能力。

内容体系

　　本教材包括八个任务和附录,分别为:初识 Access 数据库;创建"学生管理"数据库;学生管理系统数据表的操作;创建学生管理系统的查询;创建学生管理系统的窗体;创建学生管理系统的报表;创建学生管理系统的界面;"学生管理"数据库的安全性设置;附录为 Access 2010 数据库技术课程设计指导。

　　本教材由大连海洋大学应用技术学院屈武江任主编,大连海洋大学应用技术学院李秋、陈金萍、霍艳飞,安徽审计职业学院李艳阳,甲骨文(中国)软件系统有限公司张钦建任副主编。具体分工如下:任务 1、任务 2 由屈武江编写,任务 3 由李艳阳编写,任务 4、任务 5 由李秋编写,任务 6 由李秋和张钦建编写,任务 7 由陈金萍编写,任务 8 和附录由霍艳飞编写,全书由屈武江负责统稿。

　　本教材是新形态教材,充分利用现代化的教学手段和教学资源辅助教学,图文声像等多媒体并用。本书重点开发了微课资源,以短小精悍的微视频透析教材中的重难点知识点,使学生充分利用现代二维码技术,随时、主动、反复学习相关内容。除了微课外,还配有传统配套资源,供学生使用,此类资源可登录教材服务网站进行下载。

　　在编写本教材的过程中,编者参考、引用和改编了国内外出版物中的相关资料以及网络资源,在此表示深深的谢意! 相关著作权人看到本教材后,请与出版社联系,出版社将按照相关法律的规定支付稿酬。

　　尽管我们在本教材的编写方面做了很多努力,但由于编者水平有限,加之时间紧迫,不足之处在所难免,恳请各位读者批评指正,并将意见和建议及时反馈给我们,以便下次修订时改进。

编　者

2018 年 1 月

所有意见和建议请发往:dutpgz@163.com
欢迎访问职教数字化服务平台:http://sve.dutpbook.com
联系电话:0411-84706671　84707492

目　录

任务 1　初识 Access 数据库 ·· 1
　任务描述 ··· 1
　相关知识 ··· 1
　　知识点　Access 2010 数据库系统概述 ································· 1
　任务 1.1　Access 2010 的安装、启动与退出 ··························· 4
　任务 1.2　了解 Access 2010 的工作界面 ······························ 8
　任务实训　认识 Access 2010 数据库 ·································· 12
　任务小结 ··· 13
　思考与练习 ··· 13

任务 2　创建"学生管理"数据库 ···································· 14
　任务描述 ··· 14
　相关知识 ··· 14
　　知识点 1　数据库系统基础知识 ····································· 14
　　知识点 2　数据模型 ··· 16
　　知识点 3　关系数据库和关系运算 ·································· 18
　　知识点 4　数据库的设计 ·· 20
　　知识点 5　Access 2010 创建数据库的方式 ······················ 25
　　知识点 6　Access 2010 的文件和数据库对象 ···················· 27
　任务 2.1　学生管理系统的数据库设计 ······························· 30
　　子任务 1　学生管理系统的需求分析 ································ 30
　　子任务 2　学生管理系统的功能分析 ································ 33
　　子任务 3　"学生管理"数据库的概念设计 ······················· 35
　　子任务 4　"学生管理"数据库的逻辑设计 ······················· 38
　　子任务 5　"学生管理"数据库的物理结构设计 ··················· 38
　任务 2.2　创建和打开"学生管理"数据库 ··························· 40
　　子任务 1　使用"学生"模板创建"学生管理_模板"数据库 ········· 40
　　子任务 2　创建空的"学生管理"数据库 ·························· 42
　　子任务 3　打开"学生管理"数据库 ······························ 42
　任务 2.3　设置当前数据库选项 ·· 43
　任务 2.4　"学生管理"数据库对象的基本操作 ······················ 46
　　子任务 1　创建数据库对象 ·· 46
　　子任务 2　打开数据库对象 ·· 47

子任务 3 复制数据库对象 ································· 49

子任务 4 删除数据库对象 ································· 49

子任务 5 关闭数据库对象 ································· 50

任务实训 数据库的设计、创建与管理数据库对象 ······················ 51

任务实训 1 图书销售管理系统数据库的设计与创建 ··············· 51

任务实训 2 数据库对象的基本操作 ······················ 52

任务小结 ···································· 53

思考与练习 ··································· 53

任务 3 学生管理系统数据表的操作 56

任务描述 ···································· 56

相关知识 ···································· 56

知识点 1 表的概念和结构 ··························· 56

知识点 2 Access 2010 表字段的数据类型 ················· 58

知识点 3 Access 2010 的表达式和函数 ················· 59

知识点 4 字段的属性 ····························· 64

知识点 5 索引及其分类 ··························· 66

知识点 6 数据完整性 ····························· 67

任务 3.1 创建学生管理系统的数据表 ····················· 68

子任务 1 使用直接输入数据的方法创建"系部"表 ············· 68

子任务 2 使用模板创建"班级"表 ····················· 70

子任务 3 使用表设计器创建"学生"表 ··················· 71

子任务 4 使用表设计器创建"教师"表、"授课"表和"选课"表 ······· 75

子任务 5 使用导入外部电子表格的方法创建"课程"表 ·········· 76

任务 3.2 修改"学生管理"数据库的表结构 ·················· 80

子任务 1 修改"课程"表结构 ························ 80

子任务 2 修改"学生"表和"教师"表结构 ················· 83

子任务 3 "学生管理"数据库中表的索引管理 ·············· 86

子任务 4 调整"学生"表的外观 ······················ 88

任务 3.3 建立"学生管理"数据库表之间的关系 ··············· 90

任务 3.4 编辑表中的数据记录 ······················· 92

子任务 1 向"班级"表和"学生"表中添加数据记录 ············ 92

子任务 2 删除"学生"表中数据记录 ··················· 93

子任务 3 修改"学生"表中数据记录 ··················· 94

任务 3.5 数据表的其他操作 ························· 95

子任务 1 查找"学生"表的数据 ····················· 95

子任务 2 替换"学生"表的数据 ····················· 96

子任务 3 对"学生"表的数据记录进行排序 ··············· 97

子任务 4 筛选"学生"表的记录 ····················· 98

子任务5 对"学生"表的行进行汇总统计 ·············· 101
子任务6 对"学生"表的数据进行导出 ················ 102
任务实训 图书销售管理系统数据表的操作 ············· 106
任务小结 ·································· 109
思考与练习 ································ 109

任务4 创建学生管理系统的查询 ·················· 113
任务描述 ·································· 113
相关知识 ·································· 113
知识点1 查询概述 ····························· 113
知识点2 查询的视图 ·························· 114
知识点3 SQL 查询语句 ······················ 117
任务4.1 使用简单查询向导建立查询 ·············· 121
子任务1 创建查询班级信息的查询 ··············· 121
子任务2 创建查询"学生"表部分字段的查询 ········ 122
任务4.2 利用交叉表查询向导创建交叉表查询 ········ 124
任务4.3 使用设计器建立查询 ···················· 126
子任务1 创建查询性别为"男"的学生信息的选择查询 ··· 126
子任务2 创建查询"网络12"班学生信息的选择查询····· 128
子任务3 创建查询学生信息的多表选择查询 ········· 130
子任务4 创建根据"班级名称"查询学生信息的参数查询 ··· 132
任务4.4 使用 SQL 视图建立查询 ················ 134
子任务1 使用 SQL 视图创建查询姓"张"的学生信息的选择查询 · 134
子任务2 创建查询"网络12"班中性别为"男"的学生信息的查询 · 135
任务4.5 操作查询的创建 ······················ 136
子任务1 创建生成表查询 ····················· 136
子任务2 创建更新查询 ······················· 138
子任务3 创建追加查询 ······················· 140
子任务4 创建删除查询 ······················· 141
任务4.6 查询的其他操作 ······················ 143
子任务1 查询的修改 ························· 143
子任务2 查询的统计计算 ····················· 145
子任务3 新字段查询 ························· 146
任务实训 创建图书销售管理系统的查询 ··········· 148
任务小结 ·································· 149
思考与练习 ································ 150

任务5 创建学生管理系统的窗体 ·················· 153
任务描述 ·································· 153
相关知识 ·································· 153

知识点 1　窗体概述 ……………………………………………………………… 153

知识点 2　窗体控件 ……………………………………………………………… 158

任务 5.1　快速建立窗体 ……………………………………………………………… 159

子任务 1　使用自动窗体创建浏览"班级信息"的窗体 …………………… 160

子任务 2　使用向导创建浏览"系别信息"的窗体 ………………………… 160

子任务 3　使用向导创建基于多表的浏览学生信息的窗体 ……………… 162

子任务 4　创建浏览班级和学生信息的主/子式窗体 …………………… 164

任务 5.2　使用设计器创建窗体 ……………………………………………………… 166

子任务 1　创建浏览学生信息的窗体 ……………………………………… 166

子任务 2　创建编辑学生信息的窗体 ……………………………………… 168

子任务 3　创建通过班级名称查询学生信息的窗体 …………………… 168

子任务 4　创建使用参数查询学生选课和成绩信息的窗体 …………… 170

任务 5.3　美化窗体 ………………………………………………………………… 172

任务 5.4　创建编辑系别信息的窗体 ……………………………………………… 176

任务实训　创建图书销售管理系统的窗体 ………………………………………… 178

任务小结 ……………………………………………………………………………… 181

思考与练习 …………………………………………………………………………… 181

任务 6　创建学生管理系统的报表 ………………………………………………… 183

任务描述 ……………………………………………………………………………… 183

相关知识 ……………………………………………………………………………… 183

知识点　报表概述 ………………………………………………………… 183

任务 6.1　使用报表工具创建报表 ………………………………………………… 187

任务 6.2　使用向导创建打印班级信息的报表 …………………………………… 188

任务 6.3　使用设计器创建和修改报表 …………………………………………… 190

子任务 1　创建打印学生详细信息的报表 ……………………………… 190

子任务 2　修改打印学生详细信息的报表 ……………………………… 192

任务 6.4　创建标签报表 …………………………………………………………… 194

任务 6.5　设计汇总和分组报表 …………………………………………………… 196

子任务 1　在报表中使用计算控件 ……………………………………… 196

子任务 2　设计分组汇总报表 …………………………………………… 198

任务 6.6　窗体调用报表打印学生信息 …………………………………………… 202

任务实训　创建图书销售管理系统的报表 ………………………………………… 205

任务小结 ……………………………………………………………………………… 207

思考与练习 …………………………………………………………………………… 208

任务 7　创建学生管理系统的界面 ………………………………………………… 209

任务描述 ……………………………………………………………………………… 209

相关知识 ……………………………………………………………………………… 209

知识点 1　宏操作 ………………………………………………………… 209

知识点 2 模块的操作 ··· 213
知识点 3 将宏转换为模块 ·· 215
知识点 4 VBA 程序设计基础 ·· 216
知识点 5 VBA 数据库编程 ··· 227
任务 7.1 学生管理系统中宏的操作 ··· 230
子任务 1 创建自动运行宏打开"启动"窗体 ······································ 230
子任务 2 创建打开班级信息窗体的条件宏 ······································· 232
子任务 3 创建禁止显示空白学生详细信息报表的嵌入宏 ····················· 234
子任务 4 使用子宏创建学生管理系统主菜单 ····································· 235
子任务 5 把主菜单加到学生管理系统的主界面上 ······························ 238
任务 7.2 创建学生管理系统用户登录界面 ··· 239
子任务 1 创建"登录"窗体 ··· 240
子任务 2 使用宏实现用户登录功能 ··· 241
子任务 3 使用模块实现用户登录功能 ·· 245
任务 7.3 使用模块实现学生管理系统启动界面的功能 ····························· 247
任务实训 创建图书销售管理系统的界面 ·· 248
任务小结 ··· 249
思考与练习 ·· 249

任务 8 "学生管理"数据库的安全性设置 ·· 252
任务描述 ··· 252
相关知识 ··· 252
知识点 Access 安全性新增功能 ··· 252
任务 8.1 "学生管理"数据库的压缩、修复和备份 ·································· 254
子任务 1 压缩和修复"学生管理"数据库 ·· 254
子任务 2 备份"学生管理"数据库 ··· 255
任务 8.2 "学生管理"数据库的安全性设置和管理 ································· 257
子任务 1 设置和撤消"学生管理"数据库的密码 ······························ 257
子任务 2 打包并签署"学生管理"数据库 ·· 258
子任务 3 将"学生管理"数据库添加到受信任位置 ···························· 259
子任务 4 将"学生管理"数据库生成 ACCDE 文件 ··························· 261
任务实训 图书销售管理数据库的安全性设置 ·· 262
任务小结 ··· 262
思考与练习 ·· 262

参考文献 ·· 264
附录 Access 2010 数据库技术课程设计指导 ··· 265

本书微课视频列表

序号	二维码	微课名称	页码
1		使用表设计器创建学生表	72
2		使用导入外部电子表格的方法创建课程表	76
3		建立学生管理数据库表之间的关系	90
4		创建查询学生信息的多表选择查询	130
5		使用 SQL 视图创建查询姓张的学生信息的选择查询	134
6		创建更新查询	138
7		使用向导创建基于多表的浏览学生信息的窗体	162
8		创建浏览班级和学生信息的主/子式窗体	164

（续表）

序号	二维码	微课名称	页码
9		创建浏览学生信息的窗体	166
10		创建编辑系别信息的窗体	177
11		使用向导创建打印班级信息的报表	188
12		使用设计器创建和修改报表	190

任务1 初识Access数据库

1. Access 2010 的安装、启动与退出
2. Access 2010 的工作界面

数据库技术在 20 世纪 60 年代末作为最新数据管理技术登上了历史舞台。几十年来,数据库技术得到了迅速发展,它的应用遍及各行各业。相继出现了许多优秀的数据库管理系统,如 Access、Visual FoxPro、SQL Server、Oracle 和 MySQL 等。Access 是微软公司 Office 办公套件中一个极为重要的组成部分,是流行的一种桌面数据库管理系统,具有功能强大、容易使用、适应性强的特点,目前已经成为用户开发中小型数据库系统的主流数据库技术之一。

本书以学生管理系统为主线,采用任务驱动教学模式,全面讲述 Access 数据库管理系统的基本原理和基本操作,并使用 Access 数据库实现了学生管理系统的基本功能。通过本书的学习,不仅可以掌握数据库技术的基本原理,而且可以掌握使用 Access 数据库管理系统实现简单数据库应用系统的开发。

相关知识

知识点 Access 2010 数据库系统概述

1. Access 发展历程

自 1992 年 11 月微软公司正式推出 Access 1.0 以来,微软公司一直在不断完善和增强 Access 的功能,先后推出了 Access 1.1、Access 2.0、Access 7.0、Access 97、Access 2000、Access 2003、Access 2007、Access 2010,2012 年推出最新版本 Access 2013。

2. Access 的特点

（1）存储方式单一

Access 管理的对象有表、查询、窗体、报表、宏和模块，以上对象都存放在后缀为.accdb 的数据库文件中，便于用户的操作和管理。

（2）面向对象

Access 是一个面向对象的开发工具，利用面向对象的方式将数据库系统中的各种功能对象化，将数据库管理的各种功能封装在各类对象中。它将一个应用系统当作是由一系列对象组成的，对每个对象都定义一组方法和属性，以定义该对象的行为和动作，用户还可以按需要给对象扩展方法和属性。通过对象的方法、属性完成数据库的操作和管理，极大地简化了用户的开发工作。同时，这种基于对象的开发方式，使得开发应用程序更为简便。

（3）界面友好、易操作

Access 是一个可视化工具，风格与 Windows 完全一样，用户想要生成对象并应用，只要使用鼠标进行拖放即可，非常直观方便。系统还提供了表生成器、查询生成器、报表设计器以及数据库向导、查询向导、窗体向导、报表向导等工具，使得操作简便、容易使用和掌握。

（4）集成环境、处理多种数据信息

Access 是基于 Windows 操作系统下的集成开发环境，该环境集成了各种向导和生成器工具，极大地提高了开发人员的工作效率，可以方便有序地建立数据库、创建表、设计用户界面、设计数据查询、打印报表等。

（5）支持 ODBC（Open Data Base Connectivity，开放数据库互连）

利用 Access 强大的 DDE（Dynamic Data Exchange，动态数据交换）和 OLE（Object Linking and Embeding，对象的链接与嵌入）特性，可以在一个数据表中嵌入位图、声音、Excel 表格、Word 文档，还可以建立动态的数据库报表和窗体等。Access 还可以将程序应用于网络，并与网络上的动态数据相连接。

3. Access 2010 新特点

Access 2010 不仅继承和发扬了以前版本功能强大、界面友好、易学易用的优点，而且它又发生了新的巨大变化，主要包括：智能特性、用户界面、创建 Web 网络数据功能、新的数据类型、宏的改进和增强、主题的改进、布局视图的改进以及生成器功能的增强等几个方面共数十项改进。这些增加的功能使得原来十分复杂的数据库管理、应用和开发工作变得更简单、更轻松、更方便，同时突出了数据共享、网络交流、安全可靠的优势。其中最主要的改进有：

（1）入门比以往更快速、更轻松

利用 Access 2010 中的社区功能，可以共享自己以前开发的成果，还可以以他人创建的数据库模板为基础开展工作。使用 Office 在线提供的全新预建数据库模板，或从社区提交的模板中选择一些数据库模板并对其进行修改，可以快速地完成用户开发数据的具体需求。

（2）应用主题实现专业设计

Access 2010 提供了主题工具，使用主题工具可以快速设置、修改数据库外观，利用熟悉且具有吸引力的 Office 主题，从各种主题中进行选择，或者设计自己的自定义主题，以制作出美观的窗体界面、表格和报表。

（3）文件格式

Access 2010 采用了一种支持许多产品增强功能的新型文件格式。新的 Access 文件采用的文件扩展名为 accdb，取代 Access 以前版本的 MDB 文件扩展名。此格式允许对代码进行验证,从而将它们分为安全或禁用两类。这样,能够使 Access 2010 数据库更完整地与 Windows Sharepoint Services 和 Outlook 集成,同时使防病毒程序更容易检查 Access 2010 数据库文件。Access 2010 的文件格式不再与以前版本的 Access 兼容了。但是 Access 2010 还继续为早期版本 Access 中所使用的文本格式提供支持。

(4)用户界面

Access 2010 的新用户界面由多个元素构成,这些元素定义了用户与数据库的交互方式。这些新元素不仅能帮助用户熟练运用 Access,还有助于更快捷地查找所需的命令。这些界面尤其对于新的 Access 用户显得更为方便,因为所需要的各种工具都全面、直观、醒目、有序地显示在界面上,显得十分简洁。与以前版本相比,除了 Office 按钮定义为"文件"选项卡,列在功能区外,还增加了一些新的功能按钮,使用户使用起来更加方便。

(5)共享网络数据库

这是 Access 2010 的新特色之一,它极大地增强了通过 Web 网络共享数据库的功能。另外,它还提供了一种将数据库应用程序作为 Access Web 应用程序部署到 SharePoint 服务器的新方法。

Access 2010 与 SharePoint Services 技术紧密结合,它可以基于 SharePoint 的数据创建数据表,还可以与 SharePoint 服务器交换数据。

(6)Web 数据库开发工具

Access 2010 提供了两种数据库类型的开发工具。一种是标准桌面数据库类型,另一种是 Web 数据库类型。使用 Web 数据库开发工具可以轻松方便地开发网络数据库。

(7)计算数据类型

Access 2010 中新增加的计算字段数据类型,可以实现原来需要在查询、控件、宏或 VBA 代码中进行的计算。例如,希望计算[数量] * [单价]的值,则可以在 Access 2010 中使用计算数据类型在表中创建计算字段。这样可以在数据库中更方便地显示和使用计算结果。

(8)表达式生成器的智能特性

Access 2010 的智能特性表现在各个方面,其中表达式生成器使用户不用花费很多时间来考虑有关语法错误和设置相关的参数等,因为当用户输入表达式的时候,表达式生成器的智能特性为用户提供了所需要的全部信息。

(9)布局视图的改进

在 Access 2010 中布局视图的功能更加强大。在布局视图中,窗体实际正在运行,因此看到的数据与运行窗体时显示的外观非常相似。布局视图的可贵之处是用户还可以在此视图中对窗体设计进行更改。由于可以在修改窗体的同时看到运行的数据,因此,它是非常有用的视图。在这个视图中,可以设置控件大小或执行几乎所有其他影响窗体的外观和可用性的任务。特别需要指出,布局视图是唯一可用来设计数据库窗体的视图。

(10)导出为 PDF 和 XPS 格式文件

PDF 和 XPS 格式文件是比较普遍使用的文件格式。Access 2010 中,增加了对这些格式文件的支持,用户只要在微软的网站上下载相应的插件,安装后,就可以把数据表、窗体或报表直接输出为 PDF 和 XPS 格式。

(11)数据宏

数据宏与 Microsoft SQL Server(微软公司开发的大型数据库管理系统软件)中的"触发器"相似,使用户能够在更改表中的数据时执行编程任务。用户可以将宏直接附加到特定事件,例如,"插入后""更新后"或"修改后",也可以创建通过事件调用独立数据宏。

(12)更快速地设计宏

Access 2010 提供了一个全新的宏设计器,它能比以前版本的宏设计视图更轻松地创建、编辑和自动化数据库逻辑。使用宏设计器,可以更高效地工作,减少编码错误,并轻松地组合更复杂的逻辑以创建功能强大的应用程序。

4. Access 2010 的主要功能

Access 数据库不仅能存放与维护数据、接收和完成用户提出的访问数据的各种请求,还可用于建立中小型桌面数据库应用系统,供单机使用,并可与工作站、数据库服务器或主机上的各种数据库连接,实现数据共享。主要功能如下:

(1)组织、存放与管理数据

Access 最重要的作用是组织、存放与管理各种各样的数据。Access 专门配备了表对象,通过创建表对象来完成组织与存放数据的工作。创建表对象首先要设计并建立表结构,然后根据数据的特点,将数据分门别类存放在不同的表中。

(2)查询数据

快速从大量的数据中查询出需要的信息是建立数据库的主要目的之一。Access 专门配备了查询对象用于查询数据,创建一个查询对象即创建一个能够查找符合指定条件的数据、更新或删除记录或对数据执行各种计算的功能模块。

(3)设计窗体

窗体是用户和数据库应用程序之间的接口之一。在数据库系统中使用窗体可以提高数据操作的安全性,并可以丰富用户操作界面。因此,Access 专门配备了窗体对象供用户使用。

(4)报表输出

报表可以用来分析数据或以特定方式打印数据。Access 专门配备了报表对象用于生成报表和打印报表。

(5)数据共享

Access 提供了与其他应用程序联系的接口,可方便地进行数据的导入和导出工作。通过接口可以将其他数据库数据导入到 Access 数据库,也可以将 Access 数据库的数据导出到其他系统中。

(6)建立超链接

在 Access 数据库中,字段的数据类型可以定义为超链接类型。例如,可以将 Internet 或局域网中的某个页面赋予超链接,当用户在表对象或窗体对象中双击该超链接字段时,即可启动浏览器打开超链接所指的页面。

(7)建立数据库应用系统

Access 提供了宏和模块对象,通过它们可将各种数据库及其对象连接在一起,从而构成一个数据库应用系统。

任务 1.1　Access 2010 的安装、启动与退出

任务分析

Access 是微软公司推出的基于 Windows 的桌面关系数据库管理系统(RDBMS),是 Office 办公自动化系列应用软件之一。它提供了表、查询、窗体、报表、宏、模块六种用来建立

数据库系统的对象；提供了多种向导、生成器、模板，把数据存储、数据查询、界面设计、报表生成等操作规范化；为建立功能完善的数据库应用系统提供了方便，也使得普通用户不必编写代码，就可以完成大部分数据管理的任务。

　　要使用 Access 2010 管理和维护数据，必须在本地计算机上安装 Access 2010 软件。Access 2010 是 Office 2010 办公自动化组件之一，安装 Office 2010 系统将自动安装 Access 2010。

　　Microsoft Access 2010 的系统安装要求见表 1-1。

表 1-1　　　　　　　　　　　　　　　Access 2010 的系统安装要求

组　件	要　　求
计算机和处理器	500 MHz 或更快处理器
内存	256 MB 或更大容量的 RAM
硬盘	2 GB 可用磁盘空间
显示器	1024 × 768 或更高分辨率的显示器
操作系统	仅支持以下 32 位版本：Windows XP Service Pack（SP3）、Windows Server 2003 SP2、MSXML 6.0 支持以下 32 位或 64 位版本：Windows Vista SP1、Windows Server 2008、Windows 7、Windows 8、终端服务器、Windows On Windows（WOW） 不支持以下任何版本：Windows Server 2003 64 位、Windows XP 64 位

　　本任务以安装 Office 2010 为案例，完成 Access 2010 的安装，并掌握 Access 2010 的启动与退出。

♦ 任务实施

1. Access 2010 的安装

　　步骤 1　将 Microsoft Office 2010 的安装盘放到光盘驱动器中或者打开存放 Office 2010 安装文件的本地文件夹，双击"setup.exe"文件，安装程序将自动运行，弹出"安装程序正在准备必要的文件，请稍候"对话框，如图 1-1 所示。

　　步骤 2　稍等片刻，弹出"选择所需的安装"对话框，如图 1-2 所示。在对话框中所需安装分为两种：升级和自定义。

图 1-1　安装程序正在准备必要文件

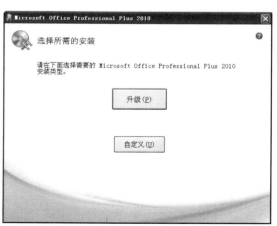

图 1-2　"选择所需的安装"对话框

提示：

当本地计算机安装以前版本的 Office，则选择所需的安装包括升级和自定义，当本地计算机没有安装以前版本的 Office，则选择所需的安装包括立即安装和自定义。立即安装表示采取默认设置安装 Office 2010。升级安装，表示在当前系统中 Office 以前版本的基础上，升级为 Office 2010。自定义安装适用于高级用户有选择地安装 Office 组件。

步骤 3 在对话框中单击【自定义】按钮，打开自定义安装设置界面。在界面中包括"升级"选项卡、"安装选项"选项卡、"文件位置"选项卡和"用户信息"选项卡，其中：

①"升级"选项卡用来选择安装程序在当前计算机上检测到了早期版本 Office 后如何确定安装类型，可以选择"删除所有早期版本""保留所有早期版本"和"仅删除下列应用程序"中的一项，如图 1-3 所示。

②"安装选项"选项卡用于选择自定义 Microsoft Office 2010 程序的运行方式，如图 1-4 所示。本选项卡允许用户选择 Office 2010 程序的运行方式，如果想在本机运行某个程序的全部功能，则单击程序左侧下拉列表按钮，选择"在本机运行所有程序"。

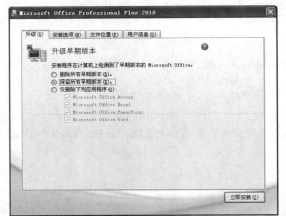
图 1-3 自定义安装的"升级"选项卡

图 1-4 自定义安装的"安装选项"选项卡

提示： 程序左侧下拉按钮为灰色背景，表示该程序尚有未在本机上运行的组件功能，白色背景表示该程序在本机运行所有程序。

③"文件位置"选项卡用于选择 Office 2010 文件的安装位置，如图 1-5 所示。

④"用户信息"选项卡用于键入您的信息，包含全名、缩写和公司/组织，如图 1-6 所示。

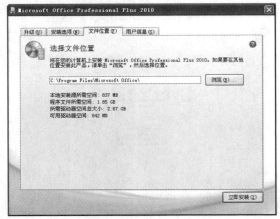
图 1-5 自定义安装的"文件位置"选项卡

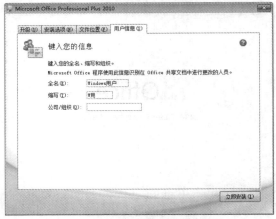
图 1-6 自定义安装的"用户信息"选项卡

步骤 4 在上述界面中,单击【立即安装】按钮,系统开始安装 Office 2010 应用程序,并显示如图 1-7 所示的软件安装进度,安装完成之后,将出现安装已完成界面,如图 1-8 所示。 至此 Office 2010 安装完毕,Access 2010 也随之安装完成。

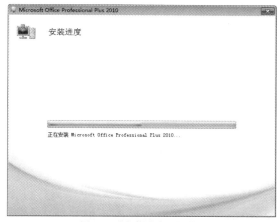
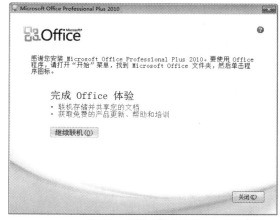

图 1-7 "安装进度"对话框　　　　　　　　　　　　图 1-8 安装已完成界面

2. 启动 Access 2010

启动 Access 2010 的方式与启动一般应用程序的方式相同,有四种启动方式:

(1)常规启动:开始→所有程序→Microsoft Office→Microsoft Access 2010。

(2)桌面图标快速启动:如果桌面上有 Access 快速启动图标,则双击该图标启动。

(3)"开始"菜单选项快速启动:单击"开始"菜单中的快速启动图标启动 Access 2010。

(4)通过已存文件快速启动:在我的电脑或资源管理器中双击已存在的 Access 数据库文件启动 Access 2010。

Access 2010 启动后,打开如图 1-9 所示的 Access 2010 工作首页面。

图 1-9 Access 2010 工作首页面

3. 退出 Access 2010

当数据库操作结束时,为防止数据库数据丢失需要先关闭打开的数据库,再关闭 Access 窗口。退出 Access 2010 的方法有以下几种:

(1)单击标题栏右侧的【关闭】按钮。

(2)双击标题栏左侧的控制菜单图标。

(3)单击"文件"选项卡中的【退出】按钮。

(4)按快捷键 Alt+F4。

✿提示:

在打开另一个数据库的同时,Access 2010 将自动关闭当前数据库。

任务 1.2 了解 Access 2010 的工作界面

✿ 任务分析

Access 2010 安装完成后,就可以使用 Access 2010 设计和开发数据库应用系统了,在使用 Access 之前,必须要了解 Access 2010 的工作界面窗口。

本任务以建立样本模板数据库"教职员"为例,介绍 Access 2010 工作界面的组成。

✿ 任务实施

1. 创建 Access 样本模板数据库"教职员"

步骤 1 在 Access 2010 工作首界面"文件"选项卡下单击"新建",在右窗格选择"可用模板"→"样本模板"→"教职员"选项,在右下角"文件名"文本框中设置数据库的文件名和存放的路径,如图 1-10 所示。

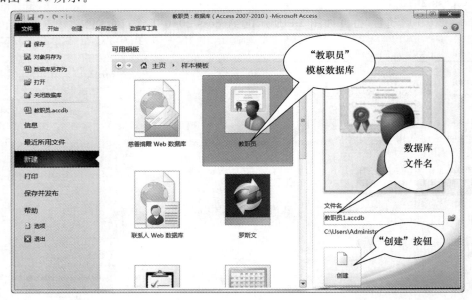

图 1-10 在首界面中使用样本模板创建数据库"教职员"

步骤 2 设置好数据库文件名和路径后,单击图 1-10 右下角的【创建】按钮,系统将创建数据库"教职员",并显示 Access 工作界面,如图 1-11 所示。

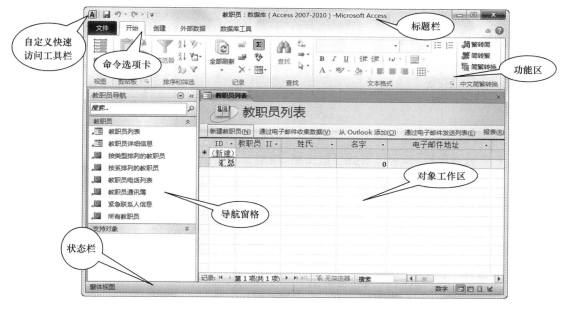

图 1-11　Access 2010 工作界面

2. Access 2010 工作界面组成

（1）标题栏

标题栏位于 Access 2010 工作界面的最顶端，用于显示当前打开的数据库文件名。在标题栏的右侧有三个小图标，分别用来最小化、最大化（还原）和关闭应用程序。

（2）自定义快速访问工具栏

自定义快速访问工具栏是一个可自定义的工具栏，它包含一组独立于当前显示的功能区上选项卡的命令，如图 1-12 所示。通常，系统默认的自定义快速访问工具栏位于窗口标题栏的左侧，但也可以显示在功能区的下方。用户可通过单击自定义快速访问工具栏右侧 ▼ 按钮进行调整，如图 1-13 所示。

图 1-12　自定义快速访问工具栏

（3）功能区

Access 2010 中最突出的新界面元素称为"功能区"。功能区是由常用的菜单、工具栏、任务窗格和其他用户界面组件组成的一个带状区域，位于 Access 2010 窗口的顶部，其中包含多组命令。功能区替代了以前版本的菜单栏和工具栏，为命令提供了一个集中的区域。功能区中包括多个围绕特定方案或对象进行处理的命令选项卡，每个命令选项卡里的控件进一步组成多个命令组，每个命令组包括多个命令，用于执行特定的功能，如图 1-14 所示。

为了扩大数据库的显示区域，Access 允许把功能区隐藏起来，双击任意一个命令选项卡，将实现关闭和打开功能区的切换。也可以单击功能区【功能区最小化/展开功能区】按钮来隐藏和展开功能区，该按钮在【帮助】按钮的左侧，参见图 1-14。

图 1-13　"自定义快速访问工具栏"菜单

图 1-14　Access 2010 功能区

（4）导航窗格

打开一个数据库后，就可以看到导航窗格，用来显示当前数据库的各种对象，如图 1-15 所示。导航窗格有两种状态：折叠状态和展开状态。单击导航窗格上部的＞＞或＜＜按钮，就可以展开或折叠导航窗格。

导航窗格用于对当前数据库所有对象进行管理和对相关对象进行组织。导航窗格显示数据库中的所有对象，并且按类别将它们分组。单击窗格上部的下拉箭头，可以显示分组列表，如图 1-16 所示。

图 1-15　导航窗格(1)

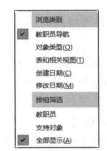

图 1-16　"浏览类别"菜单

（5）命令选项卡

Access 2010 的功能区包括多个命令选项卡，分别是："文件"选项卡、"开始"选项卡、"创建"选项卡、"外部数据"选项卡和"数据库工具"选项卡等，如图 1-17～图 1-21 所示。

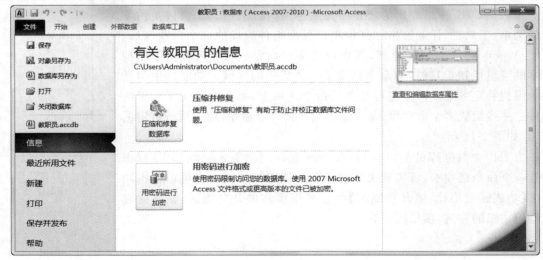

图 1-17　"文件"选项卡

提示：

在每一个功能区中,部分命令都有下拉箭头。单击下拉箭头可以打开一个下拉菜单。在部分功能区中有 按钮,单击该按钮打开一个设置对话框。

①"文件"选项卡

"文件"选项卡是 Access 2010 新增加的一个选项卡,见图 1-17。这是一个特殊的选项卡,它与其他选项卡在结构、布局和功能上是完全不同的。"文件"选项卡中将下方窗口分成左右两个窗格。左侧窗格主要由"保存""打开""新建""打印"等一组菜单命令组成。右侧窗格显示左侧窗体选择命令后的结果。在"文件"选项卡中,可对数据库文件进行各种操作和对数据库进行设置。

②"开始"选项卡

"开始"选项卡包括"视图""剪贴板""排序和筛选"等七个命令组,如图 1-18 所示。"开始"选项卡是对数据表进行各种常用操作的,如剪切、复制、粘贴、查找、筛选、文本设置以及关于数据表记录的操作等。当打开不同数据库对象时,各组的显示命令有所不同。当没有打开数据表时,选项卡上所有的命令按钮为灰色,表示禁用。

图 1-18 "开始"选项卡

③"创建"选项卡

"创建"选项卡包括"模板""表格""查阅""窗体""报表""宏与代码"六个命令组,如图 1-19 所示。"创建"选项卡用于创建数据库的对象。

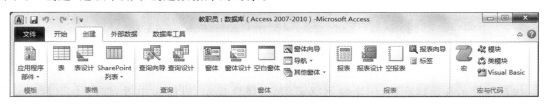

图 1-19 "创建"选项卡

④"外部数据"选项卡

"外部数据"选项卡包括"导入并链接""导出""收集数据"三个命令组,如图 1-20 所示。"外部数据"选项卡用于 Access 数据与外部数据进行交换的管理和操作,如将 Access 数据表导出到 Excel 文件或者将 Excel 文件导入到 Access 数据表。

图 1-20 "外部数据"选项卡

⑤"数据库工具"选项卡

"数据库工具"选项卡包括"工具""宏""关系""分析""移动数据""加载项"六个命令组，如图 1-21 所示。这是 Access 用于管理后台数据库的工具，如将 Access 数据库升迁到 SQL Server 数据库。

图 1-21 "数据库工具"选项卡

（6）对象工作区

对象工作区位于功能区的下方，导航窗体的右侧，如图 1-22 所示。对象工作区是用来设计、修改、显示以及运行数据库对象的区域。对 Access 对象进行的所有操作都在对象工作区完成，结果也显示在对象工作区。

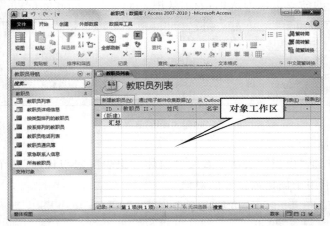

图 1-22 Access 2010 对象工作区

（7）状态栏

状态栏显示在窗口底部，用来显示状态信息、属性提示、进度指示等，如图 1-23 所示。在状态栏右侧有四个按钮，用来实现数据库对象各种视图的切换。

图 1-23 Access 2010 的状态栏

★特别提示：任务点相关知识请参阅本任务知识点 Access 2010 数据库系统概述。

任务实训 认识 Access 2010 数据库

一、实训目的和要求

1. 了解 Access 2010 的安装过程

2. 掌握 Access 2010 的启动与退出

3. 熟悉 Access 2010 的工作界面

二、实训内容与步骤

1. 在 Windows 7 操作系统中安装 Access 2010。

2. 使用四种方法启动 Access 2010。

3. 使用四种方法退出 Access 2010。

4. 使用样本模板创建"罗斯文"数据库,熟悉 Access 2010 工作界面。

任务小结

　　本任务主要介绍了 Access 发展历程、特点、主要功能和 Access 2010 的安装、启动与退出操作。使用样式模板创建了"教职员"数据库,并以此为例详细介绍了 Access 2010 工作界面的组成。通过知识点的讲解和任务实训,使学生对 Access 2010 数据库有了初步的认识,为学生学习 Access 2010 数据库奠定坚实的基础。

思考与练习

简答题

1. 简述 Access 2010 的启动方法。

2. 简述 Access 2010 的退出方法。

3. 什么是 Access? Access 具有哪些特点和功能?

4. 简述 Access 2010 工作界面的构成。

任务2　创建"学生管理"数据库

学习重点与难点

- 数据库的设计
- Access 数据库的各种对象
- Access 数据库创建的方法
- Access 数据库的创建和基本操作
- Access 数据库对象的使用

学习目标

- 掌握数据库的设计过程
- 熟悉 Access 数据库的各种对象
- 掌握 Access 数据库创建的方法
- 掌握当前数据库选项设置
- 掌握 Access 数据库的基本操作
- 掌握 Access 数据库对象的使用

任务描述

1. 学生管理系统的数据库设计
2. 创建和打开学生管理数据库
3. 设置当前数据库选项
4. 学生管理数据库对象的基本操作

相关知识

知识点 1　数据库系统基础知识

1. 数据库的基本概念

（1）数据库（DataBase，DB）

数据库是长期存放在计算机内，有组织的、可共享的相关数据的集合，它将数据按一定的数据模型组织、描述和存储，具有较小的冗余度、较高的数据独立性和易扩展性，可被各类用户共享等特点。数据库不仅存放数据，而且存放数据之间的联系。

（2）数据库管理系统（DataBase Management System,DBMS）

数据库管理系统是位于用户与操作系统（OS）之间的数据管理软件,它为用户或应用程序提供访问数据库的方法,包括数据库的创建、查询、更新及各种数据控制,它是数据库系统的核心。目前比较流行的数据库管理系统有 Visual FoxPro、Access、MySQL、Sybase、SQL Server 和 Oracle 等。

（3）数据库应用系统（DataBase Application System,DBAS）

应用数据库技术管理各类数据的软件系统称为数据库应用系统。数据库应用系统的应用非常广泛,它可以用于事务管理、计算机辅助设计、计算机图形分析和处理及人工智能等系统中。学生管理系统就是典型的数据库应用系统。

（4）数据库系统（DataBase System,DBS）

数据库系统是指引入了数据库技术的计算机系统。数据库系统一般由数据库、数据库管理系统、硬件系统、软件系统和数据库管理员（DataBase Administrator,DBA）以及普通用户构成。

2. 数据库系统的组成

数据库系统（DBS）是一个带有数据库的计算机系统,它能够按照数据库的方式存储和维护数据,并且能够向应用程序提供数据。数据库系统通常由数据库、数据库管理系统、硬件系统、软件系统和用户五个部分组成。

（1）数据库

数据库是一个以一定组织方式存储在一起的、能为多个用户共享的、具有尽可能小的冗余度、与应用彼此独立的相互关联的数据集合。数据库体系结构分为两部分:一部分是存储应用所需的数据,称为物理数据库部分,一部分是描述部分,描述数据库的各级结构,这部分由数据字典管理。

（2）数据库管理系统

数据库管理系统是专门用来管理和维护数据库的系统软件,它是数据库系统的核心,具有数据定义、数据操作和数据控制功能。

（3）硬件系统

数据库系统对硬件资源的要求是要有足够大的内存来存放操作系统和数据库管理系统的核心模块、数据库数据缓冲区、应用程序以及用户的工作区。不同的数据库产品对硬件的要求也是不尽相同的。另外,数据库系统还要求硬件系统有较高的信道能力,以提高数据的传输速度。

（4）软件系统

软件系统主要包括操作系统和开发工具。操作系统要能够提供对数据库管理系统的支持。此外,还要有各种高级语言及其编译系统,这些高级语言应提供和数据库的接口。

（5）用户

数据库用户包括数据库管理员、系统分析员、数据库设计人员及应用程序开发人员和终端用户,他们是管理、开发和使用数据库的主要人员。由于不同人员职责和作用的不同,在使用数据库时,不同的用户涉及不同的数据抽象级别,具有不同的数据视图。

数据库管理员是高级用户,他的任务是对使用中的数据库进行整体维护和改进,负责数据库系统的正常运行,是数据库系统中的专职管理和维护人员。

系统分析员负责应用系统的需求分析和规范说明,要和用户及 DBA 结合,确定系统的硬件和软件配置,并参与数据库系统的概要设计。

数据库设计人员负责数据库中数据的确定,数据库各级模式的设计;应用程序开发人员负责设计和编写应用程序的程序模块,并进行调试和安装。

终端用户是数据库的使用者,主要是使用数据库,并对数据库进行增加、修改、删除、查询和统计等,方式有两种,使用系统提供的操作命令或程序开发人员提供的应用程序。

知识点 2　数据模型

1. 相关术语

(1)实体

客观存在并且可以相互区别的事物称为实体。实体可以是具体的事物,也可以是抽象的事件。例如在学生管理系统中,系部、班级、学生、课程都是实体。

(2)属性

用来描述实体的特性称为属性。一个实体可以用若干个属性来描述,例如学生管理系统中的学生实体由学号、姓名、性别等若干个属性组成。

(3)实体型和实体集

具有相同属性的实体必然具有共同的特征和性质,用实体名及其属性名的集合来抽象和表达同类实体,称为实体型。例如学生管理系统中,系部(系部编号,系部名称,系部主任)就是一个实体型。

同类实体的集合称为实体集,例如学生管理系统中全体学生的集合、全体教师的集合等。

(4)域

属性的取值范围称为该属性的域。例如学生管理系统中学生实体的性别属性的域限制为"男"或"女"。

(5)码

唯一标识实体的属性或属性的组合称为码。例如学生管理系统中学生实体的码是学号,课程实体的码是课程号。

2. 实体与实体之间的联系

在现实世界中,事物内部以及事物之间是有联系的,这些联系在信息世界中反映为实体(型)内部的联系和实体(型)之间的联系。实体内部的联系通常是指组成实体的各属性之间的联系;实体之间的联系通常是指不同实体集之间的联系。两个实体集之间的联系可以分为以下三类:

(1)一对一联系

如果对于实体集 A 中的每一个实体,实体集 B 至多存在一个实体与之联系,反之亦然,则称实体集 A 与实体集 B 之间存在一对一联系,记作 1∶1。例如班级和班长,一个班级只有一个班长,而一个班长只在一个班中担任班长,则班级与班长之间存在一对一联系,电影院中观众与座位之间,乘车旅客与车票之间等都存在一对一的联系。

(2)一对多联系

如果对于实体集 A 中的每一个实体,实体集 B 中存在多个实体与之联系;而对于实体集 B 中的每一个实体,实体集 A 中至多只存在一个实体与之联系,则称实体集 A 与实体集 B 之间存在一对多的联系,记作 1∶n。例如学生管理系统中的系部与班级,一个系部有多个班级,一个班级只属于一个系部,则系部与班级之间存在一对多联系。

（3）多对多的联系

如果对于实体集 A 中的每一个实体，实体集 B 中存在多个实体与之联系，反之亦然，则称实体集 A 与实体集 B 之间存在多对多联系，记作 $m:n$。例如在学生管理系统中的学生和课程，一名学生可以选修多门课程，一门课程可以由多个学生选修，则学生和课程之间存在多对多的联系。

3. 数据模型的分类

模型是对现实世界特征的模拟和抽象，数据模型也是一种模型，在数据库技术中，用数据模型对现实世界数据特征进行抽象，来描述数据库的结构与语义。

数据模型是严格定义的一组概念的集合，这些概念精确地描述了系统的静态特征（数据结构）、动态特征（数据操作）和数据约束条件，这是数据模型的三要素。

数据库管理系统所支持的数据模型分为三种：层次模型、网状模型和关系模型。

（1）层次模型

用树形结构描述数据和数据之间联系的模型称为层次模型，也称为树状模型。

在这种模型中，数据被组织成由"根"开始的"树"，每个实体由根开始沿着不同的分支放在不同的层次上，如果不再向下分支，那么此分支序列中最后的结点称为"叶"。上级结点与下级结点之间为一对一或一对多的联系。层次模型的特点是：有且仅有一个结点无双亲，这个结点称为根结点；除根结点之外，其他结点有且仅有一个双亲。层次模型只能描述一对一联系和一对多联系，不能描述多对多联系。

（2）网状模型

用网状结构描述数据和数据之间联系的模型称为网状模型，也称网络模型。网状模型的特点是：一个结点可以有多个双亲结点；一个以上的结点没有双亲结点。网状模型可以描述一对一联系、一对多联系和多对多联系。

（3）关系模型

用二维表结构描述数据和数据之间联系的模型称为关系模型，它是基于严格的数学理论基础建立的数据模型。

在关系模型中基本数据结构被限制为二维表格。因此，在关系模型中，每一张二维表称为一个关系。关系是由若干行与若干列构成的。描述学生管理系统中学生情况的二维表见表 2-1。

表 2-1　　　　　　　　　　　　　　学生情况的二维表

学号	姓名	性别	出生日期	入学成绩	邮政编码	班级编号
20120001	于海洋	男	1994-04-03	432	112001	1201
20120002	马英伯	男	1994-02-12	441	112001	1201
20120003	卞冬	女	1994-12-01	445	112002	1202
20120004	王义满	男	1995-05-05	467	112003	1202
20120005	王月玲	男	1994-12-06	345	221023	1202
20120006	王巧娜	男	1994-01-01	423	113005	1203
20120007	王亮	女	1994-01-02	412	115007	1203
20120008	付文斌	男	1994-04-03	413	119002	1204
20120009	白晓东	女	1994-07-06	414	116002	1204
20120010	任凯丽	男	1994-03-04	415	116002	1205

知识点 3   关系数据库和关系运算

1. 关系数据库

（1）关系的术语

①关系：一个关系就是一张二维表，每个关系都有一个关系名。在 Access 中，关系就是存储在数据库中的表。

②元组：是指二维表中的行。一行为一个元组。在 Access 中，元组就是表中的记录。

③属性：是指二维表中的列，每一列都有一个属性名。在 Access 中，属性就是表中字段。

④域：是指二维表中属性的取值范围，即不同元组对同一个属性的取值所限定的范围。如学生关系中的性别只能取"男"或"女"，这就是性别属性的域。

⑤关键字：也称为码，能够唯一标识一个元组的属性或属性组合，如学生关系中的学号，班级关系中的班号。

⑥关系模式：是指对关系的描述，格式为：关系名（属性名 1，属性名 2……）。如学生关系模式可表示为：学生（学号，姓名，性别，出生日期，入学成绩，邮政编码，班级编号）。

（2）关系的性质

①关系中每个分量必须取原子值，即每个分量都必须是不可分的数据项。

②同一属性的数据具有同质性，即每一列中的分量是同一类型的数据，它们来自同一个域。

③关系中列的位置具有顺序无关性，即列的次序可以任意交换。

④关系具有元组无冗余性，即关系中的任意两个元组不能完全相同。

⑤关系中元组的位置具有顺序无关性，即元组的顺序可以任意交换。

2. 关系运算

对关系型数据库进行查询统计时，要查询用户感兴趣的数据时，就需要对关系以及关系间进行一定的运算。关系运算的对象和结果都是一个关系。

关系的基本运算有两类：一类是传统的集合运算（并、差、交等），另一类是专门的关系运算（选择、投影、连接等），有些查询需要几个基本运算的组合，要经过若干步骤才能完成。此知识点只介绍专门的关系运算。

（1）选择运算

选择又叫筛选，是指从关系中选取满足给定条件的记录的操作，结果构成新的关系。例如，从表 2-1 的学生表中查询性别"男"的所有学生信息，其结果见表 2-2。

表 2-2   学生表选择运算结果

学号	姓名	性别	出生日期	入学成绩	邮政编码	班级编号
20120001	于海洋	男	1994-04-03	432	112001	1201
20120002	马英伯	男	1994-02-12	441	112001	1201
20120004	王义满	男	1995-05-05	467	112003	1202
20120005	王月玲	男	1994-12-06	345	221023	1202
20120006	王巧娜	男	1994-01-01	423	113005	1203
20120008	付文斌	男	1994-04-03	413	119002	1204
20120010	任凯丽	男	1994-03-04	415	116002	1205

由此可见,选择是从行的角度进行的运算,即从水平方向抽取记录,结果仍是一个关系。

（2）投影运算

投影运算是指从关系模式中指定若干个属性组成新关系的操作。例如,从表 2-1 的学生表中查询学生的"学号""姓名""性别"和"出生日期",其结果见表 2-3。

表 2-3　　　　　　　　　　　　　学生表投影运算结果

学号	姓名	性别	出生日期
20120001	于海洋	男	1994-04-03
20120002	马英伯	男	1994-02-12
20120003	卞冬	女	1994-12-01
20120004	王义满	男	1995-05-05
20120005	王月玲	男	1994-12-06
20120006	王巧娜	男	1994-01-01
20120007	王亮	女	1994-01-02
20120008	付文斌	男	1994-04-03
20120009	白晓东	女	1994-07-06
20120010	任凯丽	男	1994-03-04

由此可见,投影运算提供了垂直调整关系的手段,是从列的角度进行的运算,相当于对关系进行垂直分解,产生新的关系,并且新关系的属性个数、排列顺序都可以与原关系不同。

（3）连接运算

连接运算是关系的横向结合,是将两个关系模式拼接成一个新的、更宽的关系模式的操作。连接过程是通过连接条件来控制的,而连接条件必须表现出两个表中的公共属性名或者具有相同语义、可比的属性。一般格式为:表 1.公共属性＝表 2.公共属性。班级表（表 2-4）与学生表（表 2-1）的连接条件为:班级表.班级编号＝学生表.班级编号。在连接运算中,按照字段值对应相等为条件进行的连接操作称为等值连接,去掉重复属性的等值连接称为自然连接,自然连接是最常用的连接运算,下面的例子就属于自然连接,也称为内部连接。

表 2-4　　　　　　　　　　　　　　班级表

班级编号	班级名称	班导师	系部编号
1201	机电 12	何廷玉	0001
1202	机制 12-1	赵宝升	0001
1203	机制 12-2	郑国选	0001
1204	数控 12	段文静	0001
1205	汽电 12	唐兆君	0001
1206	网络 12	张丽娟	0002
1207	信息 12	刘晓飞	0002
1208	电子 12	邢彬	0002
1209	电子 12	程少旭	0002
1210	供配电 12	梁侨	0002

例如,利用班级表与学生表,查询学生的学号、姓名、性别、出生日期和班级名称,自然连接运算结果见表 2-5。

表 2-5 　　　　　　　　班级表和学生表自然连接运算结果

学号	姓名	性别	出生日期	班级名称
20120001	于海洋	男	1994-04-03	机电 12
20120002	马英伯	男	1994-02-12	机电 12
20120004	王义满	男	1995-05-05	机制 12-1
20120005	王月玲	男	1994-12-06	机制 12-1
20120006	王巧娜	男	1994-01-01	机制 12-2
20120008	付文斌	男	1994-04-03	数控 12
20120010	任凯丽	男	1994-03-04	汽电 12

知识点 4　数据库的设计

1. 数据库设计的任务与目标

（1）数据库设计的任务

数据库设计是指根据用户需求研究数据库结构并应用数据库的过程，具体地说，是指对于给定的应用环境，构造最优的数据库模式，创建数据库并建立其应用系统，使之能有效地存储数据，满足用户的信息要求和处理要求。也就是把现实世界中的数据，根据各种应用处理的要求，加以合理组织，使之能满足硬件和操作系统的特性，利用已有的 DBMS 创建能够实现系统目标的数据库。数据库设计的优劣将直接影响到信息系统的质量和运行效果。因此，设计一个结构优化的数据库是对数据进行有效管理的前提和正确利用信息的保证。

（2）数据库设计的目标

数据库设计的目标是真实地反映现实世界中的数据及其之间的联系，减少数据冗余，实现数据共享，消除数据异常插入、异常删除、异常更新。保证数据的独立性，使数据可修改、可扩充，提高数据库的访问速度和存储空间，易于维护。

2. 数据库的设计阶段

考虑数据库及其应用系统开发的全过程，将数据库的设计分为六个设计阶段，分别是：需求分析、概念结构设计、逻辑结构设计、数据库物理设计、数据库实施、数据库运行和维护。

（1）需求分析

需求分析简单地说就是分析用户的要求。需求分析是设计数据库的起点，需求分析的结果是否准确反映用户的实际需求，将直接影响到后面各个阶段的设计，并影响到设计结果是否合理和实用。

从数据库设计的角度来看，需求分析的任务是：详细调查现实世界处理的对象（如组织、部门、企业等），通过对原系统（手工系统或计算机系统）工作概况的了解，收集支持新系统的基础数据并对其进行处理，在此基础上确定新系统的功能。

①需求分析阶段的任务

• 调查分析用户活动

通过对新系统运行目标的研究，对现行系统所存在的主要问题以及制约因素进行分析，明确用户总的需求目标，确定这个目标的功能域和数据域。

• 收集和分析需求数据，确定系统边界

在熟悉业务活动的基础上，协助用户明确对新系统的各种需求，包括用户的信息需求、处理需求、安全性和完整性的需求等。

- 编写系统分析报告

系统分析阶段的最后是编写系统分析报告,通常称为需求规范说明书。需求规范说明书是对需求分析阶段的一个总结。编写系统分析报告是一个不断反复、逐步深入和逐步完善的过程。

②需求分析的方法

需求分析的方法有多种,主要有自顶向下和自底向上两种,如图 2-1 所示。

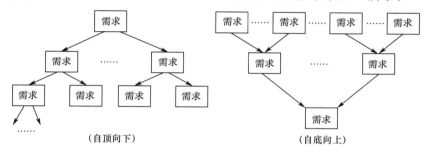

图 2-1　需求分析的方法

其中自顶向下的分析方法(Structured Analysis,SA)是最简单实用的方法。SA 方法从最上层的系统组织机构入手,采用逐层分解的方式分析系统,用数据流图(Data Flow Diagram,DFD)和数据字典(Data Dictionary,DD)描述系统。

- 数据流图

数据流图是从"数据"和"处理"两方面表达数据处理过程的一种图形化的表示方法。在数据流图中,用圆圈表示数据处理(加工);用有向线段表示数据的流动及流动方向,即数据的来源和去向。在系统需求分析阶段,不必确定数据的具体存储方式,将来这些数据存储可能是数据库中的关系,也可能是操作系统的文件。

数据流图中的"处理"抽象表达了系统的功能要求,系统的整体功能要求可以分解为系统的若干子功能要求。

通过逐步分解的方法,数据流图可以作为自顶而下细化时描述对象的工具。顶层的每一个处理可以细化为第二层,第二层的处理又可再细化为第三层,直到最底层的每个处理都可用一个基本操作完成为止。数据流图形象地表达了数据与业务活动的关系。

- 数据字典

数据流图表达了数据和处理的关系,数据字典则是以特定格式记录下来的,对数据流图中各个基本要求(数据流、文件和加工等)的具体内容和特征所做的完整的对应和说明。

数据字典是对数据流图的注释和重要补充,它帮助系统分析人员全面确定用户的要求,并为以后的系统设计提供参考依据。

数据字典的内容通常包括数据项、数据结构、数据流、数据存储和处理过程五个部分。其中数据项是数据的最小组成单位,若干个数据项可以组成一个数据结构,数据字典通过对数据项和数据结构的定义来描述数据流、数据存储的逻辑内容。

数据字典是在需求分析阶段建立的,在数据库设计过程中不断进行修改、充实和完善。

(2)概念结构设计

概念模型不依赖于具体的计算机系统,是纯粹反映信息需求的概念结构。概念设计的任务是在需求分析的基础上,用概念数据模型,例如 E-R 数据模型,表示数据及其相互间的联系。

①概念模型的主要特点

• 有丰富的语义表达能力。能表达用户的各种需求,包括描述现实世界中各种事物和事物之间的联系,能满足用户对数据的处理要求。

• 易于交流和理解。概念模型是 DBA、应用系统开发人员和用户之间的主要交流工具。

• 易于变动。概念模型要能灵活地加以改变,以反映用户需求和环境的变化。

• 易于向各种数据模型转换,易于从概念模型导出与 DBMS 有关的逻辑模型。

②设计概念模型的方法

• 自顶向下。首先定义全局概念结构的框架,再作逐步细化。

• 自底向上。首先定义每一局部应用的概念结构,然后按一定的规则把它们集成,从而得到全局概念结构。这是最常用的一种方法。

• 由里向外。首先定义最重要的那些核心结构,再逐渐向外扩充。

• 混合策略。把自顶向下和自底向上结合起来的方法。自顶向下设计一个概念结构的框架,然后以它为骨架再自底向上设计局部概念结构,并把它们集成。

③概念模型的设计方法

概念模型是对信息世界建模,所以概念模型应该能够方便、准确地表示出上述信息世界中的常用概念。在概念模型的表示方法中,最常用的是 P. P. S. Chen 于 1976 年提出的实体-联系方法(Entity-Relationship Approach),该方法是数据库逻辑设计的一种简明扼要的方法,也称为 E-R 模型。在按具体数据模型设计数据库之前,先用实体-联系(E-R)图作为中间信息结构模型表示现实世界中的"纯粹"实体-联系,之后再将 E-R 图转换为各种不同的数据库管理系统所支持的数据模型。这种数据库设计方法,与通常程序设计中画框图的方法相类似。

④E-R 模型的图形描述

• 实体:用矩形表示,矩形框内写明实体名。

• 属性:用椭圆形表示,椭圆形框内写上属性名,并用无向边将其与相应的实体连接起来。

例如,学生实体具有学号、姓名、性别、出生日期、入学成绩、邮政编码属性,用 E-R 图表示如图 2-2 所示。

• 联系:用菱形表示,菱形框内写上实体间的联系名,并用无向边分别与有关实体连接起来,同时在无向边旁标上联系的类型($1:1,1:n$ 或 $m:n$)。

实体之间的联系分为一对一联系、一对多联系、多对多联系,联系又称为联系的功能度。例如学生管理系统中班级和班长、班级和学生、学生和课程实体之间的联系如图 2-3 所示。

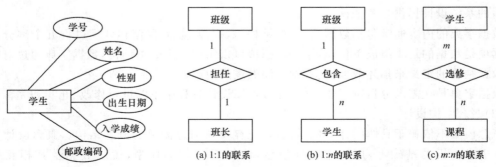

图 2-2 学生实体及属性   图 2-3 两个实体集之间的联系

提示：

图 2-3 中省略了各实体的属性,同时需要注意的是,如果一个联系具有属性,则这些属性也要用无向边与该联系连接起来。

⑤E-R 模型的设计过程

在考察和研究了客观事物及其联系后,即可着手建立实体联系模型对客观事物进行描述。在模型中,实体要逐一命名以方便区别,并描述实体间的各种联系。E-R 方法是设计概念模型时常用的方法。用设计好的 E-R 图再附相应的说明书可作为阶段成果。

• 设计局部概念模型

局部概念模型的设计一般分为三步进行:

a.确定局部应用范围

确定局部应用范围,就是根据应用系统的具体情况、需求说明书中的数据流图和数据字典,在多层数据流图中选择一个适当层次的数据流图,根据应用功能相对独立、实体个数适量的原则,划分局部应用。

在小型系统的开发中,由于整个系统的脉络比较清晰,所以一般以一个小型应用系统作为一个局部 E-R 模型。例如,在学生管理系统中,就将整个系统划分为组织结构 E-R 模型、学生选课 E-R 模型和教师授课 E-R 模型。

b.选择实体,确定实体的属性及标识实体的关键字

在实际设计中应该注意,实体和属性是相对而言的,很难有明确的界限。在一种应用环境中某一事物可能作为"属性"出现,而在另一种应用环境中可能作为"实体"出现。划分实体和实体的属性时,一般遵循以下原则:

◇属性是不可再分的数据项,不能再有需要说明的信息。否则,该属性应定义为实体。

◇属性不能与其他实体发生联系,联系只能发生在实体之间。

◇为了简化 E-R 图,现实世界中的对象,凡能够作为属性的尽量作为属性处理。

c.确定实体之间的联系,绘制局部 E-R 模型

确定实体之间的联系,仍是以需求分析的结果为依据。局部 E-R 模型建立以后,应对照每个应用进行检查,确保模型能够满足数据流图对数据处理的需求。

例如在学生管理系统中,局部应用学生选课,涉及实体有学生和课程。学生实体的属性包括学号、姓名、性别、出生日期、入学成绩和邮政编码,课程实体的属性包括课程号、课程名和学分。通过分析可知,一名学生可以选修多门课程,一门课程可以被多名学生选修,学生和课程实体之间存在多对多的联系,同时学生选课要记录学生的成绩。学生选课局部 E-R 图如图 2-4 所示。

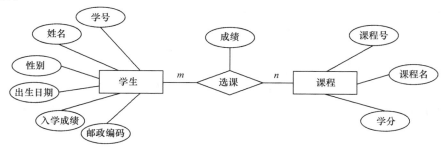

图 2-4   学生选课局部 E-R 图

- 设计全局概念模型

各个局部 E-R 模型设计完成后,需要对它们进行合并,集成为一个全局的概念模型,集成的方式有两种:

◇多个局部 E-R 模型一次性集成。

◇逐步集成,即首先集成两个比较关键的局部 E-R 图,以后每次将一个新的局部 E-R 图集成进来,直到所有的局部 E-R 图集成完毕。

通过综合局部概念模型可以得到全局概念模型。全局概念模型本身是一个合理、完整、一致的模型,而且支持所有的局部概念模型。

在综合的过程中,主要是处理局部模型间的不一致问题以及消除冗余。建立全局 E-R 图的步骤如下:

a. 确定公共实体类型。检查存在于多个局部 E-R 图的公共实体类型。这里的公共实体类型是指同名的实体类型和具有相同键的实体类型。

b. 合并局部 E-R 图。把局部 E-R 图逐一合并到全局 E-R 图中,对每个局部 E-R 图,首先合并公共实体类型,其次合并那些有联系的局部结构,最后加入其他独立的局部结构。

c. 消除不一致因素。局部 E-R 图间存在的不一致又称冲突。通常有以下几种冲突。

命名冲突:实体名、属性名、联系名存在同名异义或同义异名现象。

属性冲突:即属性值的类型、取值范围、取值单位、取值集合不同。

结构冲突:即同一事物在不同的局部模型中有不同的抽象。例如:同一事物在 A 作为联系,在 B 又作为属性;同一联系在 A 中为 $1:n$,在 B 中又为 $m:n$ 等。命名冲突和属性冲突可以协商解决,结构冲突需认真分析后才能消除。

d. 优化全局 E-R 图。经合并得到的全局 E-R 图需要进行优化。

e. 画出全局 E-R 图,附以相应的说明文件。

（4）逻辑结构设计

在逻辑设计阶段,将概念设计阶段所得到的以概念数据模型表示,与 DBMS 无关的数据模式,转换成以 DBMS 的逻辑数据模型表示的逻辑（概念）模式,并对其进行优化。

①E-R 模型向逻辑模型进行转换的原则

- 一个实体类型转换成一个关系模式,实体的属性就是关系的属性,实体的键就是关系的键。

- 一个 $1:1$ 联系可以转换为一个独立的关系模式,也可以与联系的任意一端实体所对应的关系模式合并。一般将任意一端实体主键纳入另一个实体作为关系的外键。

- 一个 $1:n$ 联系可以转换为一个独立的关系模式,也可以与联系的任意 n 端实体所对应的关系模式合并。一般把一方关系的主键纳入到多方作为关系的外键。

- 一个 $m:n$ 联系必须转换为第三方关系,第三方关系模式的属性包括双方关系的主键和联系的属性,第三方关系的主键是双方关系主键的组合。

②关系数据库的逻辑结构设计过程

- 从 E-R 图导出初始关系模式,即将 E-R 图按规则转换成关系模式。

- 规范化处理。消除异常,改善一致性和存储效率,一般达到第三范式要求即可。规范化过程实际上就是单一化过程,即让一个关系描述一个概念,若多于一个概念的就把它分离出来。

- 模式评价。模式评价的目的是检查数据库模式是否满足用户的要求,包括功能评价和性能评价。功能评价检查关系模式集能否满足用户的应用要求,关系模式必须包括用户可能访问的所有数据,对涉及多个关系模式的应用,应保证关系模式的连接具有无损连接性。性能评价在此阶段只能是有限度的评价,因为这时的模式尚缺乏有关的物理设计要素,但做出估算是必要的,这样有利于改进设计,使模式具有很好的性能。

• 优化模式。优化包括对于设计过程中疏漏的要新增关系或属性,性能不好的要采用合并、分解或选用另外结构等工作。合并是指对于具有相同关键字的关系模式,如它们的处理主要是查询操作,且经常在一起使用,可将这类关系模式合并。分解是指逻辑结构虽已达到规范化,但因某些属性过多时,可将它分解成两个或多个关系模式。

• 形成逻辑结构设计说明书。根据设计好的模式及应用需求,规划应用程序的架构,设计应用程序的草图,指定每个应用程序的数据存取功能和数据处理功能梗概,提供程序上的逻辑接口。

(5)数据库物理设计、实施、运行和维护

数据库物理设计是指为逻辑数据模型选取一个最适合应用环境的物理结构,即存储结构和存取方法。该阶段的任务是根据逻辑(概念)模式、DBMS 及计算机系统所提供的手段和施加的限制,设计数据库的内模式,即文件结构、各种存取路径、存储空间的分配、记录的存储格式等。数据库的内模式虽不直接面向用户,但对数据库的性能影响很大。DBMS 提供相应的DDL 语句及命令,供数据库设计人员及 DBA 定义内模式使用。

数据库实施是指使用 DBMS 创建实际数据库结构、加载初始数据、编制和调试相应的数据库系统应用程序。数据库的运行是指使用已加载的初始数据对数据库系统进行试运行、制订合理的数据备份计划、调整数据库的安全性和完整性条件。数据库的维护是指对系统的运行进行监督,及时发现系统的问题,给出解决方案。

知识点 5 Access 2010 创建数据库的方式

1. Access 2010 数据库的分类

Access 2010 在保持 Access 2003 标准桌面数据库的基础上,新增了应用互联网的 Web 数据库。

(1)标准桌面数据库

标准桌面数据库是存储在本地硬盘、文件共享或文档库中的传统 Access 数据库文件。其中包含的表尚未与"发布到 Access Services"功能兼容,因此它需要 Access 程序才能运行。使用 Access 早期版本创建的所有数据库在 Access 2010 中均作为标准桌面数据库打开。本书中的学生管理数据库就是一个标准桌面数据库。

(2)Web 数据库

Access 2010 除了标准桌面数据库之外,还新增了 Web 数据库。Web 数据库是通过使用 Microsoft Office Backstage 视图中的"空白 Web 数据库"命令创建的数据库,或成功通过兼容性检查程序(位于"文件"选项卡"保存并发布"的"发布到 Access Services"命令下)所执行的测试数据库。

Access 2010 提供了一种将数据库应用程序作为 Web 数据库部署到 SharePoint 服务器的新方法。这样,用户间就能够在 Web 浏览器中使用此数据库,或者通过使用 Access 2010 从 SharePoint 网站上打开它。如果用户将数据库设计为与 Web 兼容,并且用户有权限访问正在运行 Access Services 的 SharePoint 服务器,则可以利用这种新的部署方法。

假定用户已创建一个 Access 应用程序,其他用户可以使用此应用程序来记录在不同项目上所花费的小时数。通过将此数据库发布为 Web 数据库,用户可以集中数据存储,并在修改表单、报表和其他对象时轻松部署更新。作为此应用程序的开发人员,可以在 Access 2010 中打开此数据库并进行更改,然后使更改与服务器同步。

2. 创建 Access 数据库的方法

使用 Access 数据库管理数据首先要创建数据库,然后在数据库中使用表对象存储数据,使用查询对象、窗体对象等管理数据。Access 2010 创建数据库的方法有多种,如创建空数据库、使用模板创建数据库、根据其他数据库系统导入数据库等。Access 2010 中常用数据库的创建方法有两种,分别是使用模板创建数据库和创建空数据库。

(1)使用模板创建数据库

Access 2010 可以使用系统提供的模板完成创建数据库,Access 提供了种类繁多的模板,使用模板可以方便快捷地完成数据库的创建。模板是随时可用的数据库,其中包含执行特定任务时所需的所有表、查询、窗体和报表。Access 2010 提供的模板有三种,分别是样本模板、Office. com 模板和我的模板。

①样本模板:样本模板是 Office 2010 安装后存储在本地计算机上的模板。Office 2010 针对不同的数据库应用系统提供多种样本模板(包括标准桌面数据库模板和 Web 数据库模板),主要包括教职员模板、罗斯文模板、任务模板、事件模板、销售渠道模板、学生模板、慈善捐赠Web 数据库模板和联系人 Web 数据库模板等。如图 2-5 所示为 Access 2010 提供的样本模板。

图 2-5　样本模板

②Office. com 模板:Access 2010 不仅可以使用本地模板来创建数据库,而且还可以使用Office. com 模板创建数据库,Office. com 模板是在 Office. com 网站上提供的用于创建 Access数据库的网上模板,用户只需要连接到 Internet 就可以使用或下载所需要的模板。如图 2-6所示为 Office. com 模板。

图 2-6　Office.com 模板

③我的模板：我的模板是用户根据现有数据库所创建的模板，可以通过"文件"选项卡中的"保存并发布"命令把现有数据库另存为模板，再次创建数据库可以使用我的模板快速创建与模板数据库结构相近的数据库。

（2）创建空数据库

使用 Access 数据库系统提供的模板创建的数据库有时不符合实际的要求，通常创建一个空数据库，然后根据数据库应用系统的实际需要，向数据库中添加各种对象，这种方法比较灵活，但由于需要用户自行创建各种对象，所以操作较为复杂。

知识点 6　Access 2010 的文件和数据库对象

1. Access 2010 文件类型

Access 2010 数据库所采用的文件类型主要有：

（1）.accdb 文件

.accdb 文件是 Access 2010 的数据库文件，可以设计为标准桌面数据库或 Web 数据库。

（2）.accdw 文件

.accdw 文件是自动创建的文件，用于在 Access 程序中打开 Web 数据库，可以将其视为 Web 应用程序的快捷方式，它始终在 Access 中而不是在浏览器中打开该应用程序。当使用 SharePoint 中 Web 应用程序网站的"网站操作"菜单上的"在 Access 中打开"命令时，Access 和 Access Services 会自动创建.accdw 文件。可以直接从服务器打开.accdw 文件，也可以将 .accdw 文件保存到计算机，然后双击以运行它。无论采用哪种方法，当打开.accdw 文件时，数据库都会作为.accdb 文件复制到计算机上。

（3）.accde 文件

.accde 文件是编译为原始.accdb 文件的"锁定"或"仅执行"版本的 Access 2010 桌面数据库的文件扩展名。如果.accdb 文件包含任何 VBA（Visual Basic for Applications，宏语言）代码，.accde 文件中将仅包含编译的代码，因此用户不能查看或修改 VBA 代码。而且使用 .accde 文件的用户无法更改窗体或报表的设计。

（4）.accdt 文件

这是 Access 2010 数据库模板的文件扩展名，可以从 Office.com 下载 Access 数据库模板，也可以单击"文件"选项卡上的"保存并发布"命令将现有的数据库保存为模板，或者通过 Microsoft Office Backstage 视图的"共享"空间中的"模板（*.accdt）"将数据库保存为模板。

（5）.accdr 文件

.accdr 文件可以使数据库在运行模式下打开。在保存时，只需将数据库文件的扩展名由 .accdb更改为.accdr，便可以创建 Access 2010 数据库的"锁定"版本。将文件扩展名改回到 .accdb可以恢复数据库的完整功能。

（6）.mdw 文件

.mdw 文件是工作组信息文件，用来存储安全数据库的信息。使用 Access 2010 工作组管理器可以创建.mdw 文件，这些文件与在 Access 2000 至 Access 2007 中创建的.mdw 文件相同。在早期版本中创建的.mdw 文件可以在 Access 2010 的数据库中使用。

提示：

可以使用 Access 2010 打开使用用户级安全机制保护的早期版本的数据库。但是，Access 2010 数据库中没有用户级安全机制。功能区上没有任何命令可用于启动工作组管理器，但是仍可以使用 VBA 代码中的 DoCmd. RunCommand acCmdWorkgroupAdministrator 命令，或者使用 WorkgroupAdminstrator 的 Command 参数创建包含 RunCommand 操作的 Access 宏，从而在 Access 2010 中启动工作组管理器。

(7). laccdb

. laccdb 文件表示打开 Access 2007 或 Access 2010（. accdb）数据库时自动生成的锁定文件，文件锁定将通过扩展名为. laccdb 的锁定文件控制。打开早期版本的 Access（. mdb）文件时，锁定文件的扩展名为.ldb。创建的锁定文件类型取决于正打开的数据库的文件类型，而不是正在使用的 Access 的版本。在所有用户都关闭数据库之后，锁定文件将自动删除。

2. Access 2010 数据库对象

Access 2010 数据库能够实现存储数据和管理数据等多种功能，那么如何实现这些功能呢？Access 2010 通过表、查询、窗体、报表、宏和模块六个数据库对象来完成这些功能。数据库对象的有机结合构成了一个完整的数据库应用系统。

(1)表对象

表就是关系数据库中的二维表，由若干行与若干列构成。表是 Access 数据库最基本的数据库对象，是 Access 数据库中用来存储数据的唯一对象，也是使用其他数据库对象的基础。

在实际应用系统中，通过对应用系统的数据需求进行分析、概念设计，并根据全局 E-R 模型导出关系模式，即一张二维表，在 Access 中称为表对象，数据就是存放在表对象中的。表在外观上与 Excel 电子表格相似，第一行为标题行，标题行的每一列都有一个唯一的标题称为字段，标题行下面的所有行为表中的具体数据称为记录。图 2-7 为"罗斯文"数据库中的"产品"表。

供应商 ID	ID	产品代码	产品名称	标准成本	列出价格	再订购水平	目标水平	单位数量	中断	最小再订
为全	1	NWTB-1	苹果汁	¥5.00	¥30.00	10	40	10箱 x 20包		
金美	3	NWTCO-3	蕃茄酱	¥4.00	¥20.00	25	100	每箱12瓶		
金美	4	NWTCO-4	盐	¥8.00	¥25.00	10	40	每箱12瓶		
金美	5	NWTO-5	麻油	¥12.00	¥40.00	10	40	每箱12瓶		
康富食品，德昌	6	NWTJP-6	酱油	¥6.00	¥20.00	25	100	每箱12瓶		
康堡	7	NWTDFN-7	海鲜粉	¥20.00	¥40.00	10	40	每箱30盒		
康堡	8	NWTS-8	胡椒粉	¥15.00	¥35.00	10	40	每箱30盒		
康富食品，德昌	14	NWTDFN-14	沙茶	¥12.00	¥30.00	10	40	每箱12瓶		
德昌	17	NWTCFV-17	猪肉	¥2.00	¥9.00	10	40	每袋500克		
佳佳乐	19	NWTBGM-19	糖果	¥10.00	¥45.00	5	20	每箱30盒		
康富食品，德昌	20	NWTJP-6	桂花糕	¥25.00	¥60.00	10	40	每箱30盒		
佳佳乐	21	NWTBGM-21	花生	¥15.00	¥35.00	5	20	每箱30包		
为全	34	NWTB-34	啤酒	¥10.00	¥30.00	15	60	每箱24瓶		
正一	40	NWTCM-40	虾米	¥8.00	¥35.00	30	120	每袋3公斤		
德昌	41	NWTSO-41	虾子	¥10.00	¥30.00	10	40	每袋3公斤		
妙生，为全	43	NWTB-43	柳橙汁	¥10.00	¥30.00	25	100	每箱24瓶		
金美	48	NWTCA-48	玉米片	¥5.00	¥15.00	25	100	每箱24包		
康富食品	51	NWTDFN-51	猪肉干	¥15.00	¥40.00	10	40	每箱24包		
佳佳乐	52	NWTG-52	三合一麦片	¥12.00	¥30.00	25	100	每箱24包		
佳佳乐	56	NWTP-56	白米	¥3.00	¥10.00	30	120	每袋3公斤		
佳佳乐	57	NWTP-57	小米	¥4.00	¥12.00	20	80	每袋3公斤		
康堡	65	NWTS-65	海苔酱	¥8.00	¥30.00	10	40	每箱24瓶		
康堡	66	NWTS-66	肉松	¥10.00	¥35.00	20	80	每箱24瓶		
日正	72	NWTD-72	酸奶酪	¥3.00	¥8.00	10	40	每箱2个		
康富食品，德昌	74	NWTDFN-74	鸡精	¥8.00	¥15.00	5	20	每盒24个		
金美	77	NWTCO-77	辣椒粉	¥3.00	¥18.00	15	60	每袋3公斤		
康富食品	80	NWTDFN-80	葡萄干	¥2.00	¥10.00	50	75	每包500克		
妙生	81	NWTB-81	绿茶	¥4.00	¥20.00	100	125	每箱20包		
佳佳乐	82	NWTC-82	麦片	¥1.00	¥5.00	20	100			

图 2-7　"罗斯文"数据库中的"产品"表

（2）查询对象

查询是关系数据库中非常重要的概念,查询对象不是数据的集合,而是操作的集合。查询在数据库中的应用非常广泛,最常用的功能就是从一个或多个表中检索出满足条件的数据。查询不仅可以检索数据,还可以使用查询更新或删除表中的记录。图 2-8 是从图 2-7 的"产品"表中搜索所有"供应商 ID"为"金美"的查询结果。

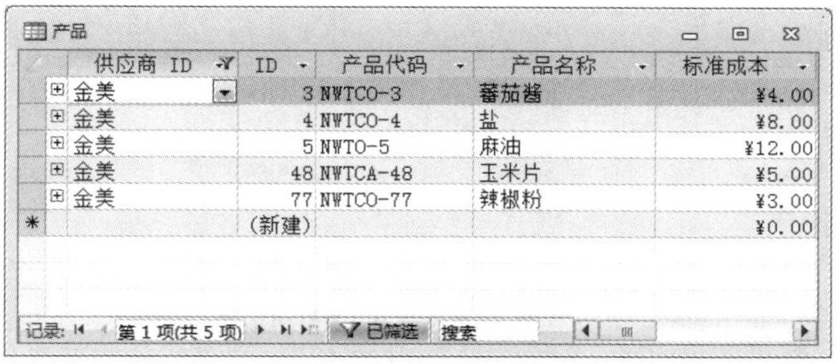

图 2-8　所有产品"供应商 ID"为"金美"的查询结果

（3）窗体对象

窗体对象是用户和数据库应用程序之间的交互界面,通过窗体可以显示表或查询到的数据,编辑表中数据,还可以执行一些其他的操作。窗体的样式多种多样,选用哪种样式视用户实际的需要而定。如图 2-9 所示为"罗斯文"数据库中的"员工详细信息"窗体。

图 2-9　"罗斯文"数据库中"员工详细信息"窗体

（4）报表对象

报表对象是用于生成报表和打印报表的模块,报表是数据输出的重要形式,能用特定的格式呈现数据。如果要对数据库中的数据进行打印,最简单有效的方法就是使用报表。使用报表还可以快速分析数据。图 2-10 为"罗斯文"数据库中"客户通信簿"报表。除了基本的报表之外,还有一种特殊的报表,称为标签报表,可以将这样的报表剪成一个个小标签,如名片标签。

（5）宏对象

Access 2010 中的宏可以看成一种简化的编程语言。宏对象是一个或多个宏操作的集合,其中每个宏操作可以执行特定的功能。利用宏,用户不必编写任何代码就可以实现一定的交互功能。例如单击某个按钮实现打开窗体、查询或打开报表操作。在操作过程能自动弹出提

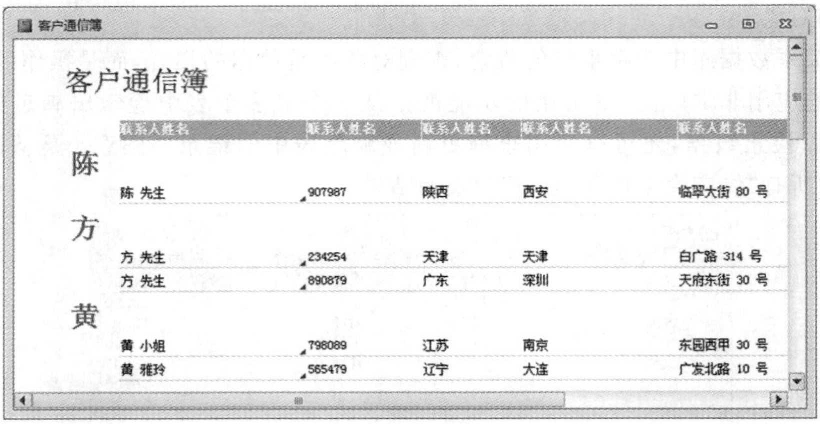

图 2-10　"罗斯文"数据库中"客户通信簿"报表

示消息,提示用户的操作是否合理或警告用户,保证用户输入数据的准确性。图 2-11 为"罗斯文"数据库中实现错误处理的宏。

（6）模块对象

模块对象是将 VBA 编写的过程和声明作为一个整体保存的集合,即使用编程的方法（VBA 编程语言）向数据中添加某种功能的对象,其实质是通过编程语言来完成数据库的操作任务。模块可以分为类模块和模块两类,类模块中包含各种事件过程,模块包含与任何其他特定对象无关的常规过程。如图 2-12 所示为"罗斯文"数据库中查看到的多个模块和类模块。

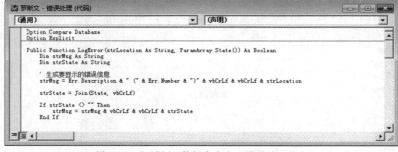

图 2-11　"罗斯文"数据库中实现错误处理的宏

图 2-12　工程管理器

任务 2.1　学生管理系统的数据库设计

本任务以学生管理系统的数据库设计为案例,介绍学生管理数据库的设计过程和步骤。通过学生管理数据库的设计与实践,学生可掌握实际应用系统数据库设计的过程。

子任务 1　学生管理系统的需求分析

任务分析

数据库设计阶段的需求分析是指系统分析员深入企业对现有系统或手工管理进行充分深入调查研究,收集系统的基础数据、用户群,确定系统运行环境,明确各类用户的需求,得到新系统的功能和系统功能边界。

学生管理系统是高校教学管理工作的重要组成部分,主要用于高校学生档案管理、学生成绩管理和课程信息管理等。针对高校教学管理的工作方式,进行详细的调查研究,确定系统中的数据信息,确定学生管理系统的用户群和系统功能。

本子任务对学生管理系统的数据进行详细的调查研究,应用需求分析方法,绘制系统的用例图、数据流图和功能结构图。

任务实施

1. 明确用户和工作需求

学生管理系统的主要用户有学生、教师和系统管理员,这三类人员的主要需求是:

(1)学生需求

学生是学生管理系统的主要使用人员,其主要需求有:查看选修的课程列表,选课,查看选课情况和查看课程考试成绩。

(2)教师需求

教师在学生管理系统中承担学生选课成绩的管理工作,其主要需求有:查看学生的选课信息,打印选课学生列表,学生成绩的录入、修改和打印学生成绩等。

(3)系统管理员需求

系统管理员在学生管理系统中承担学生信息、课程信息和教师信息的管理和维护工作,其主要需求有:学生信息的添加、修改和删除;教师信息的添加、修改和删除;课程信息的添加、修改和删除;查看学生的选课信息;用户的添加、修改和删除等。同时要做好学生管理系统数据库的初始化操作、数据备份和恢复。

2. 系统的基础数据

通过以上对学生管理系统用户需求的分析可知,系统涉及大量的数据管理工作,如何组织数据,采取何种数据模型来维护数据,是面临的首要问题。在学生管理系统中,主要包括以下数据实体及数据项:

(1)用户信息

用户信息主要用来存储学生、教师和系统管理员的基本信息,主要包括用户名、密码和用户身份等信息,其中用户名必须是唯一的,不能重复,且密码不能为空,用户身份决定了用户在学生管理系统中的使用权限。

(2)系部

系部用来存储系部的基本信息,主要包括系部编号、系部名称和系部主任等信息。其中系部编号不能重复,系部名称不能为空。

(3)班级

班级用来存储学生所在班级的详细信息,主要包括班级编号、班级名称、班导师和系部编号等信息。其中班级编号不能重复,班级名称和班导师不能为空,同时班级实体通过系部编号与系部实体建立外部联系。

(4)学生

学生用来存储学生的基本信息,主要包括学生的学号、姓名、性别、出生日期、入学成绩、邮政编码和班级编号等信息。其中学号不能重复,姓名不能为空,性别只能是"男"或"女",邮政编码为 6 位数字,同时学生实体与班级实体通过班级编号建立外部联系。

（5）课程

课程用来存储课程的基本信息，主要包括课程号、课程名和学分等信息。其中课程号不能重复，课程名不能为空，学分为数值并控制在一定的范围之内。

（6）教师

教师用来存储教师的基本信息，主要包括教师号、姓名、性别、工作日期、职称、工资和系部编号。其中教师号不能重复，姓名不能为空，性别只能是"男"或"女"，同时教师实体与系部实体通过系部编号建立外部联系。

（7）选课

选课用来存储学生选修的课程和成绩信息，是学生和课程之间的第三方联系，也是学生管理系统中最重要的联系，主要包括学号、课程号和成绩。其中学号、课程号取自学生和课程对应的属性，学号和课程号的组合不能重复，成绩是学生选修某门课程的联系属性，其值控制在0～100。

（8）授课

授课用来存储教师每学期讲授课程的信息，是教师和课程之间的第三方联系，主要包括教师号、课程号和学期。其中教师号、课程号取自教师和课程对应的属性，教师号、课程号和学期的组合不能重复，学期是教师讲授某门课程的联系属性。

3. 设计数据流图和数据字典

（1）绘制用例图，如图 2-13 所示。

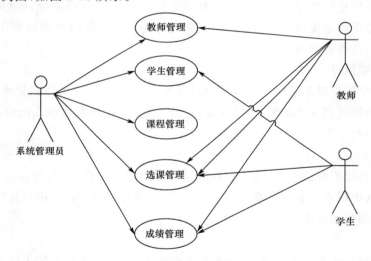

图 2-13　学生管理系统用例图

（2）绘制数据流图

①绘制学生管理系统顶层数据流图，如图 2-14 所示。

②绘制学生管理系统第一层数据流图，如图 2-15 所示。

4. 确定系统的运行环境和目标

学生管理系统应用计算机技术和数据库技术实现学生信息、学生选课和学生成绩的现代化管理，系统的目标是：

（1）提高高校教学管理的工作效率，减少人力、物力，降低运行成本。

（2）提高数据信息的准确性，避免出现错误数据。

（3）提高信息的安全性和完整性。

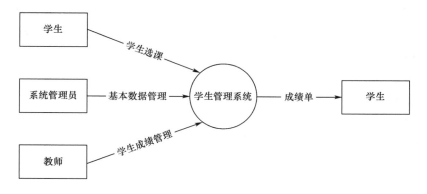

图 2-14   学生管理系统顶层数据流图

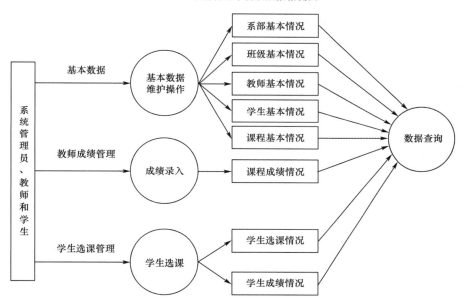

图 2-15   学生管理系统第一层数据流图

（4）规范教学管理的运行模式，改进管理方法和服务效率。

（5）系统具有良好的人机交互界面，操作简便、快速。

子任务 2   学生管理系统的功能分析

任务分析

根据软件工程的观点，开发任何一个应用系统必须对应用系统进行总体设计和详细设计，在系统总体分析的基础上，确定应用系统的功能需求，绘制系统的功能结构图。

本子任务在学生管理系统需求分析的基础上，确定学生管理系统的功能。

任务实施

根据需求分析，得知学生管理系统功能分为用户管理子系统、基本信息管理子系统、学生选课管理子系统、学生成绩管理子系统和系统维护管理子系统五大功能。

1. 用户管理

用户管理是用户身份验证的重要方式，包括用户的添加、修改和删除。用户是否合法是决定是否允许用户使用学生管理系统的必要条件,如果用户没有在系统中进行注册,则用户无法访问系统。用户注册应具有易操作、保密性强等特点。也可进行多用户注册,而用户之间是透明的。在注册时选择不同的教师与学生,会得到相应的权限。这部分的具体功能描述如下:

(1)用户添加。

(2)用户修改。

(3)用户删除。

2. 基本信息管理

基本信息管理主要为系统正常运行提供操作平台,主要包括系部信息管理、班级信息管理、学生信息管理、教师信息管理、课程信息管理和基本信息查询等功能。这部分的具体功能描述如下:

(1)系部信息的添加、修改和删除。

(2)班级信息的添加、修改和删除。

(3)学生信息的添加、修改和删除。

(4)教师信息的添加、修改和删除。

(5)课程信息的添加、修改和删除。

(6)基本信息的查询和打印。

3. 学生选课管理

学生选课是学生管理系统中非常重要的工作,主要用于教师课程的安排和学生选课,为教师管理学生成绩打下基础。其具体功能包括:

(1)教师授课安排。

(2)学生选课。

4. 学生成绩管理

学生成绩管理是教学管理系统的一个重要组成部分,包括学生成绩的录入、修改、锁定和查询。成绩管理按权限分为三部分:一部分是教务员,实现对成绩的汇总统计、查询、锁定和审核;一部分是教师,实现对成绩的录入、修改和查询;第三部分是学生,实现对成绩的查询。这部分的具体功能描述如下:

(1)成绩的录入和修改。

(2)成绩的汇总统计。

(3)成绩的审核和锁定。

(4)学生成绩的查询。

5. 系统维护管理

系统维护管理实现系统数据安全性、完整性和一致性的维护处理工作,包括系统数据的备份、恢复、导入与导出,这部分的具体功能描述如下:

(1)数据的备份和恢复。

(2)数据的导入和导出。

(3)系统帮助。

根据以上分析,绘制学生管理系统功能结构,如图 2-16 所示。

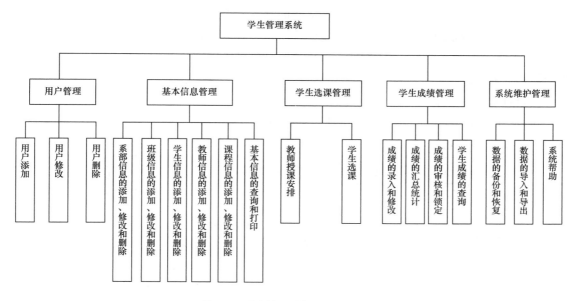

图 2-16　学生管理系统的功能结构图

子任务 3　"学生管理"数据库的概念设计

任务分析

　　本子任务根据学生管理系统需求分析阶段收集到的数据和相关资料,首先对数据利用分类、聚集和概括等方法抽象出实体,对系统中列举的实体标注其对应的属性,其次确定实体之间的联系类型(一对一、一对多和多对多),最后使用 ER_Designer 工具绘制学生管理数据库的 E-R 图。

　　1. 确定学生管理系统的实体

　　通过调查分析可知,学生管理系统涉及的实体主要有系部、班级、学生、课程、教师等。

　　2. 确定学生管理系统的实体属性

　　(1)系部实体属性

　　系部实体属性有系部编号、系部名称和系部主任。

　　(2)班级实体属性

　　班级实体属性有班级编号、班级名称、班导师。

　　(3)学生实体属性

　　学生实体属性有学号、姓名、性别、出生日期、入学成绩、邮政编码。

　　(4)课程实体属性

　　课程实体属性有课程号、课程名和学分。

　　(5)教师实体属性

　　教师实体属性有教师号、姓名、性别、工作日期、职称、工资。

　　3. 确定实体之间的联系

　　通过分析得出,各实体之间的联系如下:

　　(1)系部和班级之间有联系"属于",实体之间是一对多的联系。

　　(2)系部和教师之间有联系"聘任",实体之间是一对多的联系。

（3）班级和学生之间有联系"包含"，实体之间是一对多的联系。

（4）学生和课程之间有联系"选课"，实体之间是多对多的联系。

（5）课程和教师之间有联系"授课"，实体之间是多对多的联系。

任务实施

1.设计局部 E-R 模型

（1）使用 ER_Designer 工具绘制系部和班级的局部 E-R 图，如图 2-17 所示。

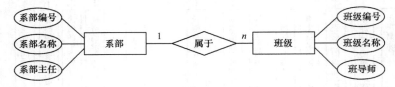

图 2-17　系部和班级的局部 E-R 图

（2）使用 ER_Designer 工具绘制系部和教师的局部 E-R 图，如图 2-18 所示。

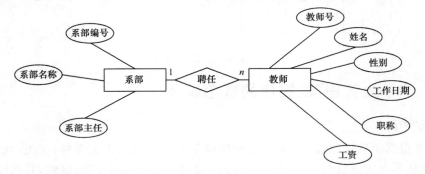

图 2-18　系部和教师的局部 E-R 图

（3）使用 ER_Designer 工具绘制班级和学生的局部 E-R 图，如图 2-19 所示。

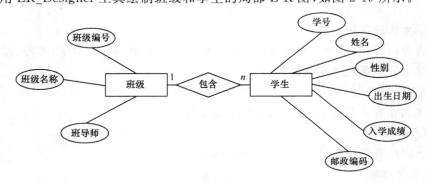

图 2-19　班级和学生的局部 E-R 图

（4）使用 ER_Designer 工具绘制学生和课程的局部 E-R 图，如图 2-20 所示。

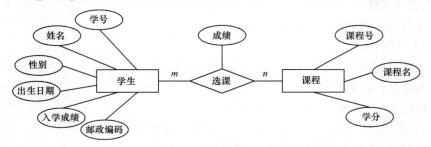

图 2-20　学生和课程的局部 E-R 图

（5）使用 ER_Designer 工具绘制教师和课程的局部 E-R 图,如图 2-21 所示。

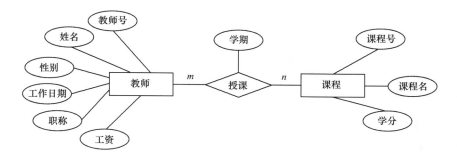

图 2-21   教师和课程的局部 E-R 图

2.设计全局 E-R 模型

使用 ER_Designer 工具绘制全局 E-R 图,如图 2-22 所示。

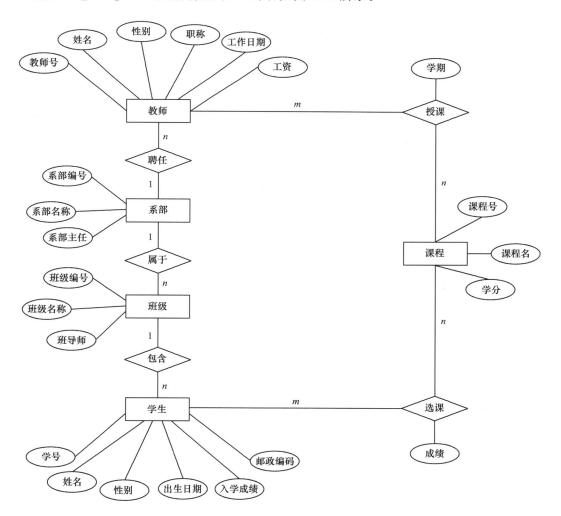

图 2-22   学生管理系统的全局 E-R 图

子任务 4 "学生管理"数据库的逻辑设计

任务分析

本子任务在学生管理数据库概念设计阶段生成的 E-R 模型的基础上,首先将 E-R 模型按规则转换为逻辑模型,再根据导出的关系模式依据功能需求增加关系、属性并规范化,得到最终的关系模式。

任务实施

1. 将实体转换为关系模式

(1)系部(系部编号,系部名称,系部主任)

(2)班级(班级编号,班级名称,班导师)

(3)学生(学号,姓名,性别,出生日期,入学成绩,邮政编码)

(4)课程(课程号,课程名,学分)

(5)教师(教师号,姓名,性别,工作日期,职称,工资)

2. 学生实体与课程实体之间存在"多对多"联系,必须导出第三方关系"选课"。

选课(学号,课程号,成绩)

3. 教师实体与课程实体之间存在"多对多"联系,必须导出第三方关系"授课"。

授课(教师号,课程号,学期)

4. 对上述关系模式规范化,得到学生管理数据库的最终关系模式(带下划线的为关系的主键)

(1)系部(系部编号,系部名称,系部主任)

(2)班级(班级编号,班级名称,班导师,系部编号)

(3)学生(学号,姓名,性别,出生日期,入学成绩,邮政编码,班级编号)

(4)课程(课程号,课程名,学分)

(5)教师(教师号,姓名,性别,工作日期,职称,工资,系部编号)

(6)选课(学号,课程号,成绩)

(7)授课(教师号,课程号,学期)

子任务 5 "学生管理"数据库的物理结构设计

任务分析

本子任务完成学生管理数据库的物理结构设计。

任务实施

步骤 1 系部表的物理结构设计见表2-6。

表 2-6   系部表结构

字段名	数据类型	大 小	约 束
系部编号	文本	4	主键
系部名称	文本	30	非空
系部主任	文本	8	

步骤 2 班级表的物理结构设计见表 2-7。

表 2-7　　　　　　　　　　　　　　　　班级表结构

字段名	数据类型	大　小	约　束
班级编号	文本	4	主键
班级名称	文本	30	非空
班导师	文本	8	
系部编号	文本	4	外键,与系部表的"系部编号"关联

步骤 3 教师表的物理结构设计见表 2-8。

表 2-8　　　　　　　　　　　　　　　　教师表结构

字段名	数据类型	大　小	约　束
教师号	文本	4	主键
姓名	文本	8	非空
性别	文本	2	限制为"男"或"女"
工作日期	日期/时间		
职称	查阅	10	
工资	货币		
系部编号	文本	4	外键,与系部表的"系部编号"关联

步骤 4 学生表的物理结构设计见表 2-9。

表 2-9　　　　　　　　　　　　　　　　学生表结构

字段名	数据类型	大　小	约　束
学号	文本	8	主键
姓名	文本	8	唯一键
性别	文本	2	限制为"男"或"女"
出生日期	日期/时间		
入学成绩	整型		入学成绩＞＝0 and 入学成绩＜＝800
邮政编码	文本	6	
班级编号	文本	4	外键,与班级表的"班级编号"关联

步骤 5 课程表的物理结构设计见表 2-10。

表 2-10　　　　　　　　　　　　　　　　课程表结构

字段名	数据类型	大　小	约　束
课程号	文本	8	主键
课程名	文本	30	唯一键
学分	整型		

步骤 6   选课表的物理结构设计见表 2-11。

表 2-11   选课表结构

字段名	数据类型	大　小	约　束
学号	文本	8	外键,与学生表的"学号"关联
课程号	文本	8	外键,与课程表的"课程号"关联
成绩	整型		
(学号,课程号)			主键

步骤 7   授课表的物理结构设计见表 2-12。

表 2-12   授课表结构

字段名	数据类型	大　小	约　束
教师号	文本	4	外键,与教师表的"教师号"关联
课程号	文本	8	外键,与课程表的"课程号"关联
学期	文本	20	
(教师号,课程号,学期)			主键

★**特别提示**:任务点相关知识请参阅本任务知识点 1～知识点 4 相关内容。

任务 2.2　创建和打开"学生管理"数据库

子任务 1　使用"学生"模板创建"学生管理_模板"数据库

任务分析

根据任务 1 中学生管理系统的功能需求,要求建立"学生管理_模板"数据库。Access 数据库可以通过模板建立,也可以通过建立空数据库来实现。由于 Access 2010 提供了"学生"样本模板数据库,该模板与所要建立的"学生管理_模板"数据库结构相近,为此可以使用"学生"模板来建立,建立后对样本模板数据库进行修改即可实现"学生管理_模板"系统的数据存储功能。

本子任务的功能是通过"学生"样本模板数据库建立"学生管理_模板"数据库。

任务实施

步骤 1   单击"开始"→"所有程序"→"Microsoft Office"→"Microsoft Access 2010",启动 Access 2010,打开 Access 2010 启动界面。

步骤 2   在 Access 2010 启动界面中,单击左侧窗格中的"新建"命令,在右侧窗格中显示创建数据库的可用模板,双击【样本模板】按钮,弹出当前系统中可用的样本模板,如图 2-23 所示。

步骤 3   在 Access 2010 样本模板中单击"学生"样本模板,在 Access 2010 启动界面右侧,单击 按钮,选择创建数据库的路径,弹出"文件新建数据库"对话框,选择数据库保存路径为 D:\student\。然后输入数据库的文件名,这里输入"学生管理_模板",如图 2-24 所示。

步骤 4   在"文件新建数据库"对话框中单击【确定】按钮返回,再单击图 2-25 的【创建】按钮,开始创建数据库。

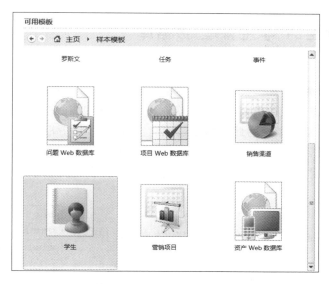

图 2-23 Access 2010 样本模板

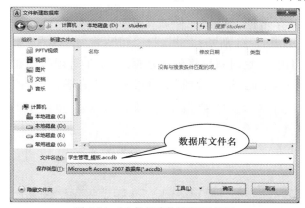

图 2-24 "文件新建数据库"对话框

图 2-25 创建数据库

步骤 5 数据库创建完成后，自动打开"学生管理_模板"数据库，如图 2-26 所示。

图 2-26 "学生管理_模板"数据库工作界面

子任务 2   创建空的"学生管理"数据库

任务分析

子任务 1 使用"学生"样本模板建立了"学生管理_模板"数据库,但该数据库与任务 1 中的学生管理系统的数据需求存在很大的区别,必须对其进行修改和完善才能满足应用系统的数据存储需求,操作起来很烦琐。为此可以通过创建空数据库,然后根据需求建立相应的表对象和其他对象来实现数据库的各种功能。创建空数据库更灵活,更具有实用性。

本子任务通过创建空数据库建立"学生管理"数据库。创建的数据库中不含有任何数据库对象。

任务实施

图 2-27   输入数据库文件名

步骤 1   启动 Access 2010,在 Access 工作首界面选择"空数据库"选项。

步骤 2   在右侧窗格中的"文件名"文本框输入数据库文件名"学生管理",如图 2-27 所示。

步骤 3   单击 按钮选择数据库保存路径,弹出"文件新建数据库"对话框,选择"D:\student\",如图 2-24 所示。

步骤 4   再单击图 2-27 中的【创建】按钮,这时系统将创建数据库"学生管理",创建完成后自动创建一个新的数据表,如图 2-28 所示,至此"学生管理"空数据库创建完毕。

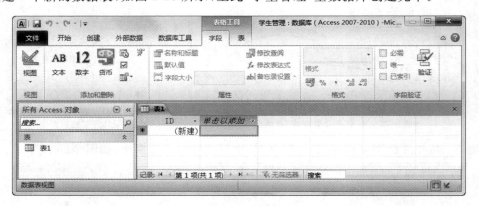

图 2-28   "学生管理"空数据库工作界面

子任务 3   打开"学生管理"数据库

任务分析

数据库创建后,当使用数据库时必须打开数据库才能使用数据库中的各种对象。打开数据库有两种方法:一种是在"我的电脑"或"资源管理器"中打开数据库保存的文件夹,双击数据库文件名.accdb;另一种是使用"打开"对话框打开数据库。

本子任务的功能是使用"打开"对话框打开子任务 2 中建立的"学生管理"空数据库。

任务实施

步骤 1   启动 Access 2010,打开 Access 2010 工作首界面。

步骤 2   在 Access 工作首界面,单击【打开】按钮,弹出"打开"对话框,如图 2-29 所示。

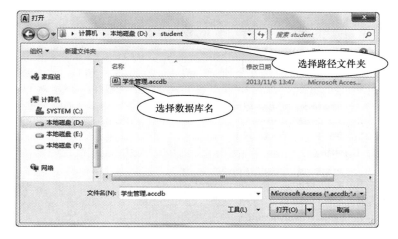

图 2-29 "打开"对话框(1)

步骤 3 在"打开"对话框中选择数据库所在路径"D:\student\"和数据库文件名"学生管理",单击【打开】按钮,系统将打开"学生管理"数据库。

提示:

打开数据库时,在"打开"对话框中单击【打开】按钮的下拉箭头按钮,将弹出"打开"下拉列表框,如图 2-30 所示。打开数据库有四种方式,分别是打开、以只读方式打开、以独占方式打开和以独占只读方式打开。其中:

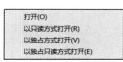

图 2-30 "打开"下拉列表框

①打开:表示打开数据库,数据库可读可写,并且可被共享使用。

②以只读方式打开:表示打开数据库,但数据库只能读不能写。

③以独占方式打开:表示打开数据库,数据库可读可写,但不能被共享使用。

④以独占只读方式打开:表示打开数据库,数据库只能读不能写,且不能被共享使用。

★**特别提示**:任务点相关知识请参阅本任务知识点 5 Access 2010 创建数据库的方式。

任务 2.3 设置当前数据库选项

任务分析

数据库打开后,Access 数据库系统会以默认设置显示当前打开数据库的工作界面,同时允许用户根据需要调整 Access 各种设置选项,如用户界面配色方案、创建数据库存储位置选项,当前数据库选项、表设计视图、查询设计视图、窗体/报表视图等选项,以适应用户的操作需求。

本任务的功能是设置当前数据库选项以适应用户的开发需求。

任务实施

步骤 1 启动 Access 2010,打开"学生管理"数据库。

步骤 2 在"学生管理"工作界面中,单击"文件"选项卡下的"选项"命令,弹出"Access 选项"对话框,如图 2-31 所示。

步骤 3 在"Access 选项"对话框左窗格中单击"当前数据库"命令,在对话框的右窗格中显示当前数据库的所有选项设置,如图 2-32 所示。

图 2-31 "Access 选项"对话框(1)

图 2-32 "Access 选项"对话框中"当前数据库"的选项设置

步骤 4 在对话框的右窗格中设置用于当前数据库的选项,这里以设置"显示窗体"和"文档窗口选项"为例介绍当前数据库的选项设置,在"显示窗体"右侧的下拉列表框中选择"无",在"文档窗口选项"下方选择"重叠窗口",如果进行其他选项设置,可进一步设置。

提示:

(1)显示窗体表示在打开数据库时系统会自动运行指定的窗体,如果选择无,则不运行窗体。

(2)文档窗口选项用来设置以何种方式显示用户打开的数据库对象文档窗口,包括选项卡式文档和重叠窗口两种。

①选项卡式文档:系统的默认设置,当打开多个数据库对象时,系统以选项卡方式在一个窗口中管理各种数据对象,只需单击选项卡切换到指定的对象即可操作对象,如图 2-33 所示。

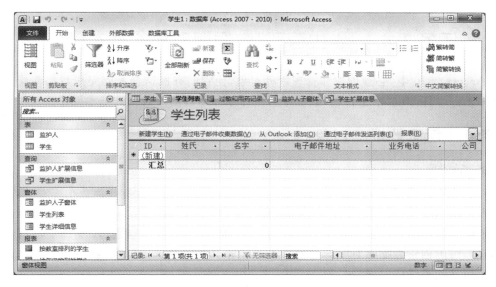

图 2-33 选项卡式文档方式显示数据库对象

②重叠窗口：表示当打开多个数据库对象时，系统以多个文档窗口的方式显示数据库对象，窗口可以移动和调整大小，如图 2-34 所示。

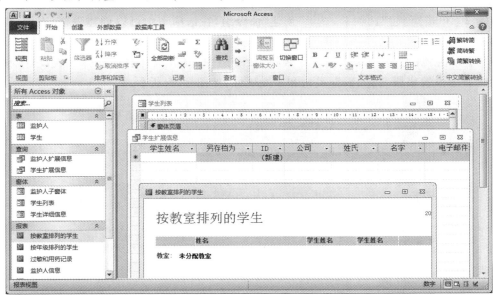

图 2-34 重叠窗口方式显示数据库对象

步骤 5 最后单击【确定】按钮完成设置，系统弹出必须关闭并重新打开当前数据库以便设置的选项生效的提示对话框，如图 2-35 所示。

图 2-35 选项生效提示对话框

步骤 6 单击【确定】按钮完成设置。

任务 2.4 "学生管理"数据库对象的基本操作

在 Access 2010 中,必须创建和管理六种对象,使它们有机结合才能完成数据库应用系统的功能需求。本任务以"学生管理"数据库为例详细介绍数据库对象的基本操作。

子任务 1 创建数据库对象

⚐ 任务分析

任务 2.2 中的子任务 2 创建了一个空的数据库,数据库内不含有任何数据库对象,要实现学生管理系统的功能,则必须创建存储和管理数据的各种对象。

本子任务的功能是在任务 2.2 中子任务 2 创建的"学生管理"数据库基础上,以创建"班级"表为例,讲解创建数据库对象的过程。本子任务只介绍数据库对象的创建步骤,具体创建过程请参照其他子任务。

⚐ 任务实施

步骤 1 启动 Access 2010,在 Access 工作首界面打开"D:\student\"文件夹中的"学生管理"数据库。

步骤 2 单击"创建"选项卡,显示"创建"命令组,在选项卡中可以创建表格、查询、窗体等六种数据库对象。

步骤 3 在"创建"选项卡中,单击"表格"命令组中的【表设计】按钮,弹出表设计窗口,在表设计窗口中设置字段名称、数据类型和字段属性,如图 2-36 所示。

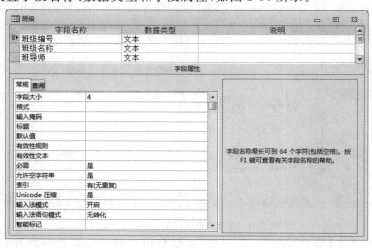

图 2-36 表设计窗口

步骤 4 表结构设计完成后,单击"自定义快速启动工具栏"中的【保存】按钮,弹出"另存为"对话框,如图 2-37 所示,输入表名称"班级",单击【确定】按钮,完成表对象的创建。

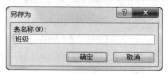

图 2-37 "另存为"对话框(1)

子任务 2　打开数据库对象

🔆 任务分析

数据库对象创建完成后,必须打开数据库对象才能存储和管理数据。打开数据库对象后将根据打开对象的不同显示不同的视图,以打开"窗体"对象为例,有四种视图方式显示,分别是窗体视图、数据视图、设计视图、布局视图。

本子任务的功能是以任务 2.1 中子任务 1 所创建的"学生管理_模板"数据库为例,打开"学生详细信息"窗体。

🔆 任务实施

步骤 1　启动 Access 2010,打开"学生管理_模板"数据库。

步骤 2　在"学生管理_模板"数据库工作界面,展开导航窗格,单击导航窗格"所有 Access 对象"右侧的"组织方式列表"下拉按钮,弹出"组织方式列表"下拉列表框,如图 2-38 所示。在"组织方式列表"下拉列表框中选择"对象类型",弹出如图 2-39 所示的"对象类型"导航窗格。

图 2-38　"组织方式列表"下拉列表框

图 2-39　"对象类型"导航窗格

步骤 3　在"对象类型"导航窗格中,双击"学生详细信息"窗体,或者右击"学生详细信息"窗体,在弹出的快捷菜单中单击"窗体视图""设计视图"或者"布局视图"命令,"学生详细信息"将以窗体视图、设计视图或布局视图方式显示,如图 2-40 所示为窗体视图显示方式,如图 2-41 所示为布局视图显示方式,如图 2-42 所示为设计视图显示方式。

🐾**提示：**

窗体的视图方式分为四种,分别是窗体视图、布局视图、数据视图和设计视图。

(1)窗体视图表示以运行的方式显示窗体,在窗体中可以完成数据的输入等管理操作。

(2)布局视图表示对窗体中的控件对象进行位置设置。

(3)数据视图表示只有窗体数据源为表或查询时才有的视图。

(4)设计视图表示由用户自行设计窗体,实现窗体的功能操作。

图 2-40 "学生详细信息"窗体的窗体视图显示方式

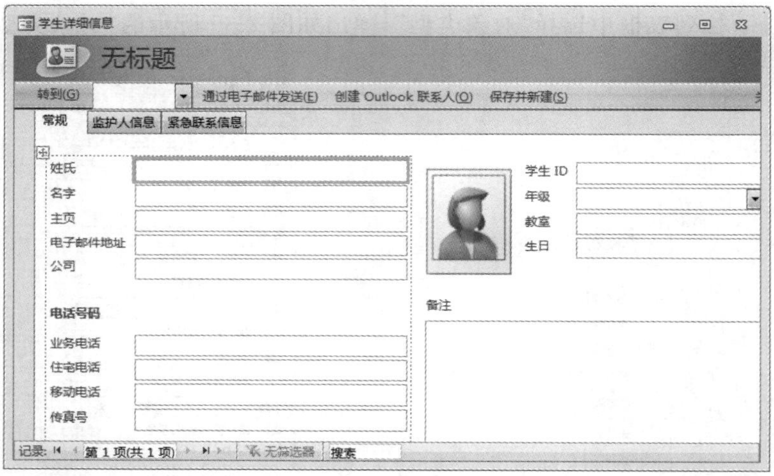

图 2-41 "学生详细信息"窗体的布局视图显示方式

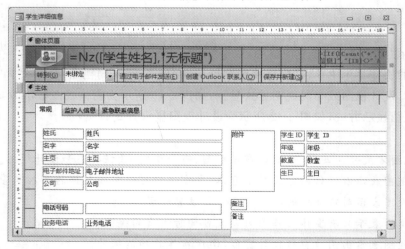

图 2-42 "学生详细信息"窗体的设计视图显示方式

子任务 3　复制数据库对象

任务分析

在 Access 数据库中,可以使用复制方法创建数据库对象的副本。在修改某个数据库对象的设计之前,创建数据库对象的副本可以避免由于误操作或修改错误所造成的损失,如果出现失误可以通过副本还原。

本子任务的功能是复制"学生管理_模板"数据库的"学生"数据表。

任务实施

步骤 1　启动 Access 2010,打开"学生管理_模板"数据库。

步骤 2　在"学生管理_模板"数据库工作界面,展开导航窗格,单击导航窗格"所有 Access 对象"右侧的"组织方式列表"下拉按钮,弹出"组织方式列表"下拉列表框,选择"对象类型"。

步骤 3　在"对象类型"导航窗格中,右击"学生"表对象,在弹出的快捷菜单中单击"复制"命令,系统将"学生"表对象复制到剪贴板。

步骤 4　在导航窗格中,右击"学生"表对象或其他对象,在弹出的快捷菜单中单击"粘贴"命令,弹出"粘贴表方式"对话框,如图 2-43 所示。

图 2-43　"粘贴表方式"对话框

步骤 5　在对话框中输入表名称"学生_1",设置粘贴选项,再单击【确定】按钮。粘贴选项中"仅结构"表示只复制结构不复制数据记录;"结构和数据"表示复制表的结构和数据记录,复制的表与原表一致;"将数据追加到已有的表"表示将复制表中的数据记录追加到已有的表中,但要求两个表的结构必须兼容。

提示:

如果要把对象粘贴到另一个数据库中,则需要在执行复制操作后,关闭当前数据库,打开另一个数据库再执行粘贴操作。

子任务 4　删除数据库对象

任务分析

当数据库中某个数据库对象不再使用,为了节省磁盘空间,提高数据库的工作效率,需要删除数据库对象。如果要删除某个数据库对象,需要先关闭要删除的数据库对象,而且不能使被删除的对象出现在选项卡文档窗格中,同时在多用户环境下,确保所有用户都已关闭了该数据库对象。

本子任务的功能是在"学生管理_模板"数据库将子任务 3 中复制的"学生_1"表对象删除。

任务实施

步骤 1　启动 Access 2010,打开"学生管理_模板"数据库。

步骤 2　在"学生管理_模板"数据库工作界面,展开导航窗格,单击"所有 Access 对象"右侧的下拉箭头,在打开的组织方式列表中,单击"对象类型"命令,展开表对象集合。

步骤 3　在导航窗格中选中"学生_1"表对象,按 Delete 键删除,或者在"学生_1"表对象上右击,在弹出的快捷菜单中单击"删除"命令,弹出删除确认对话框,如图 2-44 所示。

步骤 4　在删除确认对话框中,单击【是】按钮,则完成删除数据库对象操作。

图 2-44 删除确认对话框(1)

提示：

如果被删除的对象与其他的对象已经建立了关系，则会弹出提示框，提示禁止删除，Access 的这种安全机制是用来保护数据完整性的。

子任务5 关闭数据库对象

任务分析

在 Access 中可以同时打开多个数据库对象，Access 使用选项卡方式或重叠方式管理所有打开的数据库对象。当打开多个对象时，关闭某个对象有两种方法，一种使用选项卡上的【关闭】按钮，另一种使用快捷菜单。

本子任务的功能是在当前数据库文档窗口选项设置为选项卡方式下关闭打开的数据库对象。如果是当前数据库文档窗口选项设置为重叠方式，直接单击文档窗口标题栏右上角的【关闭】按钮即可关闭数据库对象。

任务实施

步骤1 在 Access 2010 的"学生管理_模板"数据库中，已打开"学生列表"窗体对象、"学生通信簿"报表对象、"班级"表对象，如图 2-45 所示。

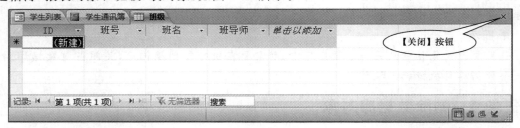

图 2-45 已打开对象的选项卡

步骤2 在已打开对象的选项卡中，单击选项卡可以切换显示的数据库对象，单击要关闭的对象选项卡，如"学生列表"窗体对象，再单击选项卡右侧的【关闭】按钮，即可关闭"学生列表"窗体对象。

提示：

除了使用步骤2所述的操作之外，还可以在已打开对象的选项卡上右击，弹出快捷菜单，如图 2-46 所示。在快捷菜单上单击"关闭"或"全部关闭"命令，"关闭"表示只关闭当前数据库对象，"全部关闭"表示关闭当前打开的所有数据库对象。

★**特别提示：**任务点相关知识请参阅本任务知识点 6 Access 2010 文件和数据库对象。

图 2-46 "关闭对象"
快捷菜单

任务实训 数据库的设计、创建与管理数据库对象

任务实训 1 图书销售管理系统数据库的设计与创建

一、实训目的和要求

1.掌握数据库设计与开发的基本步骤

2.能读懂数据流图并绘制简单的数据流图

3.掌握局部和全局 E-R 图的绘制

4.掌握 E-R 模型转换为关系模式的原则

5.掌握 Access 数据库创建方法

二、实训内容与步骤

1.图书销售管理系统简介

（1）图书销售管理系统开发的必要性

图书销售管理系统是实现图书采购和销售管理的一种信息管理系统。传统的图书销售管理模式利用人工对图书销售信息进行管理,这种管理模式存在效率低、保密性差的劣势,随着时间的积累产生大量的文件和数据,不便于数据信息的查找、更新和维护。这些问题的存在给图书销售管理者对图书的信息管理带来了很大困难,严重影响了图书销售的经营效率。随着科学技术的不断提高,计算机技术的日渐成熟,已使用先进的计算机技术来代替传统的人工模式,以实现信息的现代化管理,其强大的功能已进入人类社会的各个领域并发挥着越来越重要的作用。使用计算机对图书销售信息进行管理,具有检索迅速、查找方便、易修改、可靠性高、存储量大、数据处理快捷、保密性好、寿命长、成本低、便于打印等优势,极大地提高图书销售信息管理的工作效率。

（2）图书销售管理系统的基础数据

供应商信息主要包括:供应商编号、供应商名称、所在城市、主要联系人和联系电话等。

出版社信息主要包括:出版社编号、出版社名称、所在城市、出版社地址、邮政编码、联系电话等。

销售客户信息主要包括:客户编号、客户名称、客户地址、联系电话、电子邮箱等。

图书分类信息主要包括:图书分类号、图书分类名称等。

图书信息主要包括:图书编号、图书名称、ISBN、图书分类号、作者、开本、装帧、版次、单价、库存数量等。

图书入库信息主要包括:购入图书的图书编号、采购日期、采购数量、图书单价以及供应商信息等。

图书销售信息主要包括:销售图书的图书编号、销售日期、销售数量、销售单价以及客户信息等。

（3）图书销售管理系统的功能需求

图书销售管理系统的用户包括系统管理员、采购员和销售员,根据不同用户的需求图书销售管理系统功能分为基本信息管理子系统、图书采购管理子系统、图书销售管理子系统和系统维护子系统四大功能。具体功能分析如下:

①基本信息管理子系统

基本信息管理子系统主要包括出版社信息管理、供应信息管理、客户信息管理和用户管理。其中出版社信息管理主要包括出版社信息的录入、修改、删除和查询;供应信息管理主要包括供应商信息的录入、修改、删除和查询;客户信息管理包括客户信息的录入、修改、删除和查询;用户管理包括系统操作用户的添加、修改、删除和用户权限的设置。

②图书采购管理子系统

图书采购管理子系统主要包括采购入库单信息录入、采购入库单信息的修改和删除、采购入库单的查询和打印,其中查询包括按入库单号查询、按采购入库日期查询、按书名查询以及综合查询等。

③图书销售管理子系统

图书销售管理子系统主要包括图书销售单信息添加、销售单信息的修改和删除、销售单的查询、统计和打印,其中查询包括按销售单号查询、按销售日期查询、按图书编号或书名查询以及综合查询等。

④系统维护子系统

系统维护子系统包括系统数据初始化、数据备份和数据恢复。其中数据初始化包括清空数据库所有数据和按时间段清空入库单和销售单数据,以便减少数据库负担。数据备份和数据恢复是对数据库进行全部、增量备份,以便在数据库出现故障时及时恢复到最近状态。

2.图书销售管理系统的数据库设计

分析上述图书销售管理系统,完成图书销售管理数据库的分析与设计。

(1)图书销售管理系统数据库的需求分析

分析图书销售管理系统,完成系统用例图、数据流程图、用户功能需求以及功能结构图的绘制。

(2)图书销售管理数据库的概念设计

在需求分析的基础上,完成图书销售管理数据库局部 E-R 图和全局 E-R 图的绘制。

(3)图书销售管理数据库的逻辑设计

依据概念结构设计阶段绘制的全局 E-R 图,完成图书销售管理数据库从概念模型转换为逻辑模型,导出关系模式。

(4)图书销售管理数据库的物理设计

设计图书销售管理数据库的数据表结构。

3.在 Access 2010 中创建用来存储和管理图书销售管理系统数据的空白数据库,数据库名称为"图书销售管理"。

任务实训 2　数据库对象的基本操作

一、实训目的和要求

1.掌握 Access 2010 数据库对象和文件类型

2.掌握 Access 2010 创建数据库的方法

3.掌握 Access 2010 数据库对象的基本操作

二、实训内容与步骤

1.使用样本模板"教职员"创建"教学管理"数据库。

2.设置"教学管理"数据库的当前数据库选项中的"文档窗口选项"为"重叠窗口"。

3. 在"教学管理"数据库中创建"系部"表对象,结构见表 2-13。

表 2-13　　　　　　　　　　　　　　"系部"表结构

字段名	数据类型	字段大小	格式
系部编号	文本	4	
系部名称	文本	30	
系部主任	文本	8	

4. 在"教学管理"数据库打开"教职员详细信息"窗体对象和"所有教职员"报表对象。

5. 在"教学管理"数据库中复制"教职员"表对象,副本名称为"教职员_1"。

6. 将"教学管理"数据库中的"教职员_1"表对象删除。

7. 关闭"教职员详细信息"窗体对象和"所有教职员"报表对象。

任务小结

本任务详细介绍了数据库的基本概念、数据模型、关系运算以及数据库设计。以学生管理数据库为例介绍了数据库的设计过程,主要包括数据库需求分析、概念设计和逻辑设计等,绘制了局部 E-R 图和全局 E-R 图,并导出关系模式。介绍了数据库的创建方法,包括使用模板创建数据库和创建空数据库以及数据库对象的基本操作。通过本任务的学习和训练,能对 Access 数据库的各种对象具有初步的了解和认识,学会各种数据库对象的基本操作。

思考与练习

一、填空题

1. 数据模型分为_____、_____和_____三种。

2. _____模型采用二维表结构描述实体与实体之间联系的数据模型。

3. 在信息世界中,客观存在并且可以相互区别的事物称为_____。

4. 属性的取值范围称为该属性的_____。

5. 两个不同实体集的联系有_____、_____和_____。

6. 数据库系统通常由_____、_____、_____、_____和_____五个部分组成。

7. 关系运算分为_____和_____。

8. 专门的关系运算分为_____、_____和_____。

9. 专门的关系运算中_____运算表示从一个关系中选择若干元组所构成的一个新的关系。

10. 专门的关系运算中去掉重复属性的等值连接称为_____。

11. E-R 模型的三要素是_____、_____和_____。

12. 数据模型的三要素是_____、_____和_____。

13. 数据库系统的逻辑设计主要是将_____转化成 DBMS 所支持的数据模型。

14. Access 2010 数据库对象主要包括_____、_____、_____、_____、_____、_____六种。

15. Access 数据库对象中,_____对象用来存储数据的唯一对象,是 Access 数据库最基本的对象。

16. Access 数据库对象中,_____对象用来查询数据。

17. Access 数据库对象中,_____对象和_____对象是与用户进行交互的对象,以实现数据的输入和输出操作。

18. Access 数据库对象中,_____对象和_____对象是程序员使用编程方式控制数据库应用系统操作的代码型对象。

19. Access 2010 数据库根据需要分为_____和_____两类,其中_____数据库是 Access 2010 新增的数据库类型。

20. Access 2010 中常用创建数据库的方法有两种,分别是_____和_____。

21. Access 2010 不仅可以使用本地模板来创建数据库,而且还使用_____模板创建数据库。

22. Access 2010 中标准桌面数据库和 Web 数据库存储的文件扩展名是_____,数据库模板的文件扩展名是_____。

23. Access 2010 打开数据库有四种打开方式,分别是_____、_____、_____和_____。

二、选择题

1. 下列实体类型的联系中,属于一对一联系的是(　　　)。

　　A. 教研室对教师的所属联系　　　　　　B. 父亲对孩子的亲生联系

　　C. 省对省会的所属联系　　　　　　　　D. 供应商与工程项目的供货联系

2. 下面对关系的叙述中,哪个是不正确的?(　　　)

　　A. 关系中的每个属性是不可分解的　　　B. 在关系中元组的顺序是无关紧要的

　　C. 任意的一个二维表都是一个关系　　　D. 每个关系只有一种记录类型

3. E-R 模型的三要素是(　　　)。

　　A. 实体、属性和实体集　　　　　　　　B. 实体、键、联系

　　C. 实体、属性和联系　　　　　　　　　D. 实体、域和候选键

4. 英文缩写 DBA 代表(　　　)。

　　A. 数据库管理员　　　　　　　　　　　B. 数据库管理系统

　　C. 数据定义语言　　　　　　　　　　　D. 数据操纵语言

5. 在关系中能唯一标识元组的属性集称为(　　　)。

　　A. 外部键　　　　　B. 候选键　　　　　C. 码　　　　　　D. 超键

6. 在基本的关系中,下列说法正确的是(　　　)。

　　A. 行列顺序有关　　　　　　　　　　　B. 属性名允许重名

　　C. 任意两个元组不允许重复　　　　　　D. 列是非同质的

7. 下列对 E-R 图设计的说法中错误的是(　　　)。

　　A. 设计局部 E-R 图中,能作为属性处理的客观事物应尽量作为属性处理

　　B. 局部 E-R 图中的属性均应为原子属性,即不能再细分为子属性的组合

　　C. 对局部 E-R 图集成时既可以一次实现全部集成,也可以两两集成,逐步进行

　　D. 集成后所得的 E-R 图中可能存在冗余数据和冗余联系,应予以全部清除

8. 将一个多对多联系型转换为一个独立关系模式时,应取(　　　)为关键字。

　　A. 一端实体型的关键属性　　　　　　　B. 多端实体型的关键属性

　　C. 两个实体型关键属性的组合　　　　　D. 联系型的全体属性

9. 将一个 $m : n$ 的联系转换成关系模式时,应(　　)。

A. 转换为一个独立的关系模式

B. 与 m 端的实体型所对应的关系模式合并

C. 与 n 端的实体型所对应的关系模式合并

D. 以上都可以

10. 在从 E-R 图到关系模式的转化过程中,下列说法错误的是(　　)。

A. 一个一对一的联系可以转换为一个独立的关系模式

B. 一个涉及三个以上实体的多元联系也可以转换为一个独立的关系模式

C. 对关系模型优化时有些模式可能要进一步分解,有些模式可能要合并

D. 关系模式的规范化程度越高,查询的效率就越高

11. 下列 Access 数据库对象,用来存储数据的对象是(　　)。

A. 表　　　　　　　　B. 查询　　　　　　　　C. 窗体　　　　　　　　D. 报表

12. 下列(　　)文件扩展名表示 Access 桌面数据库的可执行文件。

A. .accdb　　　　　　B. .accdw　　　　　　C. .accde　　　　　　D. .accdt

13. (　　)对象是将 Visual Basic for Application(简称宏语言 VBA)编写的过程和声明作为一个整体保存的集合。

A. 窗体　　　　　　　B. 表　　　　　　　　C. 模块　　　　　　　D. 宏

14. 在 Access 2010 中创建数据库对象,使用(　　)选项卡。

A. 文件　　　　　　　B. 创建　　　　　　　C. 外部数据　　　　　D. 开始

15. Access 2010 中的(　　)可以看成是一种简化的编程语言。

A. 模块　　　　　　　B. 窗体　　　　　　　C. 报表　　　　　　　D. 宏

三、简答题

1. 简述 Access 2010 包含的数据库对象,以及每个数据库对象的作用是什么?

2. Access 2010 的桌面数据库和 Web 数据库有何区别?

3. Access 2010 创建数据库的方法有哪些?

4. Access 2010 有哪些文件类型?

5. 简述 Access 2010 创建空白数据库的步骤。

四、综合题

某高校图书馆管理系统中有如下信息:

部门(部门号,部门名,负责人)

出版社(出版社号,出版社名,所在城市,电话,联系人)

图书(图书编号,书名,作者,类型,出版日期,数量,单价)

读者(借书证号,姓名,性别)

有如下语义规则:一个出版社出版多种图书,一种图书由一个出版社出版;一个部门有多个读者,一个读者属于一个部门;一个读者可以借阅多种图书,一种图书可以由多个读者借阅,读者借书时登记借书日期,还书时登记还书日期。

1. 绘制图书馆管理系统数据库的局部 E-R 图。

2. 绘制图书馆管理系统数据库的全局 E-R 图。

3. 将全局 E-R 图转换为关系模式,并指出各关系的主关键字和外部关键字。

任务3 学生管理系统数据表的操作

学习重点与难点

- 使用多种方法创建数据表
- 数据表结构的修改
- 编辑和管理表的数据记录
- 建立数据表之间的关系和参照完整性
- 数据表的查找、替换、排序、筛选和行汇总统计

学习目标

- 了解表的概念和结构
- 掌握 Access 2010 的字段数据类型和表达式的使用
- 掌握使用直接输入数据、表设计器和模板创建数据表的结构
- 掌握数据表结构的修改
- 掌握数据表记录的基本操作
- 掌握建立表之间的关系和参照完整性规则的设置
- 掌握数据表的查找与替换、排序和筛选以及行汇总统计操作

任务描述

1. 创建学生管理系统的数据表
2. 修改"学生管理"数据库的表结构
3. 建立"学生管理"数据库表之间的关系
4. 编辑表中的数据记录
5. 数据表的其他操作

相关知识

知识点1 表的概念和结构

通过前面介绍的"教职员""罗斯文"和"学生管理"数据库,读者对数据表已经有了初步的认识,数据库中所有数据都是按照不同的主题分别存放到不同的表中。

1. 表的概念

表是有关特定主题的信息所组成的集合,是存储和管理数据的基本对象。数据库中所有的数据都是按照不同的主题分别存放到不同的表中。

在 Access 数据库中,表是整个数据库的基本单位,查询、窗体和报表等对象都是基于表而建立的,所以应合理设计表的结构,以便维护数据和方便用户操作。

本书采用的"学生管理"数据库中的数据按照不同主题,分别存放在七个表中,见表 3-1。

表 3-1　　　　　　　　　　　"学生管理"数据库涉及的表与主题

主题	表	主题	表
系部信息	系部	课程信息	课程
教师信息	教师	学生成绩信息	选课
班级信息	班级	教师授课信息	授课
学生信息	学生		

2. 表的结构

在关系模型中,表的逻辑结构就是一张二维表。表是由若干行与若干列所构成的。其中行称为关系的元组,在数据库中称为记录,列称为关系的属性,在数据库中称为字段。

表是由字段、记录、字段值、主关键字、外部关键字等元素构成的。

(1)字段

字段是指表中的列,它是一个独立的数据,用来描述某类主题的特征,即列的特性,每一列都有唯一的名字,称为字段名。例如学生表中的学号、姓名、性别、出生日期等均为字段。

(2)记录

记录是指表中的行,它由若干个字段组成,用来描述现实世界中的某一个实体,记录反映了一个关系模式的全部属性数据。表中不允许出现完全相同的记录。

(3)字段值

字段值是指表中行与列交叉处的数据,它是数据库中最基本的存储单元,是数据库保存的原始数据,它的位置由该表的记录和字段共同确定。

(4)主关键字

主关键字是表中的一个或多个字段的组合,能唯一标识表中的一条记录,简称为主键,如"学号"就是"学生"表的主关键字。在某些情况下,可能需要使用两个或多个字段一起作为表的主键。例如,"学生管理"数据库"选课"表的主键是"学号"和"课程号"两列的组合,当一个主键使用多个列时,它又被称为复合键。

✎提示:

表中的主关键字不能为空,不能重复,也不能随意修改。

(5)外部关键字

外部关键字涉及两个表,用来建立两个表之间的关系。如班级和学生,其中一个表称为主表(班级),一个表称为子表(学生),两个表的同名字段在主表中是主键,在子表中不是主键,在子表中称为外部关键字,简称为外键,外部关键字的取值要么为空,要么必须参照主表中主键的值。

3. 创建表的方法

创建表包括两个步骤:创建表的结构和向表中输入数据(值)。创建表的结构包括构造表中的字段和设置字段的属性,字段包括字段的命名和定义字段的数据类型等内容。

Access 2010 创建表的方法有多种,常用的方法有以下几种:

(1)直接输入数据

直接输入数据创建表的方法表示创建表一般先不用确定表的结构,将数据直接输入到空表中,在保存新的数据表时,由系统分析数据并自动为每个字段指定适当的数据类型、大小和格式。

(2)使用模板

运用 Access 数据库提供的表模板创建与模板相似的表,如联系人、用户等信息,这种方法比其他方法更为方便和快捷。但是 Access 数据库系统提供的模板类型非常有限,而且运用模板创建的数据表也不一定完全符合要求,必须进行修改,所以很多时候还是用户自行创建新表。

(3)使用设计视图

使用设计视图创建表是 Access 最常用、最灵活的一种创建表的方法。这种方法必须事先确定表结构的字段名称、数据类型及相关字段属性。

(4)导入或链接外部表

在 Access 2010 数据库中,用户不仅可以通过直接输入数据、使用表模板、使用表设计器等方法创建表,还可以利用 Access 2010 提供的导入和链接功能从当前数据库的外部获取数据。使用导入功能可以把 Excel 电子表格、文本文件、XML 文件和 SharePoint 文件导入或链接到 Access 数据库中。

知识点 2　Access 2010 表字段的数据类型

在表中同一列数据必须具有相同的数据特征,这种特征称为字段的数据类型。不同的数据类型占用计算机存储空间的大小、数据的存储方式、保存的数据长度等都不同。具体使用哪种类型的字段,需要根据实际情况而定。Access 2010 中的数据类型主要有如下几种:

1. 文本

文本类型的字段允许存储的最大长度为 255 个字符或数字,Access 默认为 255 个字符,而且系统只保存输入到字段中的字符,而不保存文本字段中的空字符。

2. 备注

备注类型的字段允许存储长度较长的文本及数字,最大长度可达 65 535 个字符。Access 不能对备注类型的字段进行排序或索引,而文本字段可以进行排序和索引。

3. 数字

数字类型的字段可以存储进行算术计算的数字数据,可通过设置"字段大小"属性确定数字类型为字节、整型、长整型、单精度型、双精度型和小数等数字类型,长度分别为字节型 1 字节(0~255)、整型 2 字节(−32 768~32 767)、长整型 4 字节(2^{-32}~2^{32}−1)、单精度型 4 字节、双精度型 8 字节、小数型 14 字节。Access 默认为长整型。

4. 日期/时间

日期/时间类型的字段可存储日期、时间或日期时间数据,其长度系统默认为 8 字节。日期的格式有常规日期、长日期、中日期、短日期、长时间、中时间和短时间。常规日期包括日期和时间两个部分。

5. 货币

货币类型是数字数据类型的特殊类型,等价于双精度数字类型。输入货币字段数据时,Access 会自动显示人民币符号和千位分隔符(逗号),并自动添加两位小数。当小数部分多于两位时,Access 会对数据进行四舍五入。精确度为整数 15 位,小数 4 位。

6. 自动编号

自动编号类型的字段可用来存储递增信息的数据,数据长度为 4 个字节。这种数据不用输入,添加新记录时,Access 会自动插入唯一顺序或者随机编号。自动编号一旦指定,会永久地与记录连接。如果删除了表中含有自动编号字段的一个记录后,Access 并不会为表格自动编号字段重新编号,自动编号类型的字段值是不允许用户编辑修改的,其值是自动添加的。

7. 是/否

是/否数据类型的字段用来存放只包含两个不同可选值的数据,其值为"是/否""真/假"或"开/关",数据长度为 1 个字符。

8. OLE 对象类型

OLE 对象类型的字段允许存储 OLE 对象。OLE 对象是指使用 OLE 协议程序创建的对象,例如 Word 文档、Excel 电子表格、图像、声音或其他二进制数据。OLE 对象字段最大长度为 1 GB。

9. 超链接

超链接数据类型允许存储超链接,可以是包含超链接地址的文本或以文本形式存储的字符与数字的组合。其字段最大长度为 64 000 个字符。

10. 查阅向导

查阅向导数据类型可存储一个数据列表。字段长度为 4 个字节。

11. 附件

附件数据类型可以将多个文件存储在单个字段中,也可以将多种不同类型的文件存储在单个字段中,最多可以附加 2 GB 的数据,单个文件的大小不超过 256 MB。

12. 计算

计算数据类型是 Access 2010 新增加的数据类型。使用这种数据类型可以使原本必须通过查询完成的计算任务在数据表完成。计算数据类型可以将表达式或结果存储在字段中,大小为 8 个字节。

知识点 3 Access 2010 的表达式和函数

1. 表达式

表达式是由标识符、运算符、函数和参数、常量以及值所组成的一个有意义的式子。任何一个表达式都有一个具体的值。下面介绍表达式的组成部分。

(1)标识符

标识符是字段、属性或控件的名称。可在表达式中使用标识符来引用与字段、属性或控件关联的值。

(2)运算符

Access 支持各种不同的运算符,包括常见的算术运算符,如 +、-、*(乘)和 /(除),还可以使用比较运算符(如 <(小于)或 >(大于))来比较值,使用文本运算符(如 & 和 +)来连接(合并)文本,使用逻辑运算符(如 And 和 Or)来确定 True 或 False 值,以及使用 Access 的其他特有运算符执行相关操作。

（3）函数和参数

函数是可在表达式中使用的内置过程。使用函数可执行许多不同的操作，如计算值、操作文本和日期，以及汇总数据。有些函数需要使用参数。

参数是为函数提供输入的值。如果函数需要使用多个参数，则要使用逗号将参数分隔开。

（4）常量

常量是指其值在 Access 运行期间不会改变的项。True、False 和 Null 常量经常在表达式中使用。也可以使用 VBA 代码定义自己的常量，以便在 VBA 过程中使用。VBA 是 Access 使用的编程语言，不能在用于表达式的自定义函数中使用 VBA 常量。

（5）值

在表达式中可以使用文字值，如数字 1 254 或字符串"张志强"。也可以使用数值，数值可以是一系列数字，包括符号和小数点。如果数值没有符号，Access 则认为是一个正值，若要使一个值为负值，需要使用负号（一）。还可以使用科学记数法，使用"E"或"e"以及指数符号，如 $1.0E-6$。

使用文本字符串作为常量时，必须将其置于引号中，以确保 Access 能够正确解释它们。在有些情况下，Access 将提供引号。例如，当在表达式中为有效性规则或查询条件键入文本时，Access 会自动用引号将文本字符串引起来。

若要使用日期/时间值，需要用 ♯ 号将值括起来。例如，♯ 3-7-11 ♯、♯ 7-Mar-11 ♯ 和 ♯ Mar-7-2011 ♯ 都是有效的日期/时间值。当 Access 遇到用 ♯ 号括起来的有效日期/时间值时，它会自动将该值视为日期/时间数据类型。

提示：

有些表达式以等号（＝）运算符开头，有些则不是。当计算窗体或报表上某一控件的值时，使用"＝"运算符作为表达式的开头。在其他情况下，例如，在查询中或者在字段或控件的 DefaultValue 或 ValidationRule 属性中键入表达式时，不要使用"＝"运算符，但如果要在表中的文本字段中添加表达式则例外。在某些情况下，如当向查询中添加表达式时，Access 会自动删除"＝"运算符。

2. 运算符

表达式中常用的运算符包括算术运算符、比较运算符、连接运算符、逻辑运算符和特殊运算符等。表 3-2 列出了一些常用的运算符。

表 3-2　　　　　　　　　　常用运算符

类型	运算符	含义	示例	结果
算术运算符	＋	加	1＋3	4
	－	减，用来求两数之差或是表达式的负值	4－1	3
	*	乘	3 * 4	12
	/	除	9/3	3
	^	乘方	3^2	9
	\	整除	17\4	4
	mod	取余	17 mod 4	1

（续表）

类型	运 算 符	含　义	示　例	结果
比较运算符	＝	等于	2＝3	False
	＞	大于	2＞1	True
	＞＝	大于等于	"A"＞="B"	False
	＜	小于	1＜2	True
	＜＝	小于等于	6＜＝5	False
	＜＞	不等于	3＜＞6	True
连接运算符	&	字符串连接	"计算"&"机"	"计算机"
	＋	当表达式都是字符串时与 & 相同；当表达式是数值表达式时，则为加法算术运算	"计算机"＋"基础"	"计算机基础"
逻辑运算符	And	与	1＜2 And 2＞3	False
	Or	或	1＜2 Or 2＞3	True
	Not	非	Not 3＞1	False
	Xor	异或	1＜2 Xor 5＞6	True
特殊运算符	Is(Not) Null	"Is Null"表示为空，"Is Not Null"表示不为空	成绩 Is Null	False
	Like	用于检查文本是否与指定字符匹配。如果匹配，运算结果是 True，否则运算结果是 False。Like 可以与"?"或"＊"等符号组合使用，定义所要查找的字符样式。＊：表示任意个字符；?：表示一个任意字符；#：表示一个数字；[]：括号内包括检验字符的详细范围，[0—9]表示数字，[a—z]表示字母，感叹号（!）表示排除，如[! 0—9]表示除 0 到 9 之外的任何字符	"张娟" Like "张＊"	True
			"a" Like[a—z]	True
	Between A and B	判断表达式的值是否在指定 A 和 B 之间，A 和 B 可以是数字型、日期型和文本型	50 Between 0 and 100	True
	In(string1,string2,…)	确定某个字符串值是否在一组字符串值内	"A" In("A,B,C") Or "A" Or "B" Or "C"	True

一个表达式可以包含多个运算符，与 Excel 中运算符优先级一样，Access 中也有运算符的优先级。

运算符的使用根据实际需要变化，如比较运算符不仅用于数字间的对比，查找不及格的学生可表示为"期末成绩＜60"，查找 1989 年以后出生的学生可以表示为"出生日期＞＝ #1989-1-1#"等，又如查找在 1990 年出生的条件表达式为"出生日期 Between #1990-1-1# And #1990-12-31#"，又如 Like 运算符中可使用通配符查找指定模式的字符串，查找姓"李"的学生可表示为"姓名 Like "李＊""。

🐱 提示：

Access 表达式中，字符型的数据需用双引号"括起来，日期型数据需用#括起来。

3. Access 2010 的函数

Access 2010 提供了许多内置函数,为用户对数据进行运算和分析带来极大方便,函数的理解和使用方法也和 Excel 大同小异。Access 2010 内置函数包括:数学与三角函数、日期/时间函数、字符串函数、SQL 聚合函数等。表 3-3～表 3-7 为部分常用函数。

表 3-3　　　　　　　　　　　　数学与三角函数

函　数	含　义	示　例	结　果
Abs(number)	返回绝对值	Abs(-1)	1
Int(number)	返回数字的整数部分,参数为负数时返回小于或等于参数值的最大整数	Int(-5.4)	-6
Fix(number)	返回数字的整数部分,参数为负数时返回大于或等于参数值的最小整数	Fix(-5.4)	-5
Sin(number)	返回指定角度的正弦值	Sin(3.14)	0.00159265291645653
Sgn(number)	返回整数,该值指示数值的符号,正数返回1,负数返回-1,0返回 0	Sgn(2009)	1
Rnd(n)	随机数	Int(Rnd * 100)产生 0～99 的随机数	结果不定

提示:

Rnd 函数产生 0～1 的随机数,是单精度类型的,而且每次产生的随机数是相同的。所以在实际应用中,先要使用 randomize 初始化随机数生成器,以产生不同的随机数。如果要产生的不是 0～1 的随机数,而是某个范围内的随机数,例如:产生[a,b]之间的随机整数(a<b),可以使用公式 Int(Rnd * (b-a+1)+a) 来获得。

例如:产生[1,100]之间的随机数,Int(Rnd * 100+1)。

表 3-4　　　　　　　　　　　　日期/时间函数

函数	含　义	示　例	结　果
Date()	返回系统当前日期	Date()	10-6-26(注:随系统日期变化)
Now()	返回系统当前日期和时间	Now()	10-6-26 13:12:16(注:随系统日期时间变化)
Time()	返回系统当前时间	Time()	13:12:16(注:随系统时间变化)
Year(日期)	返回某日期时间序列数所对应的年份数	Year(#2013-8-6#)	2013
Month(日期)	返回日期中的月	Month(#2013-8-6#)	8
Day(日期)	返回日期中的日	Day(#2013-8-6#)	6
Weekday(日期)	返回 1～7 的整数,表示星期几	Weekday(#2013-8-6#)	3
Hour(时间)	返回时间表达式中的小时	Hour(#10:50:30#)	10
Minute(时间)	返回时间表达式中的分钟	Minute(#10:50:30#)	50
Second(时间)	返回时间表达式中的秒	Second(#10:50:30#)	30

表 3-5　　　　　　　　　　　　字符串函数

函　数	含　义	示　例	结　果
InStr([start,] string1, string2[, compare])	一个字符串在另一个字符串中第一次出现时的位置	InStr("student", "tu")	2

（续表）

函　数	含　义	示　例	结　果
Left(string, length)	截取字符串左侧起指定数量的字符	Left("student",3)	stu
Right(string,length)	从字符串右侧起截取指定数量的字符	Right("student",3)	ent
Len(string)	测试字符串长度	Len("Microsoft")	9
Mid(string,start,length)	从字符串的指定位置截取指定长度的字符	Mid("computer",2,3)	omp
Ltrim(string)	删除字符串左端空格	Ltrim(" student")	student
Rtrim(string)	删除字符串右端空格	Rtrim("student ")	student
Trim(string)	删除字符串左、右两端空格	Trim(" student ")	student
UCase(string)	小写字母转换为大写字母	UCase("abc")	ABC
LCase(string)	大写字母转换为小写字母	LCase("ABC")	abc

表 3-6　　　　　　　　　　　　　　SQL 聚合函数

函　数	含　义	示　例	结　果
Avg(DISTINCT|ALL)	求平均值,其中,All 表示对所有的值求平均值,DISTINCT 只对不同的值求平均值	SELECT Avg(Distinct sal) FROM table3; SELECT Avg(all sal) FROM table3;	3333.33 2592.59
SUM(DISTINCT|ALL)	求和,其中,All 表示对所有的值求和,DISTINCT 只对不同的值求和	SELECT SUM（distinct sal）FROM table3; SELECT SUM(all sal) FROM table3;	6666.66 7777.77
Max(DISTINCT|ALL)	求最大值,其中 ALL 表示对所有的值求最大值,DISTINCT 表示对不同的值求最大值,相同的只取一次	SELECT Max(all sal) FROM table3;	5555.55
Min(DISTINCT|ALL)	求最小值,其中 ALL 表示对所有的值求最小值,DISTINCT 表示对不同的值求最小值,相同的只取一次	SELECT Min(all sal) FROM table3;	1111.11
COUNT(X)	返回记录的统计数量	SELECT COUNT（＊）FROM table3;	3

注:已知 table3 表中三个职工的工资分别为:1111.11,1111.11,5555.55

表 3-7　　　　　　　　　　　　　常用类型转换函数

函　数	含　义	示　例	结　果
Asc(字符串表达式)	将字符串中首字符转换成 ASCII 码	Asc("ac")	97
Chr(数值表达式)	将数值转换成以该数值作 ASCII 码的字符	Chr(97)	a
Str(数值表达式)	把数值表达式转换成字符串	Str(99)	99(字符串)
Val(字符串表达式)	把字符串转换成数值	Val("99")	99

提示:

Str 函数在把数值转换成字符串时,正数前面会有一前导空格。例如:Str(99)的转换结果为" 99",而不是"99"。Val 在进行转换时,当字符串中出现数值类型规定的数字字符以外的字符时,则停止转换,函数返回的是停止转换前的结果。例如:Val("123al")的转换结果为123,而 Val("al123")则会出错。

Access 函数一般出现在查询条件的表达式或模块对象的表达式描述中。

其他 Access 函数的说明和具体使用方法请参阅 Access 帮助及其他相关文档。

知识点 4　字段的属性

创建表时，除了定义每个字段的字段名称和数据类型之外，还要根据字段的特征设置字段的属性。

字段的属性是描述一个字段的特征或特性。表中的每个字段都有自己的一组属性，为字段设置属性可以进一步定义该字段。如图 3-1 所示为学生表"性别"字段的属性窗口。字段数据类型不同，可用的属性也不同。一般在设置完字段的数据类型后还必须设置字段的属性。下面介绍几个重要的属性。

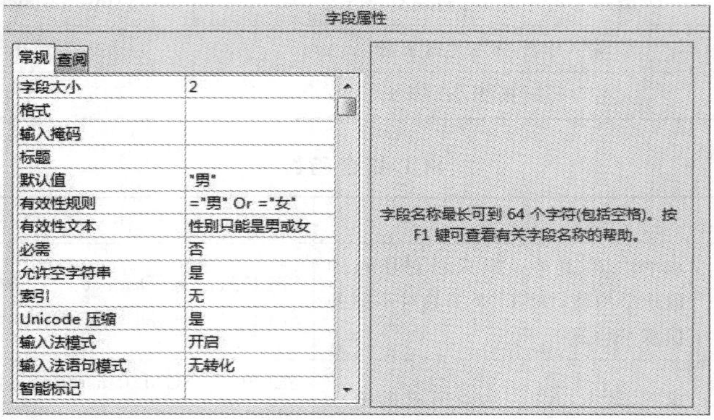

字段属性	
常规　查阅	
字段大小	2
格式	
输入掩码	
标题	
默认值	"男"
有效性规则	="男" Or ="女"
有效性文本	性别只能是男或女
必需	否
允许空字符串	是
索引	无
Unicode 压缩	是
输入法模式	开启
输入法语句模式	无转化
智能标记	

字段名称最长可到 64 个字符(包括空格)。按 F1 键可查看有关字段名称的帮助。

图 3-1　学生表"性别"字段的属性

（1）字段的大小

字段大小限制了字段值的取值范围，即字段的长度。当字段的数据类型为"文本""自动编号""数字"时，系统会给定一个默认的字段大小，用户也可以自行设置。

当字段的数据类型为"数字""货币"时，可以设置字段的"小数位数"属性，但这样设置只影响数据的显示，不影响数据的保存。

🐝提示：

在 Access 中，确定字段数据类型和字段大小后，系统会为该字段按字段大小分配存储空间，数据类型的存储空间是固定的、专用的，字段的存储空间不会随着数据的内容而变化。在设置字段大小时不要设置过大，也不要设置过小，过大则浪费存储空间，过小则长度不够不能存放数据，因此，设置字段的大小时，要根据存储数据的具体实际情况，同时要考虑扩展性。

（2）格式

格式属性用来确定字段中数据的打印方式和屏幕显示方式。

（3）输入掩码

输入掩码属性用于控制一个字段中输入哪种类型数据以及如何进行输入，使数据输入更为容易。输入掩码属性主要用于控制文本型和日期/时间型字段。例如，可以对学生表中的"邮政编码"和"出生日期"等字段进行输入掩码设置。

设置字段的输入掩码属性时，使用一串字符作为占位符代表用于格式化类型的数据。占位符，顾名思义是指在字段中占据一定的位置，不同的字符具有不同的含义，具体含义见表 3-8。

表 3-8　　　　　　　　　　　　　　　　输入掩码字符含义对照表

占位符	含　义
0	必须输入数字（0～9），不允许使用加号和减号
9	可以输入一个数字或空格，也可以不输入，不允许使用加号和减号
#	可以输入一个数字或空格，也可以不输入，允许使用加号和减号
L	必须输入一个大写字母（A～Z）
?	可以输入一个字母，也可以不输入
A	必须输入字母或数字
a	可以输入一个字母或数字，也可以不输入
&	必须输入一个字符或空格
C	可以输入一个字符或空格，也可以不输入
．，：－／	小数点占位符、千位、日期和时间分隔符
<	将其后所有的字符转换为小写字母
>	将其后所有的字符转换为大写字母
!	使输入掩码从右到左显示，而不是从左到右显示。输入掩码中的字符始终都是从左到右填入。可以在输入掩码中的任何地方包括感叹号
密码（Password）	将输入掩码属性设置为"密码"，以创建密码项文本框。文本框中输入的任何字符都按字面字符保存，但显示为星号（＊）

（4）标题

标题属性用来在数据表视图以及窗体中显示字段名称。如果没有指定标题，会直接使用表结构的字段名称作为标题。

（5）默认值

字段的默认值属性是指定一个值，该值在新建记录时将自动输入到字段中。例如，"学生"表中的"出生日期"字段的默认值可以设置为 date()，当用户在表中添加记录时，系统自动在该记录的"出生日期"字段中显示函数 date() 的值，当然用户也可以输入其他日期。Access 2010 中自动编号和 OLE 对象数据类型不能设置默认值。

（6）有效性规则和有效性文本

有效性规则属性用于指定对输入到记录和字段的数据要求，也就是设置字段的取值范围。当移动到其他记录或字段时，系统会对当前字段或记录进行有效性规则的检验。如果用户输入的数据违反了设定的"有效性规则"，系统将显示提示错误信息，给用户的提示信息就是通过"有效性文本"属性设定的。

例如，将"学生"表中的"性别"字段的有效性规则属性设置为"="男" Or ="女""，有效性文本属性设置为"性别只能是男或女"时，当用户为性别字段，输入的值不是"男"或"女"的文本时，系统就会弹出对话框，提示"性别只能是男或女"，如图 3-2 所示。用户就会立即发现输入错误并进行修改，以保证数据库中数据的准确性。

图 3-2　违反"性别"字段有效性规则提示信息

（7）必需

必需属性指定在当前字段中是否必须输入数据，即是否允许有空值（NULL）。如果将某个字段的必需属性设置为"是"时，则在为该记录输入数据时，该字段必须输入数据，而且不能为空值。如果将该字段的必需属性设置为"否"时，则在输入记录时并不一定要在该字段中输入数据。

（8）主键

主键是用来保证数据的实体完整性，在任何一张表中不能有任意两个完全相同的记录，即重复记录，那么如何保证表中记录不重复呢？通过为一个表设置"主键"就可以了，因为主键能唯一标记表中的每一个记录。当表中的一个字段或多个字段的组合设置为主键时，它们的值既不能重复也不能为空值，当用户输入数据或修改数据时，如果出现作为主键的字段有重复值或者为空，系统就会弹出信息框提示用户，以便用户及时修改，如"学生"表中"学号"字段可以定义为主键，"选课"表中的"学号"和"课程号"的组合可以定义为"选课"表的主键。

提示：

一个表只能定义一个主键，也可以不定义主键。

知识点 5　索引及其分类

1. 索引的概念

索引是按指定的字段或多个字段集（1 列或多列）的值使表中所有的记录进行有序逻辑排列的一种技术，相当于图书的目录。索引不改变物理顺序，而是按某个索引关键字来建立记录的逻辑顺序。

2. 索引的作用

（1）索引可以快速访问数据库表中的特定信息。

（2）在查询数据时，系统会根据用户查询数据的内容自动判断字段是否进行索引，如果字段索引系统使用索引进行查询，可提高数据的查询速度。

3. 索引的分类

索引分类主要有：主键索引、唯一索引和普通索引。

（1）主键索引

主键索引是指参与索引的字段或者字段组合不允许出现重复值和空值，主键索引就是主键，一个表中只能建立一个主键。

（2）唯一索引

唯一索引与主键索引功能相同，但一个表可以建立多个唯一索引。

（3）普通索引

普通索引不要求索引字段或字段组合的唯一性，普通索引是为了加快数据查询速度而建立的。

4. 索引的代价

一个表不是建立的索引越多越好，建立索引会增加数据的存储空间，而且当向表插入数据、修改数据和删除数据时会重新组织索引，这样会花费较多的时间，所以应把经常查询的字段建立索引。

知识点 6　数据完整性

1. Access 中表的关系

（1）表的关系

表的关系是指通过两个表之间的同名字段所创建的表的关联性。通过表的关联性，可将数据库中的多个表连接成一个有机的整体，使多个表中的字段协调一致，获取更全面的信息。例如"学生"表和"班级"表具有同名字段"班级编号"，两个表通过"班级编号"建立表之间的关联性，可以将两个表中的数据连接起来一起使用。

（2）表之间的关系

表之间的关系确定了两个表之间连接的方式。要连接的两个表必须具有同名字段，并且一个称为主表，一个称为关联表（从表）。同名字段是主关键字的表叫主表，同名字段是外部关键字的表为关联表。外部关键字一般为关联表中包含的主表的主关键字，一般在建立关系模式时就确定了外部关键字。通过外部关键字与主表的主关键字的值相匹配来连接两个表中的数据。

（3）表的关系类型

表和表之间的关系与实体之间的联系类似，分为一对一关系（1∶1）、一对多关系（1∶n）和多对多关系（$m∶n$）三种类型。

关系型数据库不支持多对多关系，所以这种类型的关系要转换为一对多的关系，进行这个转换需要在 Access 中建立第三方表，即连接表。连接表中主关键字由多对多两个表的主关键字组成，其他字段由与两个表都相关的属性组成。通过连接表，原来的一个多对多关系转换为两个与连接表的一对多的关系。例如，在"学生管理"数据库中"学生"表和"课程"表之间原来就是多对多的关系，两个表通过"选课"表转换为两个一对多关系。

2. 数据完整性及其分类

数据库中输入的数据必须是真实可信、准确无误的，为此必须对数据表的列建立强制性实施检查数据完整性，以保证数据表中的数据完整而且合理。

数据完整性分为以下几类：实体完整性、域完整性和参照完整性（引用完整性）。

（1）实体完整性

实体完整性是指限制一个表中不能出现重复记录。限制重复记录的出现是通过表中设置"主键"来实现的。"主键"字段不能输入重复值和空值，所谓空值，就是"不知道"或"无意义"的值。如果主属性取空值，就说明存在某个不可标识的实体，这与现实世界的应用环境相矛盾，因此这个实体一定不是完整的实体。

例如，"学生"表的主键是"学号"，学号不允许出现重复值和空值，从而实现学生表的实体完整性。

在 Access 数据库中，实体完整性是通过表中建立"主键"和"唯一"索引来实现。

（2）域完整性

域完整性是指限制表中字段值的有效取值范围，Access 数据库中域完整性是通过设置字段的有效性规则来实现的。例如"学生"表中的"性别"字段取值必须是"男"或"女"。

（3）参照完整性

参照完整性则是相关联的两个表之间的约束，具体地说，就是"从表"中每条记录外部关键字的取值必须是"主表"中主键字段所存在的。因此如果在两个表之间建立了关联关系,则对一个表进行的操作要影响到另一个表中的记录。

　　例如,如果在学生表和选课表之间用"学号"建立关联,"学生"表是主表,"选课"表是从表,那么,在向从表("选课"表)中输入一条新记录时,系统要检查新记录的学号是否在主表("学生"表)中已存在,如果存在,则允许执行输入操作,否则拒绝输入,这就是参照完整性。

　　Access 数据库参照完整性是通过建立表与表之间的"关系"来实现的。

任务 3.1　创建学生管理系统的数据表

　　根据学生管理系统的功能需求和数据需求,需要在"学生管理"数据库中创建七个数据表,分别是"系部""班级""教师""学生""课程""选课""授课"表。本任务的功能是在前面创建的"学生管理"空数据库中使用四种方法创建数据表,分别是:

　　(1)使用直接输入数据的方法创建"系部"表;

　　(2)使用模板创建"班级"表;

　　(3)使用表设计器创建"学生"表、"教师"表、"选课"表和"授课"表;

　　(4)使用导入外部电子表格创建"课程"表。

子任务 1　使用直接输入数据的方法创建"系部"表

任务分析

　　本子任务使用直接输入数据的方法创建"学生管理"数据库的"系部"表,"系部"表结构见表 3-9。

表 3-9　　　　　　　　　　　　　"系部"表结构

字段名	数据类型	大　小	约　束
系部编号	文本	4	主键
系部名称	文本	30	非空
系部主任	文本	8	

"系部"表的数据记录如图 3-3 所示。

图 3-3　"系部"表的数据记录

任务实施

　　步骤 1　启动 Access 2010,打开空数据库"学生管理",选择"创建"选项卡。

　　步骤 2　单击"创建"选项卡下"表格"命令组中的【表】按钮。系统自动创建一个包含数据类型为自动编号 ID 字段的表,系统默认表的名称为"表 1",如图 3-4 所示。

图 3-4　创建"表 1"

步骤 3　将光标定位在"单击以添加"下方单元格中,按照如图 3-5 所示的表记录输入"X001",按 Tab 键,在下一个单元格输入"机械工程系",再按 Tab 键,在下一个单元格输入"张志强"。

图 3-5　输入表数据记录的窗口

步骤 4　将光标移动到下一个记录,按相同的方法输入其他记录,如图 3-6 所示。

图 3-6　完成输入表数据记录的窗口

步骤 5　双击"字段 1",进入字段名编辑状态,输入字段名"系部编号"。依次修改字段 2 为"系部名称",字段 3 为"系部主任"。以上操作也可以通过单击"字段"选项卡下的【名称和标题】按钮完成,单击后弹出如图 3-7 所示的"输入字段属性"对话框,在对话框的"名称"文本框输入字段名,再单击【确定】按钮即可。

步骤 6　选中"系部编号"列,在"表格工具-字段"选项卡"属性"命令组和"格式"命令组中,设置字段"数据类型"为"文本","字段大小"为 4。依次设置"系部名称"列的字段"数据类型"为"文本","字段大小"为 30;"系部主任"列的字段"数据类型"为"文本","字段大小"为 8。

步骤 7　单击"自定义快速访问工具栏"中的【保存】按钮,弹出"另存为"对话框,输入表名"系部",再单击【确定】按钮,如图 3-8 所示。至此完成了"系部"表的建立。

图 3-7　"输入字段属性"对话框

图 3-8　"另存为"对话框(2)

子任务 2 使用模板创建"班级"表

任务分析

使用模板创建表是一种快速创建表的方式,这是由于 Access 在模板中内置了一些常见的示例模板,这些表中都包含了足够多的字段名,用户可以根据需要在数据表中添加和删除字段。对于一些常用的数据表,比如人员信息、公司信息等,运用模板会比用其他方式建立数据表要快,而且准确率高。

本子任务的功能是使用模板创建"班级"表结构,"班级"表结构见表 3-10。

表 3-10 "班级"表结构

字段名	数据类型	大 小	约 束
班级编号	文本	4	主键
班级名称	文本	30	非空
班导师	文本	8	
系部编号	文本	4	外键,与系部表的"系部编号"关联

任务实施

步骤 1 启动 Access 2010,打开"学生管理"数据库。

步骤 2 单击"创建"选项卡中"模板"命令组中的"应用程序部件"下拉列表,选择"快速入门"中的"联系人",如图 3-9 所示。

步骤 3 在弹出的"创建关系"对话框中可以选择要建立关系的现有数据表,此处选择"不存在关系",如图 3-10 所示。

步骤 4 单击【创建】按钮,系统自动创建"联系人"模板应用程序相关的"联系人"表、查询、窗体和报表,如图 3-11 所示为应用模板建立表后的导航窗格。

图 3-9 "应用程序部件"下拉列表

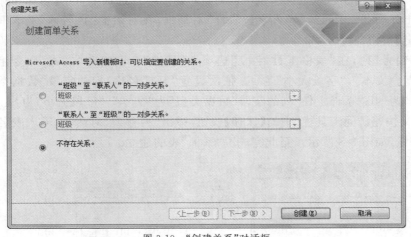

图 3-10 "创建关系"对话框

图 3-11 导航窗格(2)

步骤 5 在导航窗格中选择不需要的查询、窗体以及报表(按 Ctrl 键,可选择多个),按

Delete 键删除,或右击,在快捷菜单中单击"删除"命令,弹出删除确认对话框,如图 3-12 所示,在对话框中单击【是】按钮。

图 3-12　删除确认对话框(2)

步骤 6　在导航窗格中,双击"联系人"表,弹出"联系人"表结构,如图 3-13 所示。将不需要的字段删除,并按照子任务 1 中的操作步骤,参照表 3-10 的"班级"表结构设置各字段的字段名、字段大小和字段类型,并删除多余的字段,修改后如图 3-14 所示。

图 3-13　"联系人"表结构

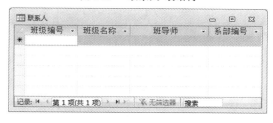

图 3-14　修改后的"联系人"表结构

步骤 7　单击"自定义快速访问工具栏"中的【保存】按钮,关闭"联系人"表。在导航窗格中右击"联系人",选择"重命名",进入表名的编辑状态,输入表名"班级"。至此"班级"表创建完成。

🐾提示:

从上述创建"班级"表的过程来看,使用模板创建表要比直接输入数据创建表复杂。这是因为 Access 2010 提供的模板不是单纯的"表",而是整个应用程序部件,创建后将出现大量无关的表、窗体以及报表等数据库对象。同时 Access 数据库系统提供的模板数量有限,并不适合于用户的需求,为此建议用户在创建数据表时尽量不采用此种方法。

子任务 3　使用表设计器创建"学生"表

🦑任务分析

表设计器是创建和修改表结构的一种可视化界面。使用表设计器创建表就是使用 Access 数据库提供的表设计视图为工作平台,引导用户通过人机交互来完成表的创建。使用直接输入数据创建的表和使用模板创建的表都要使用表设计器来修改表的结构。

本子任务的功能是使用表设计器创建"学生"表,"学生"表结构见表 3-11。

表 3-11	"学生"表结构		
字段名	数据类型	大　小	约　束
学号	文本	8	主键
姓名	文本	8	唯一键
性别	文本	2	限制为"男"或"女"
出生日期	日期/时间		
入学成绩	数字		入学成绩＞＝0 and 入学成绩＜＝800
邮政编码	文本	6	
班级编号	文本	4	外键，与班级表的班级编号字段关联

任务实施

步骤 1　启动 Access 2010，打开"学生管理"数据库。

步骤 2　单击"创建"选项卡"表格"命令组中的【表设计】按钮，显示如图 3-15 所示的表设计器界面。

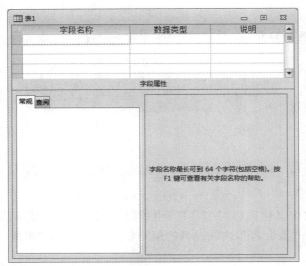

使用表设计器
创建学生表

图 3-15　表设计器界面

表设计器分为上、下两大部分：

上半部分是表设计区（又称为表设计器），包括"字段名称""数据类型""说明"三列，分别用来定义表字段的名称、数据类型、说明该字段的特殊用途（注释）。

下半部分是字段属性区域，用来设置字段的属性。

步骤 3　单击表设计器上方第 1 行"字段名称"单元格，输入"学生"表的第 1 个字段名称"学号"，单击第 1 行"数据类型"单元格右边的下拉列表按钮，在下拉列表中列出了 Access 支持的所有数据类型，选择"文本"，在下方字段属性窗格中设置"学号"字段大小为 8。

步骤 4　在表设计器中重复 2、3 操作步骤，按"学生"表结构（表 3-11）依次输入和设置姓名、性别、出生日期、入学成绩、邮政编码和班级编号字段的字段名称、数据类型和字段属性，设置完成后如图 3-16 所示。

步骤 5　选择表设计器第 2 行，即"姓名"，再单击表设计器下部字段属性中的"必需"下拉列表框，选择"是"表示该字段不允许为空值（NULL）。如图 3-17 所示。

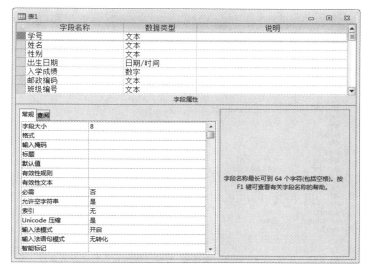

图 3-16　"学生"表结构

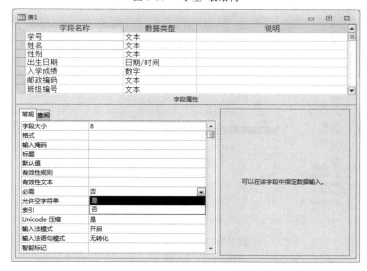

图 3-17　设置"姓名"字段的"必需"属性

步骤 6　选择"性别"所在单元格,单击"默认值"属性框,输入"男"。单击"有效性规则"属性框,输入表达式"="男" Or ="女""。单击"有效性文本"属性框,输入"性别只能是男或女"。"性别"字段默认值、有效性规则和有效性文本属性的设置完成。如图 3-18 所示。

步骤 7　选择"出生日期"所在单元格,单击"格式"属性框,选择"短日期"格式,完成"出生日期"属性的设置,如图 3-19 所示。

步骤 8　设置"学生"表的主键,选择"学号"所在行,单击"创建"选项卡"工具"命令组中的【主键】按钮,或者在"学号"上右击,在弹出的快捷菜单中,选择"主键"命令,则在"学号"字段前出现钥匙图标,表示将"学号"字段设置为"学生"表的主键,如图 3-20 所示。

📎 提示:

如果设置表的主键为多个字段的组合,则按下 Ctrl 键或 Shift 键,再单击每一行前面的选定列。如果是连续的字段,可直接在选定列上拖动选择多个字段,再单击"创建"选项卡"工具"命令组中的【主键】按钮。

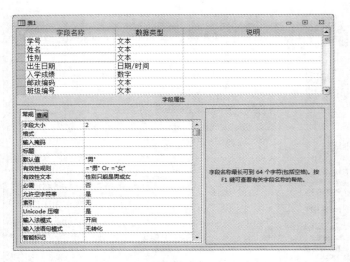

图 3-18 设置"性别"字段的默认值、有效性规则和有效性文本属性

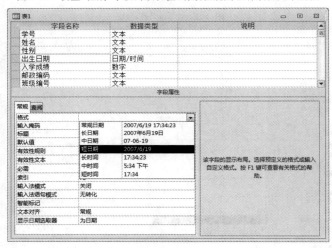

图 3-19 设置"出生日期"字段的"格式"属性

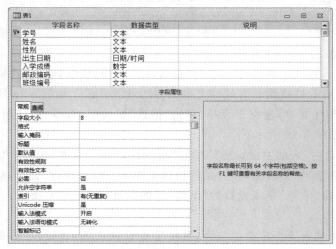

图 3-20 设置"学生"表的主键

步骤 9　单击"自定义快速访问工具栏"上的【保存】按钮或关闭"表 1",系统弹出"另存为"对话框,输入表名"学生",至此使用表设计器完成了"学生"表的创建。

子任务 4　使用表设计器创建"教师"表、"授课"表和"选课"表

任务分析

　　子任务 3 使用表设计器创建了"学生"表结构,使用表设计器用户可以根据数据需求灵活方便地创建表,是一种最常用的创建表的方法。

　　为完成学生管理系统的数据需求和功能需求,本子任务仍使用表设计器创建"学生管理"数据库的"教师"表、"授课"表和"选课"表,关于表中字段属性的设置方法请参考子任务 3 的操作步骤。三个表的结构见表 3-12～表 3-14。

表 3-12　　　　　　　　　　　　"教师"表结构

字段名	数据类型	大　小	约　束
教师号	文本	4	主键
姓名	文本	8	非空
性别	文本	2	限制为"男"或"女"
工作日期	日期/时间		
职称	查阅	10	
工资	货币		限制为 500～10000
系部编号	文本	4	外键,与系部表的系部编号关联

表 3-13　　　　　　　　　　　　"授课"表结构

字段名	数据类型	大　小	约　束
教师号	文本	4	外键,与教师表的教师号关联
课程号	文本	8	外键,与课程表的课程号关联
学期	文本	20	
(教师号,课程号,学期)			主键

表 3-14　　　　　　　　　　　　"选课"表结构

字段名	数据类型	大　小	约　束
学号	文本	8	外键,与学生表的学号关联
课程号	文本	8	外键,与课程表的课程号关联
成绩	整型		限制为 0～100
(学号,课程号)			主键

任务实施

　　步骤 1　启动 Access 2010,打开"学生管理"数据库。

　　步骤 2　参照本任务中子任务 3 的 2～9 操作步骤完成"教师"表的创建,并设置"姓名"字段的"必需"属性为"是",设置"性别"和"工资"字段的"有效性规则"和"有效性文本"等属性,最后设置"教师号"为主键。创建过程略。

　　步骤 3　参照本任务中子任务 3 的 2～9 操作步骤完成"授课"表的创建,并设置"教师号""课程号"和"学期"三个字段的组合为主键。创建过程略。

步骤 4　参照本任务中子任务 3 的 2～9 操作步骤完成"选课"表的创建,并设置"成绩"字段的有效性规则为">＝0 AND ＜＝100",有效性文本为"限制为 0～100",并设置"学号""课程号"两个字段的组合为主键。创建过程略。

子任务 5　使用导入外部电子表格的方法创建"课程"表

♣ 任务分析

在 Access 2010 数据库中,用户不仅可以通过直接输入数据、模板和表设计器等方法创建表,还可以利用 Access 2010 提供的导入功能从当前数据库的外部获取数据。

Access 2010 提供了比以往任何版本的 Access 都强大的导入功能,在导入数据时,只需要按照向导的提示进行操作即可。

Access 2010 可以导入的文件类型有 Excel 文件、文本文件、XML 文件和 SharePoint 列表。

本子任务的功能是使用"导入外部电子表格"方式将"课程.xlsx"电子表格导入"学生管理"数据库中。"课程.xlsx"电子表格内容如图 3-21 所示。

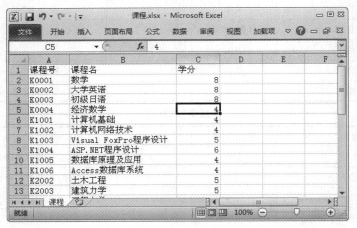

微课

使用导入外部
电子表格的方法
创建课程表

图 3-21　"课程.xlsx"电子表格内容

♣ 任务实施

步骤 1　启动 Access 2010,打开"学生管理"数据库。

步骤 2　单击"外部数据"选项卡"导入并链接"命令组中的【Excel】按钮,如图 3-22 所示,弹出"获取外部数据-Excel 电子表格"对话框,如图 3-23 所示。

图 3-22　"外部数据"选项卡下的"导入并链接"命令组

步骤 3　在对话框中指定数据源,单击【浏览】按钮,选择要导入当前数据库的"课程.xlsx"文件,并在"指定数据在当前数据库中的存储方式和存储位置"选项中选择"将源数据导入当前数据库的新表中"选项。

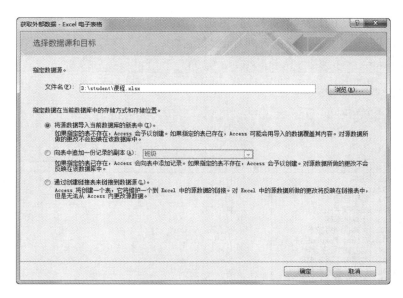

图 3-23　"获取外部数据-Excel 电子表格"对话框

提示:

在图 3-23 所示的对话框中,"指定数据在当前数据库中的存储方式和存储位置"有三个选项:

①将源数据导入当前数据库的新表中:表示如果指定的表不存在,Access 会予以创建。如果指定的表已存在,Access 可能会用导入的数据覆盖其内容,对源数据所做的更改不会反映在该数据库中。

②向表中追加一份记录的副本:表示如果指定的表已存在,Access 会向表中添加记录。如果指定的表不存在,Access 会予以创建,对源数据所做的更改不会反映在该数据库中。

③通过创建链接表来链接到数据源:表示 Access 将创建一个表,它将维护一个到 Excel 中的源数据的链接,对 Excel 中的源数据所做的更改将反映在链接表中,但是无法在 Access 内更改源数据。

步骤 4　单击【确定】按钮,弹出"导入数据表向导"对话框,如图 3-24 所示。

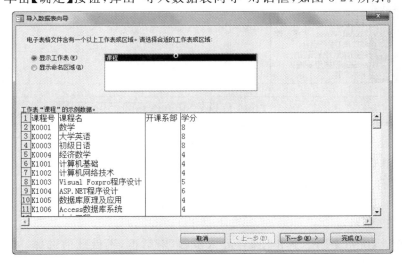

图 3-24　"导入数据表向导"对话框

步骤 5　选中"显示工作表"单选按钮,再选择"课程"工作表,单击【下一步】按钮,弹出如图 3-25 所示对话框,选中"第一行包含列标题"复选框。

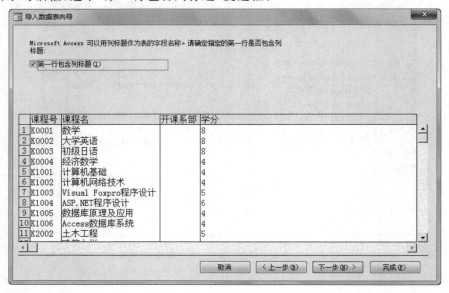

图 3-25　选中"第一行包含列标题"复选框

步骤 6　单击【下一步】按钮,设置字段选项,分别单击下面预览窗口中的各列,并在上面"字段选项"区域进行属性设置,如图 3-26 所示。

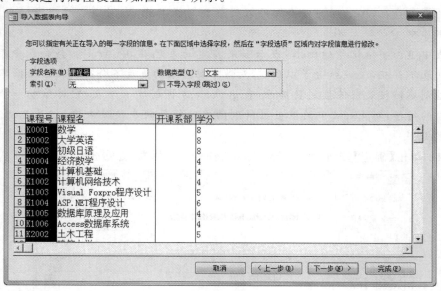

图 3-26　设置字段属性

步骤 7　单击【下一步】按钮,设置主键,选中"我自己选择主键"单选按钮,单击右侧的下拉列表框,选择"课程号",如图 3-27 所示。

步骤 8　单击【下一步】按钮,设置导入的数据表名称,在"导入到表"文本框中输入表名"课程",如图 3-28 所示。

步骤 9　单击【完成】按钮,弹出"保存导入步骤"对话框,不做任何选择,如图 3-29 所示。单击【关闭】按钮,至此完成外部数据的导入。

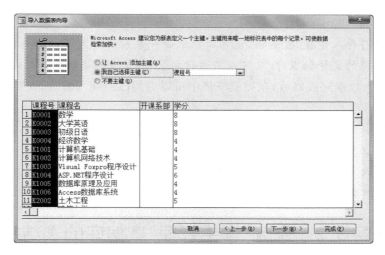

图 3-27 设置主键

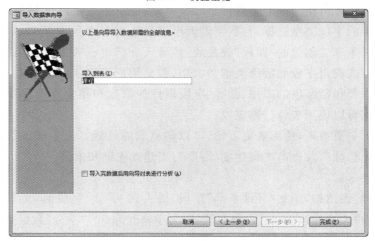

图 3-28 设置数据表名称

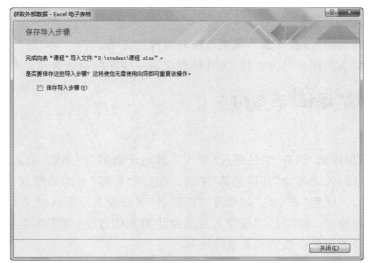

图 3-29 "课程"表导入后的导航窗格

提示：

如果勾选"保存导入步骤"复选框，就可以把上面一系列的导入步骤保存。保存导入步骤以后，再次导入同样的文件数据时，就可以不运行向导，而是直接运行保存的向导。

步骤 10　导入数据完成以后，在导航窗格中可以看到已经导入的"课程"表。

提示：

"课程"表导入后，表结构和数据记录一并导入，但表的结构全部采用默认设置，与用户的要求可能不一致，必须要使用表设计器修改。

★**特别提示：**任务点相关知识请参阅本任务知识点 1 表的概念与结构、知识点 2 Access 2010 表字段的数据类型。

任务 3.2　修改"学生管理"数据库的表结构

"学生管理"数据库所使用的七个数据表已经创建，但由于在创建过程中的误输入等操作导致建立表结构中的字段类型选择错误、字段大小设置过大或过小，从而造成不能正确输入表的数据记录。在任务 3.1 创建的"课程"表是通过"导入外部电子表格"的方式创建的，导入时系统采用默认的方式确定字段的数据类型和大小，需要用户根据实际需求对表的结构进行修改。修改表结构主要包括字段的添加、删除、字段属性的修改和建立查阅字段等操作，所有表结构的修改操作都可以使用表设计器完成。

为了使表看上去更清晰，使用表更方便，可以调整表的外观。为了保证数据实体完整性、域完整性和参照完整性以及提高查询速度，需要为表建立主键和索引。

本任务具体要求如下：

（1）修改"课程"表结构，添加"开课系部"字段，插入到"学分"字段前，文本型，字段大小为4。将"课程号"字段大小修改为 4，"课程名"字段大小修改为 30，"学分"数据类型修改为整型，并设置"有效性规则"限制为 0～20，"有效性文本"为"学分控制在 0 到 20 之间"。

（2）修改"学生"表结构，设置"邮政编码"字段的掩码以防止错误。修改"教师"表结构，设置"职称"字段的查阅。

（3）调整"班级"表的外观，使其外观更清晰和操作更方便。

（4）设置"课程"表的课程号为主键，为其他数据表相应字段建立普通索引。

子任务 1　修改"课程"表结构

任务分析

"学生管理"数据库的"课程"表是通过"导入外部电子表格"创建的，输入课程信息必须要记录课程的开课系部，为此增加"开课系部"字段，并且与"系部"表的系部编号设置一致，以便建立表之间的关系。"课程"表中的"课程号""课程名"字段导入后默认是文本型，长度为 255，长度太大，需要进行修改。"学分"字段导入后是默认的双精度型，而实际学分存储用整数，修改为整型，并且要设置有效性规则和有效性文本。

本子任务的功能就是按照上述要求完成对"课程"表结构的修改。

任务实施

1. 增加"课程"表字段"开课系部"

步骤 1 启动 Access 2010,打开"学生管理"数据库。

步骤 2 在"学生管理"数据库工作界面中,在导航窗格中双击"课程"表,打开"课程表"的数据视图,如图 3-30 所示。

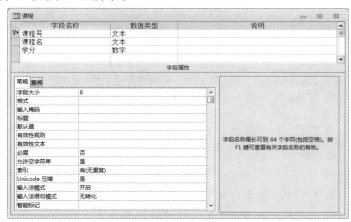

图 3-30 "课程"表的数据表视图

步骤 3 单击"开始"选项卡中"视图"命令组中的"视图"下拉列表,选择"设计视图",切换到表的设计视图窗口,如图 3-31 所示。

图 3-31 "课程"表的设计视图

提示:

【视图】按钮分为图标和文字上、下两部分,单击"图标"可以在"数据表视图"和"设计视图"之间切换。单击"文字"部分,则弹出下拉列表,可以在"数据表视图""数据透视表视图""数据透视图视图"和"设计视图"中切换。

关于表的视图切换,也可以打开表后,在 Access 窗口"状态栏"的右侧有四个视图切换按钮,单击进行切换。

步骤 4 在"课程"表的设计视图中,右击"学分"字段,在弹出的快捷菜单中选择"插入行",则在"学分"字段的上方插入一个空白行,如图 3-32 所示。

步骤 5 在空白行的"字段名称"处输入"开课系部","数据类型"选择"文本"。再单击下方"字段属性"中"常规"选项卡中的"字段大小",将其改为 4,如图 3-33 所示。

2. 修改"课程名"字段大小为 30,"学分"数据类型为整型,并设置有效性规则

步骤 1 在"课程"表的设计视图中,单击"课程名"字段,在下方的"字段属性"的"常规"选项卡中,输入"字段大小"为 30。

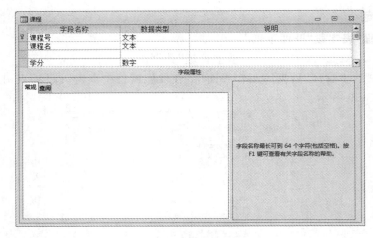

图 3-32　插入字段的设计视图效果

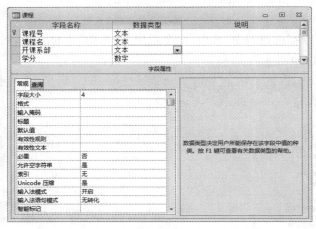

图 3-33　插入字段后的设计视图

步骤 2　单击"学分"字段,在下方的"字段属性"的"常规"选项卡中,单击"字段大小"右侧的下拉列表,选择"整型"选项。再单击"有效性规则",输入">=0 And <=20"。在"有效性文本"处输入"学分控制在 0 到 20 之间",默认值输入 0,如图 3-34 所示。

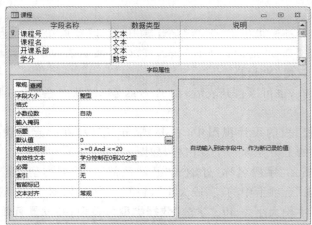

图 3-34　"学分"字段修改后的设计视图

子任务 2　修改"学生"表和"教师"表结构

任务分析

　　"学生"表结构中含有"邮政编码"字段,"邮政编码"字段的值固定为 6 位 0~9 的数字,"教师"表中的"职称"字段的值是只能是"教授""副教授""讲师""助讲""高级实验师""实验师""助理实验师"等。为了保证用户在向表中输入数据的正确性和准确性,需要修改表的结构,设置字段的"输入掩码"和"查询字段"。本子任务的功能是设置"学生"表"邮政编码"字段的"输入掩码"和"教师"表"职称"字段的"查询字段"。

任务实施

1. 修改"学生"表结构设置"邮政编码"字段的输入掩码

　　步骤 1　启动 Access 2010,打开"学生管理"数据库,并打开"学生"表的设计视图。

　　步骤 2　在"学生"表的设计视图中,选择"邮政编码"字段,在设计视图下方字段属性的"常规"选项卡中单击"输入掩码"右侧的【...】按钮,弹出"输入掩码向导"对话框,如图 3-35 所示。

图 3-35　"输入掩码向导"对话框

　　步骤 3　在"输入掩码向导"对话框中,选择"邮政编码"选项,也可以直接输入掩码格式。在对话框中单击【编辑列表】按钮,打开"自定义'输入掩码向导'"对话框,修改现有的输入掩码格式或者添加新的输入掩码,如图 3-36 所示。单击【关闭】按钮返回"输入掩码向导"对话框。

图 3-36　"自定义'输入掩码向导'"对话框

　　步骤 4　在"输入掩码向导"对话框中单击【下一步】按钮,弹出"请确定是否更改输入掩码"对话框,如图 3-37 所示。

　　步骤 5　不做任何选项修改,单击【下一步】按钮,弹出"请选择保存数据的方式"对话框,选中"像这样不使用掩码中的符号",如图 3-38 所示。单击【下一步】按钮或【完成】按钮,完成

“邮政编码”字段输入掩码的设置。

输入掩码向导
请确定是否更改输入掩码:
输入掩码名称: 邮政编码
输入掩码: 000000
请指定该字段中所需显示的占位符:
向域中输入数据时占位符将被替换。
占位符:
尝试:
取消
< 上一步(B)
下一步(N) >
完成(F)

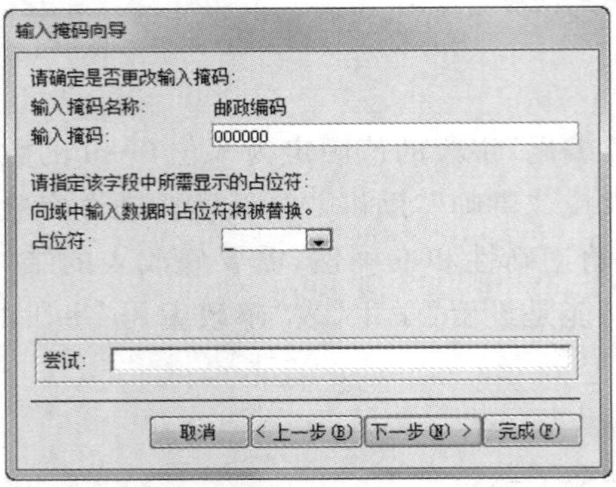

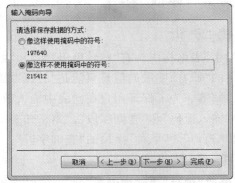

图 3-37 “请确定是否更改输入掩码”对话框

输入掩码向导
请选择保存数据的方式:
像这样使用掩码中的符号:
197640
像这样不使用掩码中的符号:
215412
取消
< 上一步(B)
下一步(N) >
完成(F)

图 3-38 “请选择保存数据的方式”对话框

步骤 6 “邮政编码”字段设置好输入掩码后，当向该字段输入记录时，如果输入的数据不符合掩码的格式要求，则禁止输入，如图 3-39 所示为向“学生”表“邮政编码”字段输入值。

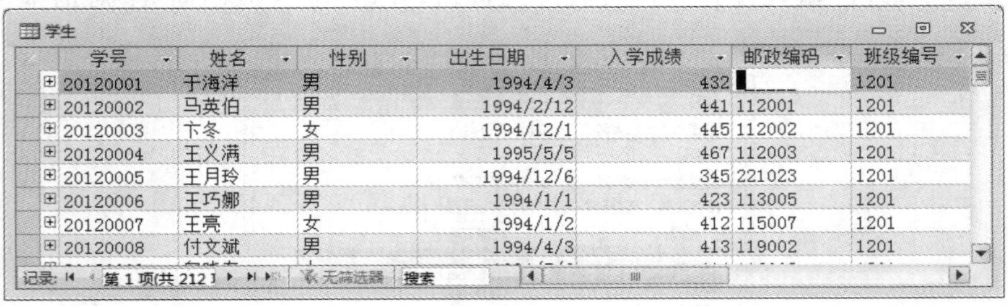

学生
学号 姓名 性别 出生日期 入学成绩 邮政编码 班级编号
20120001 于海洋 男 1994/4/3 432 1201
20120002 马英伯 男 1994/2/12 441 112001 1201
20120003 卞冬 女 1994/12/1 445 112002 1201
20120004 王义满 男 1995/5/5 467 112003 1201
20120005 王月玲 男 1994/12/6 345 221023 1201
20120006 王巧娜 男 1994/1/1 423 113005 1201
20120007 王亮 女 1994/1/2 412 115007 1201
20120008 付文斌 男 1994/4/3 413 119002 1201
记录: 第 1 项(共 212 项) 无筛选器 搜索

图 3-39 “邮政编码”字段输入数据的数据表视图

2. 修改“教师”表结构设置“职称”字段的查阅字段

步骤 1 启动 Access 2010，打开“学生管理”数据库，并打开“教师”表的设计视图。

步骤 2 在“教师”表的设计视图中，选择“职称”字段，单击“数据类型”右侧的下拉列表框，选择“查询向导”，弹出“查阅向导”对话框，如图 3-40 所示。

查阅向导
该向导将创建一个查阅字段，其中显示一系列数值供选择。请确定查阅字段获取其数值的方式:
使用查阅字段获取其他表或查询中的值(I)。
自行键入所需的值(V)。
取消
< 上一步(B)
下一步(N) >
完成(F)

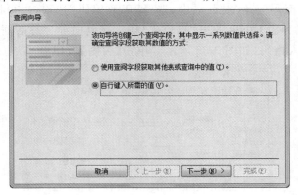

图 3-40 “查阅向导”对话框

提示：

查阅字段获取其数值的方式有两种，一种是查阅字段获取其他表或查询中的值，表示从其他表或查询中取相应列的值。另一种是查阅字段的值由用户自行输入所需的值，表示由用户输入查阅的数据值。

步骤 3　在对话框中选择"自行键入所需的值"单选按钮,单击【下一步】按钮,弹出选择列数和输入所需的值界面,如图 3-41 所示。

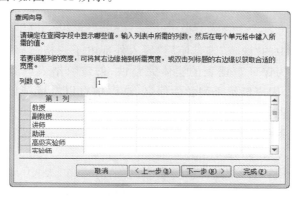

图 3-41　选择列数和输入所需的值界面

步骤 4　在界面中输入"列数"为 1 列,其值按任务分析中的内容输入。单击【下一步】按钮,弹出设置查阅字段相关信息界面,如图 3-42 所示。

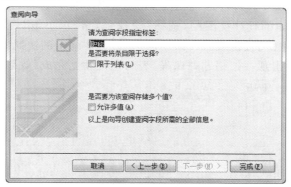

图 3-42　设置查阅字段相关信息界面

步骤 5　在界面中输入查阅字段指定标签的默认值"职称",其他选项采用默认值。最后单击【完成】按钮,完成职称字段查阅字段的设置。

步骤 6　检验"查询字段"的设置效果。切换到数据表视图,系统提示"必须先保存表",单击【是】按钮,保存修改并切换到数据表视图。在"教师"表的数据表视图下,输入记录"职称"字段值时,单击右侧下拉列表按钮,弹出"职称"列表供选择,如图 3-43 所示。

图 3-43　"职称"列表

子任务 3　"学生管理"数据库中表的索引管理

任务分析

"学生管理"数据库中的"课程"表是使用"导入外部电子表格"创建的数据表,该表在创建过程中,没有设置主键,为保证数据表的实体完整性,创建数据表一般都要设置表的"主键"。同时在学生管理系统中,用户经常查询学生信息、选课信息以及成绩信息等,为了加快数据的查询速度,Access 数据库提供了索引技术。

本子任务的功能要求是:

(1)为"课程"表按"课程号"建立主键。

(2)为"班级"表按"班级名称"建立唯一索引。

(3)为"学生"表按"性别"和"出生日期"字段的组合建立普通索引。

任务实施

1. 为"课程"表按"课程号"建立主键

步骤 1　启动 Access 2010,打开"学生管理"数据库,并打开"课程"表设计视图。

步骤 2　在"课程"表的设计视图中,选择"课程号"字段,单击"表格工具-设计"选项卡中的"工具"命令组中的【主键】按钮或者在该字段上右击,在弹出的快捷菜单中选择"主键"命令,则在"课程号"字段左侧出现一把钥匙,"课程"表的主键建立完成,效果如图 3-44 所示。

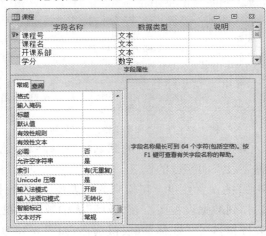

图 3-44　建立"课程"表的主键效果图

2. 为"班级"表按"班级名称"建立唯一索引

步骤 1　启动 Access 2010,打开"学生管理"数据库,并打开"班级"设计视图。

步骤 2　在"班级"表的设计视图中,选择"班级名称"字段,单击"表格工具-设计"选项卡中的"显示和隐藏"命令组中的【索引】按钮,弹出"索引:班级"对话框,如图 3-45 所示。

步骤 3　在"索引:班级"对话框中,在"索引名称"下方的空白单元格中输入索引名称为"班级名称",在"字段名称"列单击下拉列表选择建立索引的字段名称为"班级名称","排序次序"列选择"升序"。在"索引属性"下方有三个索引属性:主索引、唯一索引和忽略空值,其中主索引选择"是"表示建立的是主键索引,唯一索引选择"是"表示建立唯一索引,忽略空值选择"是"表示索引字段中的空值不参与索引。这里在"唯一索引"右侧单击下拉按钮,在下拉列表中选择"是",建立唯一索引,"主索引"属性为"否","忽略空值"属性为"否",如图 3-46 所示。

图 3-45 "索引:班级"对话框

图 3-46 设置"班级名称"属性

步骤 4 以上索引建立后,单击"索引:班级"对话框右上角的【关闭】按钮,则保存索引并退出建立索引对话框。最后保存"班级"表结构的修改。

3. 为"学生"表按"性别"和"出生日期"字段的组合建立普通索引

步骤 1 启动 Access 2010,打开"学生管理"数据库,并打开"学生"表设计视图。

步骤 2 在"学生"表的设计视图中,单击"表格工具-设计"选项卡中的"显示和隐藏"命令组中的【索引】按钮,弹出"索引:学生"对话框。

步骤 3 在"索引:学生"对话框中,在"索引名称"下方的空白单元格中输入索引名称为"性别和出生日期",在"字段名称"列单击下拉列表选择建立索引的第一个字段名称为"性别","排序次序"列选择"升序","索引属性"下方三个索引属性不做选择,使用默认值。然后将光标定位于下一行的字段名称列,选择建立索引的第二个"字段名称"为"出生日期","排序次序"列选择"升序"。在"索引属性"下方三个索引属性不做选择,使用默认值,如图 3-47 所示。

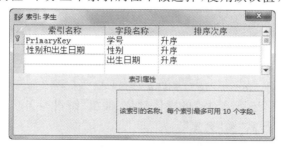

图 3-47 为"学生"表建立组合索引

提示:

索引的字段在两个以上(含两个)时建立的索引称为组合索引,组合索引表示索引时先按照第一个字段的值进行排序,如果第一个字段的值相同,则按第二个字段排序。另外,在建立组合索引时,第一列以后的索引名称必须为"空"。

子任务 4　调整"学生"表的外观

任务分析

打开数据表,显示的数据表视图的外观是 Access 2010 的默认格式,用户使用时,并不一定符合用户的工作习惯,用户可以根据需求自行调整数据表的显示格式,主要包括行高、列宽、字体、样式、字段列的隐藏和冻结等的修改和设置。本子任务的功能是调整"学生"表的外观。

任务实施

1. 调整"学生"表中数据的显示字体为"楷体",字体大小为"14 磅"

步骤 1　启动 Access 2010,打开"学生管理"数据库,在导航窗格中双击"学生"表,显示"学生"表的数据表视图。

步骤 2　在"开始"选项卡的"文本格式"命令组中,单击"字体"下拉列表框,选择"楷体_GB2312",单击"字体大小"下拉列表框,选择"14"或者直接输入 14。如图 3-48 所示为"文本格式"命令组。

图 3-48　"文本格式"命令组

步骤 3　设置"字体"和"字体大小"后的显示效果如图 3-49 所示。

学号	姓名	性别	出生日期	入学成绩	邮政编码	班级编号
20120001	于海洋	男	1994/4/3	432		1201
20120002	马芙伯	男	1994/2/12	441	112001	1201
20120003	卞冬	女	1994/12/1	445	112002	1201
20120004	王义满	男	1995/5/5	467	112003	1201
20120005	王月玲	男	1994/12/6	345	221023	1201
20120006	王巧娜	男	1994/1/1	423	113005	1201
20120007	王亮	女	1994/1/2	412	115007	1201
20120008	付文斌	男	1994/4/3	413	119002	1201
20120009	白晓东	女	1994/7/6	414	116002	1201
20120010	任凯丽	男	1994/3/4	415	116002	1201
20120011	刘孟辉	男	1994/9/1	432	116009	1201
20120012	刘智童	男	1994/9/21	416	116340	1201
20120013	孙建伟	男	1995/7/14	417	116231	1201

记录：第 1 项(共 212 项)　无筛选器　搜索

图 3-49　设置"字体"和"字体大小"后的显示效果

步骤 4　用上述方法,还可以对表的字体颜色、加粗、倾斜等字形进行设置。

2. 调整"学生"表的"行高"和"列宽"

步骤 1　在"学生"表的"数据表视图"显示方式下,单击"学生"表左上角行与列交叉处选中全表并右击,在弹出的快捷菜单中选择"行高"命令,弹出"行高"对话框,输入行高值,这里输入"24"。单击【确定】按钮完成行高的设置,如图 3-50 所示。

步骤 2　在"学生"表的"数据表视图"显示方式下,选择要设置列宽的字段列"性别",也可以选择多列,右击在快捷菜单中选择"字段宽度"命令,弹出"列宽"对话框,输入列宽的值为"7",再单击【确定】按钮完成列宽的设置,如图 3-51 所示。

图 3-50　"行高"对话框　　　　　图 3-51　"列宽"对话框

❀提示：

以上操作过程是一种精确设置行高和列宽的方法，Access 2010 还可以像 Word 表格调整行高或列宽一样操作，将鼠标指标移动两行或两列之间的分隔线上，当鼠标指针变为"╪"时可调整行高，当鼠标指针变为"╬"时可调整列宽，按下左键拖动即可。

3. 冻结"学生"表的"学号"列和隐藏"入学成绩"列

步骤 1　在"学生"表的数据表视图下，选择"学号"列，右击在快捷菜单中选择"冻结字段"命令，则"学号"列被冻结。当无法完整显示所有列时，向右滚动列，则"学号"列一直显示在最左侧，如图 3-52 所示为冻结后的效果，"姓名"列由于滚动隐藏了。

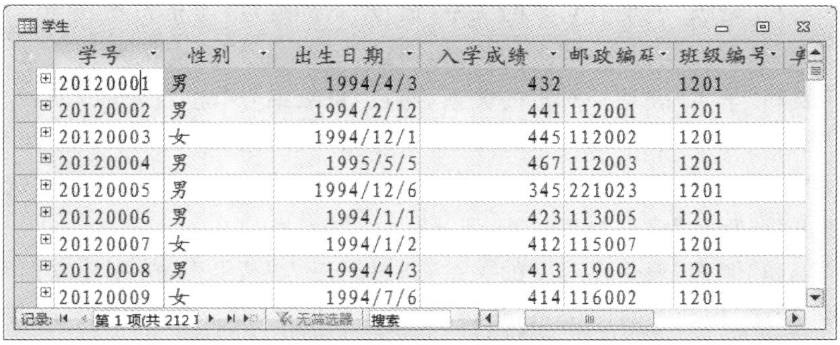

图 3-52　"学号"列冻结后的向右滚动效果

❀提示：

如果想取消冻结，则选中任何一列，右击在弹出的快捷菜单中，选择"取消冻结所有字段"。

步骤 2　在"学生"表的"数据表视图"下，右击"入学成绩"列，在快捷菜单中选择"隐藏字段"命令，则"入学成绩"列被隐藏。效果如图 3-53 所示。

步骤 3　如果想取消隐藏，则选定任何一列，右击在弹出的快捷菜单中选择"取消隐藏字段"，弹出"取消隐藏列"对话框，如图 3-54 所示，选择要取消隐藏的字段，单击【关闭】按钮即可。

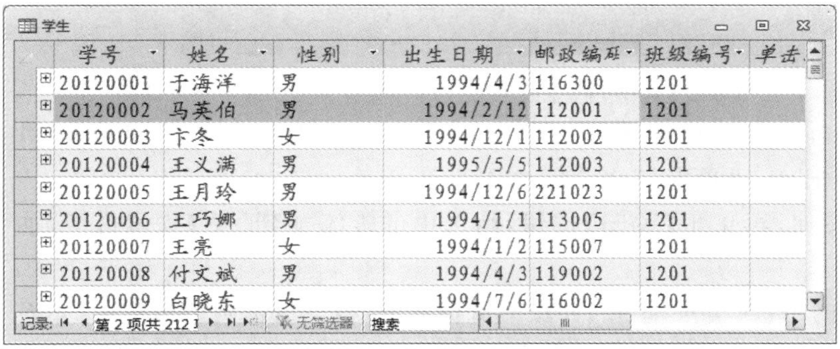

图 3-53　"入学成绩"列隐藏后的效果　　　　图 3-54　"取消隐藏列"对话框

★特别提示：任务点相关知识请参阅本任务知识点 3～知识点 5 的相关内容。

任务 3.3   建立"学生管理"数据库表之间的关系

Access 2010 是一个关系型的数据库,数据库中的表不是彼此独立的,数据表之间可以建立表之间的关系。建立表之间的关系之后,用户不仅可以从单个表中获取数据,还可以通过表间的关系从多个表中获取更多的数据,并实施表之间的参照完整性级联,以保证数据的完整性。

本任务主要完成:

(1)建立"学生管理"数据库表之间的关系。

(2)设置表之间的参照完整性。

微课

建立学生管理
数据库表之间
的关系

任务分析

"学生管理"数据库中包含七个数据表,各数据表之间的关系是:

(1)"系部"表和"班级"表是一对多的关系,通过"系部编号"建立关系。

(2)"系部"表和"教师"表是一对多的关系,通过"系部编号"建立关系。

(3)"班级"表和"学生"表是一对多的关系,通过"班级编号"建立关系。

(4)"学生"表和"课程"表是多对多的关系,通过第三方"选课"表分别建立两个一对多的关系,"学生"表和"选课"表构成一对多关系,通过"学号"建立关系。"课程"表和"选课"表构成一对多的关系,通过"课程号"建立关系。

(5)"教师"表和"课程"表是多对多的关系,通过第三方"授课"表分别建立两个一对多的关系,"教师"表和"授课"构成一对多关系,通过"教师号"建立关系。"课程"表和"授课"表构成一对多的关系,通过"课程号"建立关系。

本任务的功能建立"学生管理"数据库中表之间的关系并设置参照完整性。

任务实施

步骤 1   启动 Access 2010,打开"学生管理"数据库,单击"数据库工具"选项卡中的"关系"命令组中的【关系】按钮,如图 3-55 所示。

图 3-55   "数据库工具"选项卡下的"关系"命令组按钮

步骤 2   在"关系工具-设计"选项卡"关系"命令组中单击【显示表】按钮,弹出"显示表"对话框,单击"系部"表,按下 Ctrl 键,再单击"班级"表,如图 3-56 所示。

步骤 3   单击【添加】按钮,再单击【关闭】按钮,则选中的表添加到"关系"窗口中,如图 3-57 所示。

步骤 4   单击"系部"表的"系部编号"字段,并按下鼠标左键,拖动鼠标到"班级"表的"系部编号"字段上,松开左键,弹出"编辑关系"对话框,在对话框中选择"实施参照完整性",并选择"级联更新相关字段"和"级联删除相关字段"选项,如图 3-58 所示。

图 3-56 "显示表"对话框

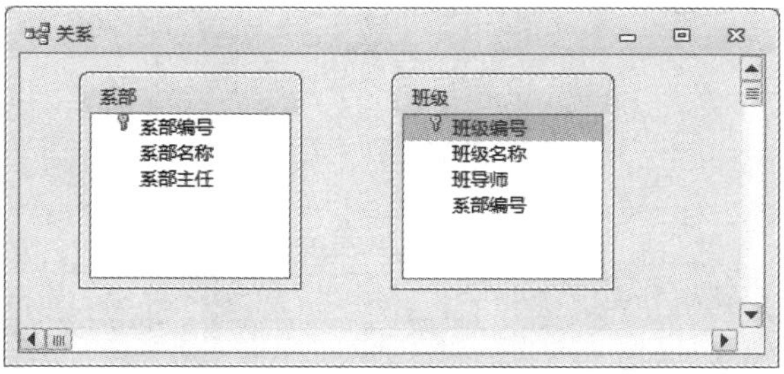

图 3-57 添加表后的"关系"窗口

提示：

"系部"表和"班级"表建立参照完整性，其中一方"系部"表为主表，多方"班级"表为从表。其中：

"级联更新相关字段"表示当更新系部表的"系部编号"字段时，将自动修改"班级"表中对应记录的"系部编号"字段。

"级联删除相关记录"表示当删除系部表的记录时，将自动删除"班级"表中对应"系部编号"的班级数据记录。同时当向"班级"表添加数据记录时，"系部编号"必须是"系部"表的"系部编号"字段已存在的值。

步骤 5 在"编辑关系"对话框中，单击【联接类型】按钮，弹出"联接属性"对话框，选择两个表之间的联系类型，如图 3-59 所示。

图 3-58 "编辑关系"对话框

图 3-59 "联接属性"对话框

提示：

联系属性对话框可以设置三种联接类型，分别是等值连接、左连接和右连接。

①等值连接表示只包含两个表中联接字段相等的行。

②左连接表示包含左表的所有记录和与右表联接字段相等的那些记录。

③右连接表示包含右表的所有记录和与左表联接字段相等的那些记录。

步骤 6 设置后单击【确定】按钮返回"编辑关系"对话框，单击【确定】按钮，建立"系部"表和"班级"表之间一对多的关系，同时建立两个表之间的参照完整性规则，如图 3-60 所示。

步骤 7 如果要编辑或删除建立的关系，可以双击关系的折线或者右击关系的折线，在弹出的快捷菜单中选择"编辑关系"，弹出如图 3-58 所示的"编辑关系"对话框，在对话框中进行修改即可。如果删除关系，则单击关系的折线，按 Delete 键，或者右击关系的折线，在弹出的

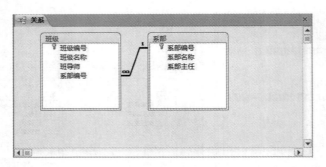

图 3-60 "系部"表和"班级"表之间的一对多关系图

快捷菜单中选择"删除",弹出删除关系提示对话框,再单击【是】按钮,则关系将删除,如图 3-61 所示。

步骤 8 重复以上步骤建立"班级"表和"学生"表、"学生"表和"选课"表、"课程"表和"选课"表、"教师"表和"授课"表以及"课程"表和"授课"表之间的一对多关系和参照完整性规则,如图 3-62 所示。

图 3-61 删除关系提示对话框

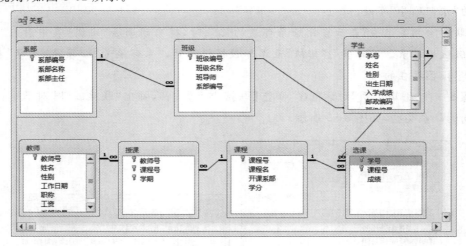

图 3-62 "学生管理"数据库表之间的关系图

★**特别提示**:任务点相关知识请参阅本任务知识点 6 数据完整性。

任务 3.4 编辑表中的数据记录

在 Access 2010 中,数据表的基本操作包括添加记录、修改记录、删除记录、查找记录、筛选数据、数据排序等,这些基本操作都是通过数据表视图来实现的。本任务实现对"学生管理"数据库中表记录的添加、修改和删除操作。

子任务 1 向"班级"表和"学生"表中添加数据记录

✿任务分析

2013 年 9 月,新生入学报到,需要把新同学加入到"学生管理"数据库中。由于"班级"表和"学生"表是一对多的联系,两个表通过"班级编号"建立参照完整性,所以添加新同学的数据记录，首先要将新班级添加到“班级”表中，班级信息添加后，再把学生信息添加到“学生”表。

班级信息是：班级编号为“1301”，班级名称为“会计 13-1”，班导师为“于倩”，系部编号为“X004”。

学生信息是：学号为“20130001”，姓名为“冷芳”，性别为“女”，出生日期为“1994/8/13”，入学成绩为“425”，邮政编码为“112301”，班级编号为“1301”。

本子任务的功能是向“班级”表和“学生”表中添加记录。

任务实施

1. 向“班级”表中添加一条新记录

步骤 1　启动 Access 2010，打开“学生管理”数据库，在导航窗格中，双击“班级”表，打开“班级”表的数据表视图。

步骤 2　在“班级”表的数据表视图中，将光标定位到数据记录尾部的新记录位置，在“班级编号”“班级名称”“班导师”和“系部编号”单元格处依次输入“1301”“会计 13-1”“于倩”和“X004”。完成“班级”表数据记录的添加，结果如图 3-63 所示。

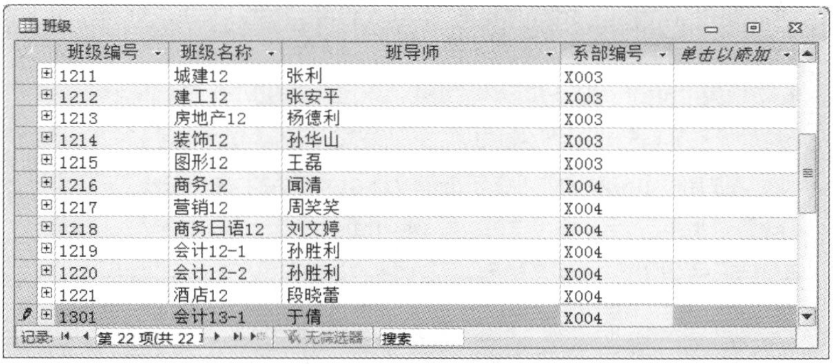

班级

班级编号	班级名称	班导师	系部编号	单击以添加
1211	城建12	张利	X003	
1212	建工12	张安平	X003	
1213	房地产12	杨德利	X003	
1214	装饰12	孙华山	X003	
1215	图形12	王磊	X003	
1216	商务12	闻清	X004	
1217	营销12	周笑笑	X004	
1218	商务日语12	刘文婷	X004	
1219	会计12-1	孙胜利	X004	
1220	会计12-2	孙胜利	X004	
1221	酒店12	段晓蕾	X004	
1301	会计13-1	于倩	X004	

记录: 第 22 项(共 22 项)　无筛选器　搜索

图 3-63　向“班级”表添加记录效果图

2. 向“学生”表中添加一条新记录

步骤 1　在“学生管理”数据库工作界面中，双击导航窗格中的“学生”表，打开“学生”表的数据表视图。

步骤 2　在“学生”表的数据表视图中，将光标定位到数据记录尾部的新记录位置，在“学号”“姓名”“性别”“出生日期”“入学成绩”“邮政编码”和“班级编号”单元格处依次输入“20130001”“冷芳”“女”“1994/8/13”“425”“112301”和“1301”。完成“学生”表数据记录的添加。

提示：

向“学生”表添加记录时，“性别”字段设置了“有效性规则”，只能输入“男”或“女”。“邮政编码”字段设置了“输入掩码”，只能输入 6 位 0～9 的数字。“班级编号”字段值必须为“班级”表中“班级编号”字段的值，因为“班级”表和“学生”表建立了参照完整性。

子任务 2　删除“学生”表中数据记录

任务分析

学生卞冬由于身体原因，无法继续完成学业，已经退学，需要从“学生”表中把卞冬同学的信息删除。但由于卞冬同学已经选课，必须先删除“选课”表中卞冬同学的选课信息，才能删除“学生”表中卞冬同学的信息。“学生”表和“选课”表通过“学号”建立了关系，所以可以通过“学生”表的数据表视图直接删除“学生”表和“选课”表的数据记录。如果两个表没有建立关系，则要打开“选课”表的数据表视图先删除选课信息，再删除“学生”表的数据信息。

　　本子任务的功能是从“学生”表中删除卞冬同学的信息。

任务实施

　　步骤 1　启动 Access 2010，打开“学生管理”数据库，在导航窗格中，双击“学生”表，打开“学生”表的数据表视图。

　　步骤 2　在“学生”表的数据表视图中，找到卞冬同学所在记录，单击记录前的 ⊞ 图标展开关系表“选课”的信息，显示“选课”表中该同学的选课信息，如图 3-64 所示。

学号	姓名	性别	出生日期	入学成绩	邮政编码	班级编号
⊞ 20120001	于海洋	男	1994/4/3	432	116300	1201
⊞ 20120002	马英伯	男	1994/2/12	441	112001	1201
⊟ 20120003	卞冬	女	1994/12/1	445	112002	1201

课程号	成绩	单击以添加
K0001	90	
K0002	84	
K1003	72	
K3001	65	
K3002	92	
*		

⊞ 20120004	王义满	男	1995/5/5	467	112003	1201
⊞ 20120005	王月玲	男	1994/12/6	345	221023	1201
⊞ 20120006	王巧娜	男	1994/1/1	423	113005	1201
⊞ 20120007	王亮	女	1994/1/2	412	115007	1201
⊞ 20120008	付文斌	男	1994/4/3	413	119002	1201

记录：Ⅰ◀　第 1 项(共 212)▶　无筛选器　搜索

图 3-64　卞冬同学级联“选课”表的信息

　　步骤 3　在展开的“选课”表的数据表视图中，选择所有数据记录，单击“开始”选项卡上“记录”命令组中的【删除】按钮，弹出删除确认提示对话框，如图 3-65 所示。单击【是】按钮，删除“成绩”表中卞冬同学的选课信息。

图 3-65　删除确认提示对话框

　　步骤 4　在“学生”表的数据表视图中，方法同上，删除卞冬同学的信息。

子任务 3　修改“学生”表中数据记录

任务分析

　　“学生”表中陈金库同学的“出生日期”字段值“1994/6/3”输入错误，应为“1994/8/3”，需要进行修改。

　　本子任务的功能是修改“学生”表中陈金库同学的出生日期。

任务实施

　　步骤 1　启动 Access 2010，打开“学生管理”数据库，在导航窗格中，双击“学生”表，打开“学生”表的数据表视图。

　　步骤 2　在“学生”表的数据表视图中，找到陈金库同学所在的数据记录行，将光标定位到“出生日期”字段，直接输入出生日期“1994/8/3”。由于出生日期字段的数据类型是日期/时间型字段,也可以单击该单元格后面的"▦"图标,在打开的日历表中选择日期,如图 3-66 所示。

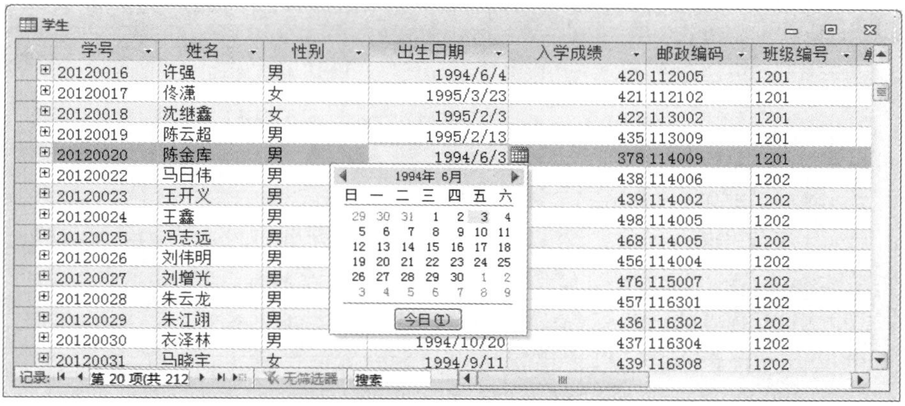

图 3-66　"日历表"列表框

★**特别提示**:任务点相关知识请参阅本任务知识点 3 Access 2010 的表达式和函数。

任务 3.5　数据表的其他操作

Access 2010 除了对数据表记录添加、修改和删除之外,还可以实现数据表字段的快速查找定位、字段替换、数据排序和数据筛选功能。

本任务的功能是实现数据表的字段查找、字段替换、数据排序和数据筛选。

子任务 1　查找"学生"表的数据

任务分析

在操作数据表时,当数据表的记录比较多,使用浏览方式无法快速定位到用户所需求的数据,Access 2010 提供了查找功能可以实现字段数据的快速定位。

Access 2010 提供了两种查找功能,一种是搜索定位,另一种查找定位。搜索定位只适合于数据值不重复的字段,查找定位适合所有查找功能。

本子任务的功能是在"学生"表中查找杨波同学,并将其修改为杨博。

任务实施

步骤 1　启动 Access 2010,打开"学生管理"数据库,在导航窗格中,双击"学生"表,打开"学生"表的数据表视图。

步骤 2　在"学生"表的数据表视图中,在"数据表视图"下方的"记录导航条"的搜索文本框中输入"杨波",可以快速定位到杨波同学的记录上,如图 3-67 所示。这种搜索查询方式只适用于不重复的字段。

步骤 3　除了上述搜索定位之外,Access 2010 还提供了与 Excel 功能相同的查找定位功能。在"学生"表的数据表视图中,单击"开始"选项卡中的"查找"命令组中的【查找】按钮,弹出"查找和替换"对话框,如图 3-68 所示。

步骤 4　在"查找和替换"对话框中,在"查找内容"中输入学生姓名"杨波",再单击【查找下一个】按钮,则快速定位到杨波同学的姓名字段上,查找的结果反白显示,继续查找请再次单击【查找下一个】按钮。

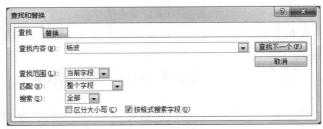

图 3-67　"搜索"定位的结果

图 3-68　"查找和替换"对话框"查找"选项卡

🐾 提示：

在"查找和替换"对话框中，"查找范围"是用于确定在哪个字段中查找数据。在查找之前，最好把光标定位在查找的字段列上，这样可以提高效率。"匹配"用于确定匹配方式，包括"整个字段""字段的任何部分"和"字段开头"。"搜索"用于确定搜索方式，包括"向上""向下"和"全部"三种方式。另外在查找中还可以使用通配符 ∗ 和 ? 等。通配符的意义见表 3-15。

表 3-15　通配符的意义

通配符	说　　明	示　　例
∗	可以匹配任何个数的字符	a ∗ 可以找到 ab,abc,abcde 等
?	可以匹配任何单个字母	b? f 可以找到 b1f,baf,bcf 等
[ ]	可以匹配方括号内任何单个字符	a[ab]f 可以找到 aaf,abf 等
[!]	可以匹配任何不在方括号内的字符	b[! de]可以找到 ba,bc 等
[—]	与某个范围内的任何一个字符匹配，必须按升序指定范围	a[b—f]k 可以找到 abk,ack,aek 等
♯	可以匹配任何单个数字字符	a♯k 可以找到 a1k,a2k,a3k 等

子任务 2　替换"学生"表的数据

🐾 任务分析

当成批修改（一次性修改字段的多个值）表中的字段数据时，如果采用浏览方式，则有可能出现误修改或漏修改的情况，Access 2010 提供了成批修改表中字段数据的功能，即"查找和替换"。

本子任务的功能是将"学生"表中"班级编号"为"1217"的记录修改为"1221"。

任务实施

　　步骤 1　启动 Access 2010,打开"学生管理"数据库,在导航窗格中,双击"学生"表,打开"学生"表的数据表视图。
　　步骤 2　在"学生"表的数据表视图中,单击"开始"选项卡中的"查找"命令组中的【查找】按钮,弹出"查找和替换"对话框,单击"替换"选项卡,如图 3-69 所示。

图 3-69　"查找和替换"对话框"替换"选项卡

　　步骤 3　在对话框中,输入查找内容"1217",替换为"1221",其他选项使用默认,然后单击【全部替换】按钮,完成替换操作。

子任务 3　对"学生"表的数据记录进行排序

任务分析

　　排序是一种组织数据的方式,是根据当前表中的一个和多个字段的值来对整个表中的所有记录进行重新排序,以便于查看和浏览数据。排序可以按单字段排序,也可以组合字段排序,单字段的排序有升序排序(按字段值由小到大排序)和降序排序(按字段值由大到小排序)。当组合字段排序时,先根据第一个字段按照指定的顺序(升序或降序)进行排序,当第一个字段具有相同的值时,再按照第二个字段进行排序,依此类推。
　　本子任务的基本要求是:
　　(1)对"学生"表按"姓名"字段实现单字段升序排序。
　　(2)对"学生"表按"性别"字段和"出生日期"字段实现组合升序排序。

任务实施

　　1. 对"学生"表按"姓名"字段实现单字段升序排序
　　步骤 1　启动 Access 2010,打开"学生管理"数据库,在导航窗格中,双击"学生"表,打开"学生"表的数据表视图。
　　步骤 2　在"学生"表的数据表视图中,单击"姓名"字段名称右侧的下三角按钮,在打开的下拉列表中选择"升序",如图 3-70 所示。除了以上方法实现排序外,还可以将光标定位于"姓名"列,再单击"开始"选项卡中"排序和筛选"命令组中的【升序】按钮,如图 3-71 所示。
　　2. 对"学生"表按"性别"字段和"出生日期"字段实现组合升序排序
　　步骤 1　在"学生"表的数据表视图中,选择"性别"字段列和"出生日期"字段列,如果两个字段不连续,必须调整两个字段的位置使之连续。单击"开始"选项卡中"排序和筛选"命令组中的【升序】按钮。
　　步骤 2　如果想取消排序,则在"学生"表的数据表视图中,单击"开始"选项卡中"排序和筛选"命令组中的【取消排序】按钮。

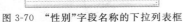

图 3-70 "性别"字段名称的下拉列表框   图 3-71 "开始"选项卡下的"排序和筛选"命令组按钮

子任务 4   筛选"学生"表的记录

任务分析

在"学生管理"数据库中,用户经常对表中的数据进行浏览,如查看"学生"表中"性别"为"男"的记录。由于数据表中的数据过多,如果使用浏览或者是查找方式来显示记录是很麻烦的。Access 2010 提供的数据筛选功能可以根据用户的个性化需求来浏览数据记录。

1. 数据筛选

数据筛选是在数据表的所有记录中显示满足条件的数据记录,不满足条件的记录被隐藏起来,因此从某种意义上来说,数据筛选也就是数据查询。

2. 筛选方式

Access 2010 在"开始"选项卡的"排序和筛选"命令组提供了三个筛选按钮和四种筛选方式。

三个筛选按钮分别是"筛选器""选择"和"高级"。单击【高级】按钮,打开下拉列表显示与筛选相关的命令。

四种筛选方式分别是"筛选器""选择筛选""按窗体筛选"和"高级筛选"。

(1)"筛选器"是一种比较灵活的筛选方式,它把所选定的字段列中所有不重复值以列表的方式显示出来,用户可以逐个选择需要的筛选内容。筛选器可以应用到除了 OLE 对象和附加字段外的所有字段类型。

(2)"选择筛选"是一种简单易用的常用筛选方法,它提供了供用户选择的字段值,所提供的字段值由光标位置所决定。选择筛选条件具体分为"等于""不等于""包含"和"不包含",其中"等于"表示精确筛选,从表中筛选出与条件完全相等的记录。"不等于"是一种排除筛选,表示排除与筛选条件相等的记录。"包含"表示筛选出包含筛选条件的记录。"不包含"表示筛选出不包含筛选条件的记录。

(3)"按窗体筛选"是一种快速的筛选方法,通过它无须浏览整个数据表的记录,而且可以同时对两个以上的字段值进行筛选。选择"按窗体筛选"命令时,数据表自动转化为单一记录的形式,并且每个字段变为一个下拉列表,可以从每个列表中选取一个值作为筛选的内容。

(4)"高级筛选"也称为自定义筛选,适合于筛选条件比较复杂的情况,可以设置更多的筛选字段和条件。高级筛选实际上是通过创建一个查询来实现各种复杂条件的筛选。

本子任务是在"学生管理"数据库中使用数据筛选浏览记录。

🔆任务实施

1. 使用"筛选器"方式显示"学生"表中班级编号为"1205"班的学生信息

步骤 1　启动 Access 2010,打开"学生管理"数据库,在导航窗格中,双击"学生"表,打开"学生"表的数据表视图。

步骤 2　在"学生"表的数据表视图中,选择"班级编号"列,在"开始"选项卡下的"排序和筛选"命令组上单击【筛选器】按钮,弹出"筛选列表",如图 3-72 所示。

步骤 3　在"班级编号"的筛选列表中,单击"(全选)"取消所有勾选,再选择"1205",单击【确定】按钮。筛选结果如图 3-73 所示。

学号	姓名	性别	出生日期	入学成绩	邮政编码	班级编号
20120063	吴宪	男	1994/5/26	468	116303	1205
20120064	宋磊	男	1994/4/3	456	116303	1205
20120065	张晓明	男	1994/4/2	457	116303	1205
20120066	李佳奇	女	1994/4/1	458	116004	1205
20120067	李凯	男	1994/8/9	453	116311	1205
20120068	李辉	男	1994/8/6	432	116322	1205
20120069	杨振兴	女	1994/8/8	432	116333	1205
20120070	周艳宇	女	1994/5/7	399	116344	1205
20120071	李波	男	1994/4/7	397	116345	1205
20120072	姚博仁	男	1994/6/12	397	116346	1205
20120073	娄建	男	1994/5/13	398	116047	1205

图 3-72　"班级编号"的筛选列表　　　　图 3-73　"班级编号"为 1205 的筛选结果

2. 使用"选择筛选"方式显示"学生"表中性别为"男"的学生信息

步骤 1　在"学生"表的数据表视图中,将光标定位于"性别"列中为字段值为"男"的任意一个单元格。在"开始"选项卡下的"排序和筛选"命令组上单击【选择】按钮,打开【选择】按钮的下拉列表,如图 3-74 所示。

图 3-74　【选择】按钮的下拉列表

步骤 2　选择"等于'男'",筛选结果如图 3-75 所示。

3. 使用"按窗体筛选"方式显示"学生"表中"1210"班级性别为"男"的学生信息

步骤 1　在"学生"表的数据表视图中,在"开始"选项卡下的"排序和筛选"命令组上单击【高级】按钮,打开【高级】按钮的下拉列表,如图 3-76 所示。

学号	姓名	性别	出生日期	入学成绩	邮政编码
20120001	于海洋	男	1994/4/3	432	116300
20120002	马英伯	男	1994/2/12	441	112001
20120004	王义满	男	1995/5/5	467	112003
20120005	王月玲	男	1994/12/6	345	221023
20120006	王巧娜	男	1994/1/1	423	113005
20120008	付文斌	男	1994/4/3	413	119002
20120010	任凯丽	男	1994/3/4	415	116002
20120011	刘孟辉	男	1994/9/1	432	116009
20120012	刘智童	男	1994/9/21	416	116340
20120013	孙建庄	男	1995/7/14	417	116231
20120015	毕宏鹏	男	1994/6/4	420	112005
20120016	许强	男	1994/6/4	425	112009

图 3-75　性别为男的筛选结果　　　　图 3-76　【高级】按钮的下拉列表

步骤 2　在打开的【高级】按钮的下拉列表中选择"按窗体筛选"命令,则数据表转换为单一的记录形式,并且每个字段变为下拉列表,用户可以从每一个字段的下拉列表中选择一个值作为筛选条件。这里选择班级编号为"1210",性别为"男",如图 3-77 所示。

图 3-77　"学生：按窗体筛选"窗口界面

步骤3　在"开始"选项卡下的"排序和筛选"命令组上单击【切换筛选】按钮，显示"按窗体筛选"的筛选结果。

4.使用"高级筛选"方式显示"学生"表中"1220"班 1994 年出生且性别为"男"的学生信息

步骤1　在"学生"表的数据表视图中，在"开始"选项卡下的"排序和筛选"命令组上单击【高级】按钮，打开【高级】按钮的下拉列表。

步骤2　在打开的【高级】按钮的下拉列表中选择"高级筛选-排序"命令，则打开"高级筛选"设计窗口，如图 3-78 所示。设计窗口分为上下两部分，上部窗格显示筛选的数据表"学生"，下部窗格用来设置筛选条件。

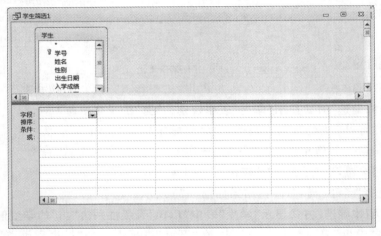

图 3-78　"高级筛选"设计窗口

步骤3　在"高级筛选"设计窗口中，将"学生"表中准备设置条件的"班级编号"和"性别"字段拖到下窗格的字段部分，再在字段的第三列输入"Year（[出生日期]）"，这是因为表中只有"出生日期"没有具体的年份，使用 Year 函数实现获取"出生日期"字段的年份。然后在条件部分依次输入"1220"、"男"和 1994。如图 3-79 所示。

图 3-79　设置筛选条件

步骤 4 在"开始"选项卡下的"排序和筛选"命令组上单击【切换筛选】按钮,显示"高级筛选"的筛选结果,如图 3-80 所示。

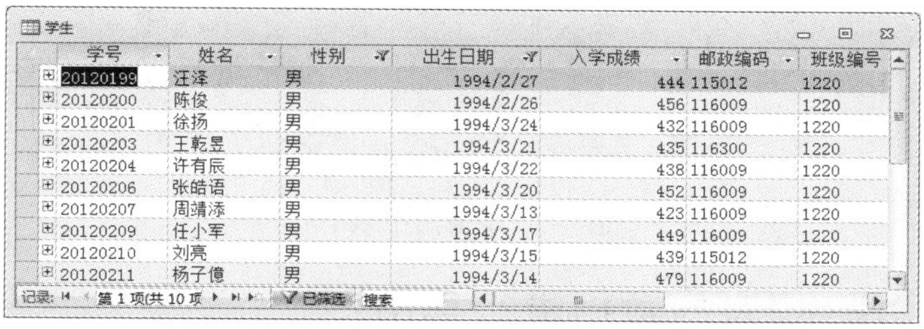

图 3-80 "高级筛选"的筛选结果

📖 **提示：**

用户如果想取消筛选结果,无论使用何种筛选方式,只需在"开始"选项卡下的"排序和筛选"命令组上单击【高级】按钮,在打开的下拉列表中选择"取消所有筛选器"。

子任务 5 对"学生"表的行进行汇总统计

🔖 任务分析

在学生管理系统中,经常要用到统计汇总功能,如统计班级总数和入学成绩的平均分等。Access 数据表行的汇总统计功能可以实现上述需求,并向表中添加汇总行,也是必不可少的数据库操作。显示汇总行时可以对数字类型的字段显示合计、平均值、计数、方差、最大值、最小值、标准偏差等计算功能。对文本数据类型的字段只能进行计数计算,对日期数据类型的字段能显示平均值、计数、最大值和最小值。

本子任务的功能是使用 Access 2010 汇总统计功能计算学生表的总人数和"入学成绩"的平均分。

🔖 任务实施

步骤 1 启动 Access 2010,打开"学生管理"数据库,在导航窗格中,双击打开"学生"表。

步骤 2 在"开始"选项卡的"记录"命令组中,单击【Σ(合计)】按钮,在"学生"表的最下面出现一个空的汇总行,如图 3-81 所示。

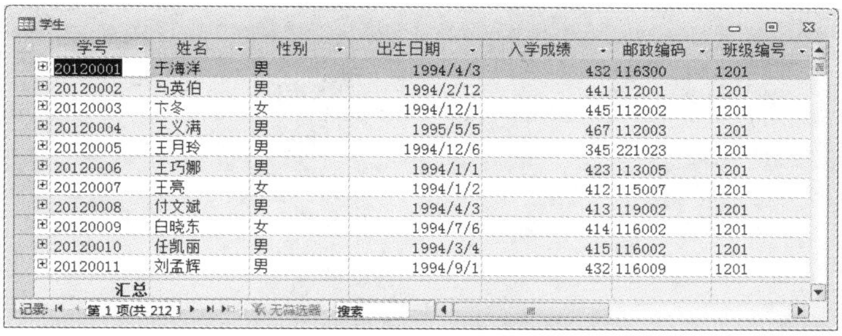

图 3-81 生成汇总行

步骤 3 单击"学号"列汇总行的单元格,再单击该单元格左侧的下三角按钮,在下拉列表中选择"计数",得到学生的总人数。

步骤 4 单击"入学成绩"列汇总行的单元格,再单击该单元格左侧的下三角按钮,在下拉列表中选择"平均值",得到学生的入学成绩的平均分,结果如图 3-82 所示。

学号	姓名	性别	出生日期	入学成绩	邮政编码	班级编号
20120001	于海洋	男	1994/4/3	432	116300	1201
20120002	马英伯	男	1994/2/12	441	112001	1201
20120003	卞冬	女	1994/12/1	445	112002	1201
20120004	王义涌	男	1995/5/5	467	112003	1201
20120005	王月玲	男	1994/12/6	345	221023	1201
20120006	王巧鄕	男	1994/1/1	423	113005	1201
20120007	王亮	女	1994/1/2	412	115007	1201

图 3-82　汇总统计的结果

子任务 6　对"学生"表的数据进行导出

任务分析

数据共享是数据库系统的重要功能之一。数据共享不仅是指同一个数据库被多个用户同时访问,还包括不同的应用系统之间进行数据传递。Access 2010 通过数据导出功能,可以按照不同应用系统需要的数据格式导出数据,从而在不同的数据库应用系统之间实现数据共享。如把"学生管理"数据库中的"学生"数据表导出到 Excel 中,以便进一步进行编辑修改。Access 2010 数据库的数据表导出功能,可以把数据表导出到标准的文本文件、Excel 文件、XML 文件、PDF/XPS 文件、Access 数据库和其他文件中。

本子任务的功能是把"学生管理"数据库中的"学生"表导出到文本文件、Excel 文件和PDF/XPS 文件中。

任务实施

1. 将"学生"表导出为文本文件

步骤 1　启动 Access 2010,打开"学生管理"数据库,在导航窗格中,双击打开"学生"表。

步骤 2　在"外部数据"选项卡的"导出"命令组中,单击【文本文件】按钮,弹出"选择数据导出操作的目标"对话框,如图 3-83 所示。

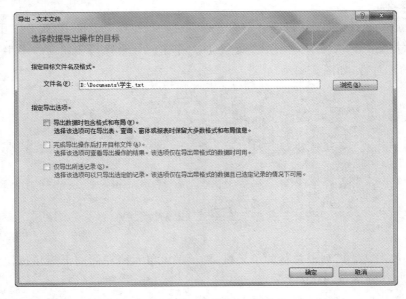

图 3-83　导出文本文件的"选择数据导出操作的目标"对话框

步骤 3　在对话框中选择导出的目标位置和文件名称，这里采取默认设置，如果要修改，则单击【浏览】按钮。还可以设置导出选项，单击【确定】按钮，弹出"该向导允许您指定 Microsoft Access 导出数据的细节"对话框，如图 3-84 所示。

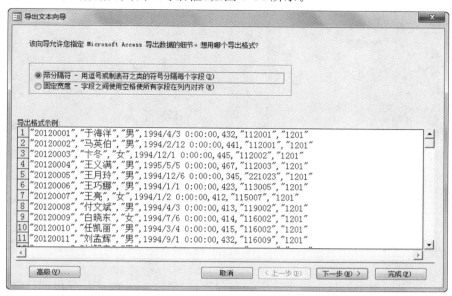

图 3-84　"该向导允许您指定 Microsoft Access 导出数据的细节"对话框

步骤 4　在对话框设置导出格式，使用默认值"带分隔符 - 用逗号或制表符之类的符号分隔每个字段"，单击【下一步】按钮，弹出"请确定所需的字段分隔符"对话框，如图 3-85 所示。

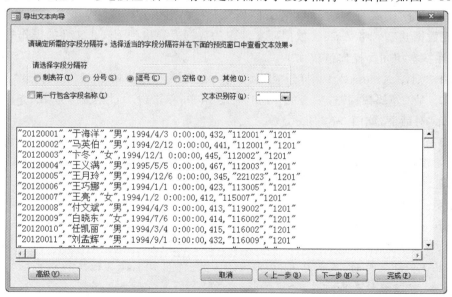

图 3-85　"请确定所需的字段分隔符"对话框

步骤 5　在对话框中，选择字段分隔符为"逗号"，并选中"第一行包含字段名称"选项，再单击【下一步】按钮，弹出"再次确定数据导出目标位置和文件名"对话框，单击【完成】按钮，弹出"保存导出步骤"对话框，如图 3-86 所示。

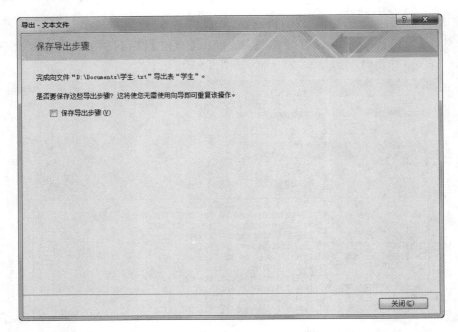

图 3-86 "保存导出步骤"对话框

步骤 6 在对话框中可以把导出步骤保存起来,这适合于多次重复导出同样文档的操作,这里不选择"保存导出步骤"。最后单击【关闭】按钮完成数据导出。

2. 将"学生"表导出为 Excel 文件

Excel 电子表格软件是 Office 办公自动化套件之一,电子表格文件是 Office 中重要的格式文件,是目前比较流行的一种数据文件格式,在集成办公环境中,经常会使用 Access 与 Excel 实现数据共享。将 Access 数据库文件中的数据表导出到 Excel 文件的操作过程与导出为文本文件基本相同。操作过程如下:

步骤 1 启动 Access 2010,打开"学生管理"数据库,在导航窗格中,双击打开"学生"表。

步骤 2 在"外部数据"选项卡的"导出"命令组中,单击【Excel】按钮,弹出"选择数据导出操作的目标"对话框,如图 3-87 所示。

步骤 3 在对话框中,指定目标文件名及格式,如果修改目标文件名,则单击【浏览】按钮,选择目标文件夹和文件名,也可直接输入。文件格式选择 Excel 工作簿(* . xlsx)。再单击【确定】按钮,弹出"保存导出步骤"对话框,单击【关闭】按钮即可将数据导出至 Excel 文件。

提示:

从 Office 2007 开始,为了兼容以前版本,Office 支持四种 Excel 文件格式:二进制工作簿(* . xlsb)、5. 0/9 工作簿(. xls)、工作簿(* . xlsx)和 97-2003 工作簿(* . xls)。在 Access 2010 中导出 Excel 文件时,默认格式为. xlsx,同时允许用户选择其他文件格式。单击图 3-87 中的"文件格式"下拉按钮即可。

3. 将"学生"表导出为 PDF/XPS 文件

PDF 文件是 Adobe 公司制定的电子文件标准格式,它是一种流行的文件格式。XPS 文件格式是微软公司推出的用于与 Adobe 公司竞争的电子文档格式。在 Access 2010 中,可以将数据表导出为 PDF 或 XPS 两种文件格式。操作过程如下:

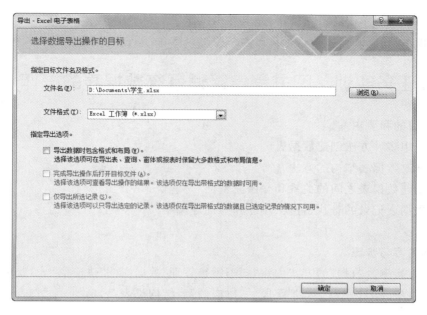

图 3-87　导出 Excel 的"选择数据导出操作的目标"对话框

步骤 1　启动 Access 2010,打开"学生管理"数据库,在导航窗格中,双击打开"学生"表。

步骤 2　在"外部数据"选项卡的"导出"命令组中,单击【PDF 或 XPS】按钮,弹出"发布为PDF 或 XPS"对话框,如图 3-88 所示。

图 3-88　"发布为 PDF 或 XPS"对话框

步骤 3　在对话框中选择导出文件保存的目标文件夹,输入导出文件的文件名,并选择导出的文件保存类型,系统默认为 PDF(∗.pdf)文件类型,单击下拉按钮,可以选择 XPS(∗.xps)文件类型。在对话框下方,还可以选择"发布后打开文件",表示发布完成后,如果计算机内装有 PDF 文件阅读器软件,则自动打开导出后的 PDF 文件。

步骤 4　单击【发布】按钮,这时程序开始进行转换文件格式的工作,转换结束后弹出"保存导出步骤"对话框,单击【关闭】按钮,完成导出操作。

★**特别提示**:任务点相关知识请参阅本任务知识点 3 Access 2010 的表达式和函数。

任务实训　图书销售管理系统数据表的操作

一、实训目的和要求

1.掌握使用多种方法创建数据表

2.掌握修改数据表结构的方法

3.掌握创建数据表之间的关系和参照完整性

4.掌握数据表记录的查找、替换、排序和筛选等操作

二、实训内容与步骤

1.使用"直接输入数据"的方式创建"图书销售管理"数据库的"供应商"表,要求"供应商编号"为主键,"供应商名称"为"必需"字段。"供应商"表结构见表 3-16。

表 3-16　　　　　　　　　　　"供应商"表结构

字段名	数据类型	大　小	约　束
供应商编号	文本	4	主键
供应商名称	文本	30	必需
所在城市	文本	20	
联系人	文本	8	
联系电话	文本	15	

2.使用模板的方式创建图书销售管理数据库的"出版社"表,要求"出版社编号"为主键,"出版社名称"为"必需"字段。"出版社"表结构见表 3-17。

表 3-17　　　　　　　　　　　"出版社"表结构

字段名	数据类型	大　小	约　束
出版社编号	文本	6	主键
出版社名称	文本	30	必需
出版社地址	文本	40	
所在城市	文本	15	
邮政编码	文本	6	
联系电话	文本	15	

3.使用表设计器的方式创建图书销售管理数据库的"图书分类"表、"图书库存"表、"入库单"表和"销售单"表。数据表结构见表 3-18~表 3-21。

表 3-18　　　　　　　　　　　"图书分类"表结构

字段名	数据类型	大　小	约　束
图书分类号	文本	4	主键
图书分类名称	文本	30	必需

表 3-19 **"图书库存"表结构**

字段名	数据类型	大 小	约 束
图书编号	文本	10	主键
ISBN	文本	20	必需
图书名称	文本	60	
图书分类号	文本	4	
作者	文本	40	
开本	文本	10	
装帧	文本	10	
版次	文本	10	
出版日期	日期/时间		
页数	数字(整型)		限制在 10~600
库存数量	数字(整型)		限制在 0~100
图书单价	数字(2 位小数)		限制在 0~1000
出版社编号	文本	6	

表 3-20 **"入库单"表结构**

字段名	数据类型	大 小	约 束
入库单号	文本	10	主键
图书编号	文本	10	必需
入库日期	日期/时间		
购入数量	数字(整型)		限制在 1~50
图书单价	数字(2 位小数)		限制在 0~1000
供应商编号	文本	4	
经手人	文本	10	

表 3-21 **"销售单"表结构**

字段名	数据类型	大 小	约 束
销售单号	文本	10	主键
图书编号	文本	10	必需
销售日期	日期/时间		
销售数量	数字(整型)		
销售单价	数字(2 位小数)		限制在 0~1000
客户编号	文本	10	
经手人	文本	10	

4. 建立 Excel 电子表格,存储客户信息,如图 3-89 所示。将"客户"信息数据使用"导入外部电子表格"方式导入到图书销售管理数据库中。

5. 修改"客户"表结构,增加"所在城市"字段,"数据类型"为"文本","字段大小"为 30。

6. 修改"客户"表结构,"客户编号"字段大小为 10,"客户名称"字段大小为 30,"联系电话"字段大小为 13,"电子邮箱"字段大小为 30。

	A	B	C	D	E	F
1	客户编号	客户名称	性别	客户地址	联系电话	电子邮箱
2	KH001	李志强	男	大连市金州区解放路312号	0411-87665645	456778@qq.com
3	KH002	赵立志	男	沈阳市铁西区滑翔路234号	024-87665645	242764252@qq.com
4	KH003	屈晓东	男	锦州市古塔区延安路212号	0416-87665645	567848@qq.com
5	KH004	安立柱	男	大连市瓦房店市人民路335号	0411-87665645	86455322@qq.com
6	KH005	李随宗	男	丹东市振兴区人民街320号	0415-87665645	56745678@qq.com
7	KH006	周娟	女	沈阳市和平区民主街123号	024-87665645	76674324@qq.com
8	KH007	邹欣新	女	鞍山市铁血区人民路145号	0412-87665645	65874567@qq.com
9	KH008	沈文丽	女	大连市甘井子区华东路232号	0411-87665645	64678095@qq.com
10	KH009	金鑫	男	本溪市平山区胜利路221号	0414-87665645	85557224@qq.com

客户 Sheet2 Sheet3

就绪 100%

图 3-89 客户信息 Excel 电子表格

7. 修改“图书库存”表结构，设置“图书分类号”为查阅字段，并设置来源为“图书分类”表的“图书分类号”字段。

8. 修改“图书库存”表、“入库单”表和“销售单”表的“出版日期”“入库日期”和“销售日期”字段的输入掩码为“短日期”格式。

9. 为“图书库存”表以“图书名称”建立升序索引。

10. 为“图书库存”表以“图书分类号”和“图书名称”两个字段建立升序组合索引。

11. 建立“图书销售管理”数据库表之间的关系，其中“出版社”表与“图书库存”表为一对多关系，“供应商”表和“入库单”表为一对多关系，“入库单”表和“图书库存”表为一对多关系，“图书库存”表与“销售单”表为一对多关系，“销售单”表与“客户”表为一对多关系。并设置关系的参照完整性规则为“级联更新”和“级联删除”。

12. 向出版社表中添加一条数据记录，内容自定。

13. 将“图书库存”表中“库存数量”为 0 的记录删除。

14. 将客户“周娟”的联系电话改为“024-87665648”。

15. 在“图书库存”表中查找“图书名称”为“计算机应用基础”的图书信息。

16. 将“入库单”表中“入库日期”为“2012-09-12”的记录替换为“2012-10-12”。

17. 对“图书库存”表按“出版社编号”升序排序。

18. 对“图书库存”表按“出版社编号”和“出版日期”两个字段进行降序组合排序。

19. 在“销售单”表中使用“筛选器”方式筛选“销售日期”为“2012-04-08”所销售的图书信息。

20. 在“图书库存”表中使用“选择”方式筛选“出版社编号”为“300001”出版的图书信息。

21. 在“销售单”表中使用“按窗体筛选”方式筛选“销售日期”为“2012-04-08”且“经手人”为“u0001”的图书销售信息。

22. 在“销售单”表中使用“高级筛选”方式筛选 2012 年所销售的经手人为“u0002”的图书销售信息。

23. 设置“图书库存”表的数据格式。具体要求为：字体为楷体，字号为 14 磅，颜色和背景色为同一色系，颜色自定，表格线自定，并设置适合的行高和列宽，使数据显示更清晰。将“图书编号”隐藏，“图书名称”冻结。

24. 汇总统计“销售单”表中销售的图书数量合计、销售金额。

任务小结

本任务通过多个子任务介绍了数据表结构的创建和修改；数据表记录的添加、修改和删除；创建表之间的关系并设置参照完整性规则；数据表记录的查找替换、排序、筛选以及行汇总统计；数据表的格式化操作等。通过本任务的实践训练要求学生掌握创建数据表、修改数据表结构、创建表之间的关系和参照完整性规则、数据表记录的管理、数据分析、数据统计和数据表的美化。从而实现规范数据的录入，减少存储空间，提高运行速度，保证录入数据的正确性，提高工作效率。为创建窗体、报表等数据库对象提供数据基础。

思考与练习

一、填空题

1. _____是有关特定主题的信息所组成的集合，是存储和管理数据的基本对象。

2. 表是由若干行与若干列所构成的。其中行称为关系的元组，在数据库中称为_____，列称为关系的属性，在数据库中称为_____。

3. 表是由_____、_____、_____、_____、_____等元素构成的。

4. _____是表中的一个或多个字段的组合，能唯一标识表中的一条记录，简称为_____。

5. _____涉及两个表，用来建立两个表之间的关系。

6. 表之间的关系是指通过两个表之间的_____所创建的表的关联性。

7. 表和表之间的关系与实体之间的联系类似，分为_____、_____和_____三种类型。

8. _____类型的字段可用来存储递增信息的数据，数据长度为 4 个字节。这种数据不用输入。

9. 表达式是由_____、_____、_____和_____、_____以及_____所组成的一个有意义的式子。

10. 在 Access 2010 中若要使用日期/时间值，将值用_____号括起来。

11. _____函数返回系统当前日期和时间，_____函数截取字符串左侧起指定数量的字符。

12. 创建表的常用方法有：_____、_____、_____和_____。

13. 字段的属性是描述一个字段的特征或特性，_____属性限制了字段值的取值范围，_____属性用于控制一个字段中输入哪种类型数据以及如何进行输入，使得数据输入更为容易，_____属性是指定一个值，该值在新建记录时将自动输入到字段中，_____属性用于指定对输入到记录和字段的数据的要求，也就是设置字段的取值范围。

14. _____完整性是指限制一个表中不能出现重复记录，_____完整性是指限制表中字段值的有效取值范围，_____完整性则是相关联的两个表之间的约束。

15. 数据完整性分为_____、_____和_____。

16. 如果表中一个字段不是本表的主关键字，而是另外一个表的主关键字或候选关键字，这个字段称为_____。

17. 索引分类主要有_____索引、_____索引和_____索引。

18. _____是一种组织数据的方式，是根据当前表中的一个和多个字段的值来对整个表中的所有记录进行重新排序,以便于查看和浏览数据。

19._____是在数据表的所有记录中显示满足条件的数据记录,不满足条件的其他记录被隐藏起来。

20. Access 2010 有四种筛选方式,分别是_____、_____、_____和_____。

二、选择题

1. Access 数据库最基础的对象是(　　　)。

A. 表　　　　　　　　B. 宏　　　　　　　　C. 报表　　　　　　　　D. 查询

2. 假设学生表已有年级、专业、学号、姓名、性别和生日 6 个属性,其中可以作为主关键字的是(　　　)。

A. 姓名　　　　　　　B. 学号　　　　　　　C. 专业　　　　　　　D. 年级

3. 在 Access 数据库中,表是由(　　　)组成。

A. 字段和记录　　　　B. 查询和字段　　　　C. 记录和窗体　　　　D. 报表和字段

4. 若要在一对多的关联关系中,"一方"原始记录更改后,"多方"自动更改,应启用(　　　)。

A. 有效性规则　　　　　　　　　　　　B. 级联删除相关记录

C. 完整性规则　　　　　　　　　　　　D. 级联更新相关记录

5. 学校规定学生住宿标准是:本科生 4 人一间,硕士生 2 人一间,博士生 1 人一间,学生与宿舍之间形成了住宿关系,这种住宿关系是(　　　)。

A. 一对一关系　　　　B. 一对四关系　　　　C. 一对多关系　　　　D. 多对多关系

6. 下列关于货币数据类型的叙述中,错误的是(　　　)。

A. 货币型字段在数据表中占 8 个字节的存储空间

B. 货币型字段可以与数字型数据混合计算,结果为货币型

C. 向货币型字段输入数据时,系统自动将其设置为 4 位小数

D. 向货币型字段输入数据时,不必输入人民币符号和千位分隔符

7. 如果字段内容为声音文件,则该字段的数据类型应定义为(　　　)。

A. 文本　　　　　　　B. 备注　　　　　　　C. 超级链接　　　　　　D. OLE 对象

8. 可以插入图片的字段类型是(　　　)。

A. 文本　　　　　　　B. 备注　　　　　　　C. OLE 对象　　　　　　D. 超链接

9. 邮政编码是由 6 位数字组成的字符串,为邮政编码设置输入掩码,正确的是(　　　)。

A. 000000　　　　　　B. 999999　　　　　　C. CCCCCC　　　　　　D. LLLLLL

10. 掩码"LLL000"对应的正确输入是(　　　)。

A. 555555　　　　　　B. aaa555　　　　　　C. 555aaa　　　　　　　D. aaaaaa

11. 输入掩码字符"C"的含义是(　　　)。

A. 必须输入字母或数字　　　　　　　　B. 可以选择输入字母或数字

C. 必须输入一个任意的字符或一个空格　　D. 可以选择输入任意的字符或一个空格

12. 若将文本型字段的输入掩码设置为"＃＃＃＃-＃＃＃＃＃＃",则正确的输入数据是(　　　)。

A. 0755-abcdet　　　　B. 077-12345　　　　C. a cd-123456　　　　D. ＃＃＃＃-＃＃＃＃＃＃

13. 下列关于字段属性的叙述中,正确的是(　　　)。

A. 可对任意类型的字段设置"默认值"属性

B. 定义字段默认值的含义是该字段值不允许为空

C. 只有"文本"型数据能够使用"输入掩码向导"

D. "有效性规则"属性只允许定义一个条件表达式

14. Access 通配符"一"的含义是(　　)。

A. 通配任意单个运算符　　　　　　　B. 通配任何单个字符

C. 通配任意多个减号　　　　　　　　D. 通配指定范围内的任意单个字符

15. 假设有一组数据:工资为 800 元,职称为"讲师",性别为"男",在下列逻辑表达式中结果为"假"的是(　　)。

A. 工资＞800 And 职称＝″助教″Or 职称＝″讲师″

B. 性别＝″女″Or Not 职称＝″助教″

C. 工资＝800 And (职称＝″讲师″Or 性别＝″女″)

D. 工资＞800 And (职称＝″讲师″Or 性别＝″男″)

16. 要将"选课"表中学生的"成绩"取整,可以使用的函数是(　　)。

A. Abs(成绩)　　　　B. Int(成绩)　　　　C. Sqr(成绩)　　　　D. Sgn(成绩)

17. 要求主表中没有相关记录时就不能将记录添加到相关表中,则应该在表关系中设置(　　)。

A. 参照完整性　　　B. 有效性规则　　　C. 输入掩码　　　　D. 级联更新相关字段

18. 在 Access 中,参照完整性规则不包括(　　)。

A. 更新规则　　　　B. 查询规则　　　　C. 删除规则　　　　D. 插入规则

19. 下列可以建立索引的数据类型是(　　)。

A. 文本　　　　　　B. 超级链接　　　　C. 备注　　　　　　D. OLE 对象

20. Access 数据库中,为了保持表之间的关系,要求在子表(从表)中添加记录时,如果主表中没有与之相关的记录,则不能在子表(从表)中添加该记录。为此需要定义的关系是(　　)。

A. 输入掩码　　　　B. 有效性规则　　　C. 默认值　　　　　D. 参照完整性

21. "教学管理"数据库中有学生表、课程表和选课表,为了有效地反映这三张表中数据之间的联系,在创建数据库时应设置(　　)。

A. 默认值　　　　　B. 有效性规则　　　C. 索引　　　　　　D. 表之间的关系

22. 在 Access 中对表进行"筛选"操作的结果是(　　)。

A. 从数据中挑选出满足条件的记录

B. 从数据中挑选出满足条件的记录并生成一个新表

C. 从数据中挑选出满足条件的记录并输出到一个报表中

D. 从数据中挑选出满足条件的记录并显示在一个窗体中

23. 对数据表进行筛选操作的结果是(　　)。

A. 对满足条件的记录保存在新表　　　B. 隐藏表中不满足条件的记录

C. 将不满足条件的记录保存在新表　　D. 删除表中不满足条件的记录

24. 在关系窗口中,双击两个表之间的连接线,会出现(　　)。

A. 数据表分析向导　　B. 数据关系图窗口　　C. 连接线粗细变化　　D. "编辑关系"对话框

25. 在 Access 的数据表中删除一条记录,被删除的记录(　　)。

A. 可以恢复到原来设置　　　　　　　B. 被恢复为第一条记录

C. 被恢复为最后一条记录　　　　　　D. 不能恢复

26.在数据库中,建立索引的主要作用是(　　)。

A. 节省存储空间　　　B. 便于管理　　　　　C. 提高查询速度　　　D. 防止数据丢失

27. 在 Access 数据库的表设计视图中,不能进行的操作是(　　)。

A. 修改字段类型　　　B. 设置索引　　　　　C. 增加字段　　　　　D. 删除记录

28. 下列关于索引的叙述中,错误的是(　　)。

A. 可以为所有的数据类型建立索引　　　　B. 可以提高对表中记录的查询速度

C. 可以加快对表中记录的排序速度　　　　D. 可以基于单个字段或多个字段建立索引

三、简答题

1. 简述数据表的结构。

2. Access 中表之间的关系分为哪几种?

3. 简述 Access 2010 创建表的方法。

4. 创建表时需要设置哪些字段属性? 分别表示什么含义?

5. 什么是数据完整性? 数据完整性分为哪几类?

6. 什么是索引? 索引具有哪些作用?

7. 索引分为哪几类?

8. 什么是数据筛选? Access 2010 提供了哪几种筛选方式?

任务4　创建学生管理系统的查询

- 使用查询向导创建查询
- 使用查询设计器创建查询
- 使用 SQL 视图创建查询
- 操作查询的创建
- SQL 语句的基本用法

🕸 学习目标

- 了解查询的类型和创建方法
- 掌握使用查询向导进行数据查询
- 重点掌握使用查询设计器进行数据查询
- 掌握使用 SQL 语句进行数据查询
- 掌握生成表查询、追加查询、删除查询和更新查询的创建
- 掌握 SQL 语句的功能和基本用法

🕸 任务描述

1. 使用简单查询向导建立查询
2. 利用交叉表查询向导建立交叉表查询
3. 使用设计器建立查询
4. 使用 SQL 视图建立查询
5. 建立操作查询
6. 关于查询的其他操作

🕸 相关知识

知识点 1　查询概述

在数据库操作中,数据的统计、计算与检索是日常工作中很大的一部分。尽管在数据表操作中可以做到对数据的浏览、筛选、排序等,但在执行数据计算以及检索多个表的数据时,数据表就显得无能为力了,但是利用查询,便可以轻而易举地做到。

1. 查询定义

查询是从 Access 的数据表中检索数据的最主要方法。实际上查询就是收集一个或几个表中认为有用的字段的工具,可以将查询到的数据组成一个集合,这个集合中的字段可能来自同一个表,也可能来自多个不同的表,这个集合就可以称为查询。其实查询也是一个"表",只不过它是以表或查询为数据来源的再生表,是动态的数据集合。这样看来,查询的结果似乎是建立了新表,但是查询的记录集实际上并不存在,每次运行查询时,都是从查询的数据源表中创建记录集,使查询中的数据能够与数据表中的数据保持同步。

2. 查询的分类

在 Access 中,将查询按照功能分类,主要有以下几种查询类型:选择查询、参数查询、交叉表查询、SQL 查询及操作查询。

(1)选择查询

选择查询是最常用的一种查询类型,它从一个或多个表中选择满足条件的数据,可以对数据进行分组、计数、总计、求平均值等计算工作。选择查询主要用于浏览、检索、统计数据库中的数据。

(2)参数查询

参数查询是一种特殊的选择查询。如果用户经常运行某个查询,但每次都要改变其中的查询要求,此时重新创建查询就比较麻烦了,可以利用参数查询来解决这个问题。参数查询在运行时利用对话框提示用户输入查询参数,然后根据所输入的参数值检索数据。

(3)交叉表查询

交叉表查询常用于对表或查询的数据进行分组统计输出。

(4)SQL 查询

SQL 查询是使用 SQL 语句查询数据。它的功能更强大,凡是能使用查询设计器创建的查询都能使用 SQL 查询实现。

(5)操作查询

操作查询也称为动作查询,它的主要功能用于添加、更改或删除数据。操作查询共有四种类型:生成表查询、更新查询、追加查询和删除查询。

①生成表查询:生成表查询利用一个或多个表中的全部或部分数据创建新表。例如在学生管理系统中,生成表查询用来生成成绩不及格的学生表。

②更新查询:更新查询可对一个或多个表中的一组记录进行全部更改。使用更新查询,可以更改现有表中的数据,例如,可以将所有教师的工资增加 10%。

③追加查询:追加查询可以将一个或多个表中的一组记录追加到一个或多个表的末尾。

④删除查询:删除查询可以从一个或多个表中删除一组记录。

知识点 2　查询的视图

显示查询对象通常有三种视图方式,分别是数据表视图、设计视图和 SQL 视图。

1. 数据表视图

查询的数据表视图主要用于在行和列格式下显示表、查询以及窗体中的数据。对于选择查询,在数据库导航窗格的"查询"命令组中双击要打开的查询,或单击"查询"选项中的查询名,然后在数据库工作界面中"开始"选项卡的"视图"命令组中选择数据表视图,或右键单击"查询"命令组中的查询名,从出现的快捷菜单中选择"打开"命令,都可以以数据表视图方式打开查询。一般用户要通过查询进行操作,如查看信息、更改数据等,就要以数据表视图方式打开查询。

例如，在"学生管理"数据库导航窗格的"查询"命令组中，双击"学生信息"查询，以数据表视图方式打开查询，如图 4-1 所示。

学生信息			
学号	姓名	性别	班级编号
20120001	于海洋	男	1201
20120002	马英伯	男	1201
20120003	卞冬	女	1201
20120004	王义满	男	1201
20120005	王月玲	男	1201
20120006	王巧娜	男	1201
20120007	王亮	女	1201
20120008	付文斌	男	1201
20120009	白晓东	女	1201
20120010	任凯丽	男	1201
20120011	刘孟辉	男	1201
20120012	刘智童	男	1201
20120013	孙建伟	男	1201
20120014	孙晗	女	1201
20120015	毕宏鹏	男	1201
20120016	许强	男	1201

记录: ◄ 第 1 项(共 213 1 ► ►► 　 无筛选器　搜索

图 4-1　"学生信息"查询的数据表视图

从图 4-1 中可以看出，在数据表视图中，查询窗口与数据表视图中的表窗口相似。但查询的好处是，即使其中的数据来自不同的数据表，也可以像在一个表中一样对其中的字段进行操作。另外，在查询中可以更改原始数据表中的数据，与在数据表视图中表窗口中输入新值一样。所以，查询可以使数据的应用更为简单。

2. 设计视图

查询的设计视图是一个设计查询的窗口，包含了创建查询所需的各个组件。用户只需在各个组件中设置一定的内容，就可以创建一个查询。以设计视图打开查询，通常是要改变查询的定义、结构或设计。单击"查询"选项中的查询名，然后在数据库工作界面中"开始"选项卡的"视图"命令组中选择设计视图，可以以设计视图方式打开查询，或右键单击"查询"命令组中的查询名，在快捷菜单中选择"设计视图"命令，也可以以设计视图方式打开查询。

例如，在"学生管理"数据库导航窗格的"查询"命令组中，右击"学生信息"查询，在弹出的快捷菜单中单击"设计视图"，将以"设计视图"方式显示查询设计窗口，如图 4-2 所示。

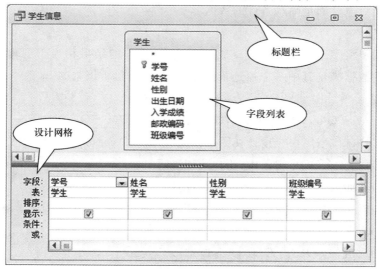

图 4-2　"学生信息"查询的设计视图

从图 4-2 中可以看到查询的设计视图分为三个组成部分,分别是:

(1)标题栏:在标题栏处显示查询的标题,也就是查询的名称。

(2)字段列表(或称为数据源显示区):这里列出的是该查询用到的表或查询的字段列表,即查询用到的数据源。

(3)设计网格(或称为设计风格、查询设计区):在这些网格中对查询进行设计,其中给出该查询中所用字段、产生字段的表或查询、排序标准、结果中是否显示字段以及字段的选择标准。网格中每列对一个字段进行设置,各行网格的功能简述如下:

①"字段"网格

"字段"网格指定查询结果中包含的数据项。查询结果中的数据项一般是表的字段,也可以是表达式的值。

②列选择器

"字段"网格上面一行就是列选择器,用鼠标单击某列的列选择器,可以选择该列。如果在列选择器中沿水平方向拖动鼠标,可以选择多列。

③"表"网格

"表"网格指定查询的数据源,查询的数据源通常是表或查询。只要把表或查询添加到查询设计器的数据源显示区后,就可以从"表"网格中选择该表或查询。

④"排序"网格

"排序"网格指定查询结果是否排序,即按何种方式排序。在"排序"网格选择"升序"或"降序"可以指定查询结果的排序方式,否则,查询结果不排序。

⑤"显示"网格

"显示"网格指定"字段"网格中的数据项是否在查询结果中可见。如果选中复选框,则显示该数据项,否则不显示该数据项。

⑥"条件"网格

"条件"网格指定查询筛选数据的条件。如果在"条件"网格指定了筛选条件,则查询结果中对应的数据项只包含满足筛选条件的数据。

⑦"或"网格

"或"网格用于将多个筛选条件连接成一个条件,连接的结果相当于逻辑运算符"Or",只要对应数据项的数据满足其中一个筛选条件,查询结果就包含该数据。

3. SQL 视图

SQL(Structured Query Language),即结构化查询语言。SQL 视图是一个用于显示当前查询的 SQL 语句窗口,当用户在设计视图中创建查询时,Access 在 SQL 视图中自动创建与查询对应的 SQL 语句。在 SQL 视图中,用户可以查看和改变 SQL 语句,从而改变查询。打开查询的设计视图后,在数据库工作界面中"开始"选项卡的"视图"命令组中选择"SQL 视图"命令,即可看到 SQL 视图。例如"学生信息"查询对应的 SQL 视图如图 4-3 所示。

图 4-3　"学生信息"查询的 SQL 视图

知识点 3　SQL 查询语句

Access 支持 SQL。用户可以使用 SQL 语句方便地创建查询,从而实现选择查询和操作查询。

SQL 语言可以实现数据定义、数据操作、数据查询和数据控制四大功能,SQL 语言的核心是数据查询。SQL 查询就是利用 SQL 语句来创建查询。常用的 SQL 语句有很多,其中 SELECT 语句实现数据查询,INSERT 语句实现添加数据,UPDATE 语句实现批量更新数据,DELETE 语句实现删除数据。这里重点介绍 SELECT 语句。

1. SELECT 语句基本格式

SELECT 语句用于查询数据,它几乎可以满足用户的所有查询要求。该语句的选项较多,下面介绍该语句的基本格式。

SELECT［DISTINCT］＜查询项列表＞

FROM ＜数据源＞

［WHERE 条件］

［GROUP BY 分组依据］

［HAVING 条件］

［ORDER BY 排序项［DESC］］

语句的功能:从指定的数据源中查询满足条件的数据。

语句格式说明如下:

(1)在语句中尖括号表示必选项,方括号表示可选项。

(2)SELECT:指定做查询操作。

(3)DISTINCT:指定对查询结果中相同的记录只显示第一条。如果缺省该选项,则查询结果中相同记录全部显示。

(4)WHERE 条件:指定查询的筛选条件。

(5)GROUP BY 分组依据:指定对数据进行分组的依据。

(6)HAVING 条件:用于指定分组依据满足的条件。它只能与"GROUP BY 分组依据"子句联合使用。

(7)ORDER BY 排序项:指定对数据进行排序的关键字。

(8)DESC:指定排序方式为降序。如果缺省该选项,则排序方式为升序。

2. SELECT 语句的基本用法

使用 SELECT 语句查询数据时,关键字 SELECT 指定做查询操作,"查询项"指定查询的数据项,"FROM 数据源"指定查询的数据源,它们是 SELECT 语句必不可少的组成部分。

【示例 4.1】　查询"学生"表的所有信息,SQL 语句如下:

SELECT ＊

FROM 学生

提示:

语句中的"＊"表示查询数据源的所有字段。

【示例 4.2】　查询"教师"表中教师号、姓名、职称和工资,SQL 语句如下:

SELECT 教师号,姓名,职称,工资

FROM 教师

【示例 4.3】 以"多表"查询为数据源，查询学号、姓名、班级名称和系部名称，SQL 语句如下：

```
SELECT 学号,姓名,班级名称,系部名称
FROM 多表
```

以上示例中的 SELECT 语句分别以表或查询为数据源，查询全部字段或部分字段。这是 SELECT 语句最基本的用法。

3. 查询结果排序

在 SELECT 语句格式中选择 ORDER BY 排序项子句，可以对查询结果排序。Access 默认排序方式为升序，如果需要按降序方式排序，选择"DESC"选项。

【示例 4.4】 查询"课程"表的所有数据，并使查询结果按"学分"字段降序排列，SQL 语句如下：

```
SELECT *
FROM 课程
ORDER BY 学分 DESC
```

提示：

语句格式中的"排序项"可以是一项或多项。如果是多项，每两项之间用逗号分隔，并且每一个"排序项"可以单独指定排序方式为升序或降序。

【示例 4.5】 查询"课程"表的所有数据，并使查询结果按"学分"字段降序排列和"课程号"升序排序，SQL 语句如下：

```
SELECT *
FROM 课程
ORDER BY 学分 DESC,课程号
```

当排序项是多项时，系统先按第 1 项排序，第 1 项值相同的再按第 2 项排序，如此进行下去，直到排序完成。上面的语句指定了两个排序项，系统将先按"学分"降序排序课程，学分相同的再按"课程号"升序排序。

4. 指定查询的筛选条件

在 SELECT 语句格式中选择 WHERE 条件子句，可以设置筛选数据的条件，使查询结果只显示满足条件的数据。WHERE 条件子句的条件通常是一个关系表达式或逻辑表达式。当表达式的值为逻辑真(True)时，满足条件，否则不满足条件。关于 Access 的运算符和表达式的使用请参考任务 3 相关知识中的知识点 3。

【示例 4.6】 查询"学生"表中男学生的信息。可使用如下 SQL 语句：

```
SELECT *
FROM 学生
WHERE 性别="男"
```

WHERE 后面的"性别="男""就是筛选数据的条件。其中，"性别"是字段名，"男"是字符串，"="是关系运算符。当某条记录"性别"字段的值是"男"时，表达式"性别="男""的值为 TRUE，满足筛选条件，该记录的数据将出现在查询结果中。当某条记录"性别"字段的值不为"男"时，表达式"性别="男""的值为 False，不满足筛选条件，该记录的数据将不出现在查询结果中。

【示例 4.7】　在"学生"表中查询入学成绩大于等于 450 分的男学生的信息,SQL 语句如下:

```
SELECT *
FROM 学生
WHERE 入学成绩>=450 AND 性别="男"
```

其中的筛选条件是"入学成绩>=450 AND 性别="男""。表示当"入学成绩>=450"与"性别="男""同时成立时,才满足筛选条件。

【示例 4.8】　在"教师"表中查询所有姓"李"的教师信息,SQL 语句如下:

```
SELECT *
FROM 教师
WHERE 姓名 LIKE "李*"
```

5. 分组统计数据

在 SELECT 语句格式中选择 GROUP BY 分组依据子句,可以实现分组统计数据的功能。

【示例 4.9】　在"教师"表中统计每个职称的人数及其工资总和,SQL 语句如下:

```
SELECT 职称,COUNT(教师号) AS 人数,SUM(工资) AS 工资总和
FROM 教师
GROUP BY 职称
```

该语句指定按"职称"分组,并使用 COUNT 函数和 SUM 函数计算各个职称的教师人数及工资总和。而"AS 人数"和"AS 工资总和"则指定查询结果的显示标题。执行该语句的查询结果如图 4-4 所示。

如果需要对 GROUP 子句中的"分组依据"设置限制条件,通常使用"HAVING 条件"子句。

【示例 4.10】　在"教师"表中统计职称人数在 3 人及以上的教师职称、人数和工资总和,可以使用如下 SQL 语句:

```
SELECT 职称,COUNT(教师号) AS 人数,SUM(工资) AS 工资总和
FROM 教师
GROUP BY 职称
HAVING COUNT(教师号)>=3
```

执行该语句的查询结果如图 4-5 所示。

图 4-4　分组统计数据的结果　　　图 4-5　带限制条件的分组统计数据的结果

6. 多表查询

使用查询设计器可以创建多表查询,使用 SELECT 语句同样可以查询多个表的数据。使用 SELECT 语句查询多个表的数据时,通常需要在"查询项"中用"表名.字段名"的形式标识各个表的字段,同时,在 FROM 子句中指定表间联接条件。下面将给出使用 SELECT 语句查询两个表和三个表的数据语句格式。

(1)使用 SELECT 语句查询两个表的数据

使用 SELECT 语句查询两个表的数据时,在 FROM 子句中可以用如下格式指定表间联接条件。

FROM <表1> INNER JOIN <表2> ON <联接条件>

【示例 4.11】 查询教师的教师号、姓名、职称和系部名称,SQL 语句如下:

SELECT 系部.系部编号,系部.系部名称,教师.教师号,教师.姓名,教师.职称

FROM 教师 INNER JOIN 系部 ON 教师.系部编号 = 系部.系部编号

该语句中对每个"查询项"都标识出了该字段所在的表,并且在 FROM 子句中指定"教师"表和"系部"表按系部编号相同进行联接。执行该语句的查询结果如图 4-6 所示。

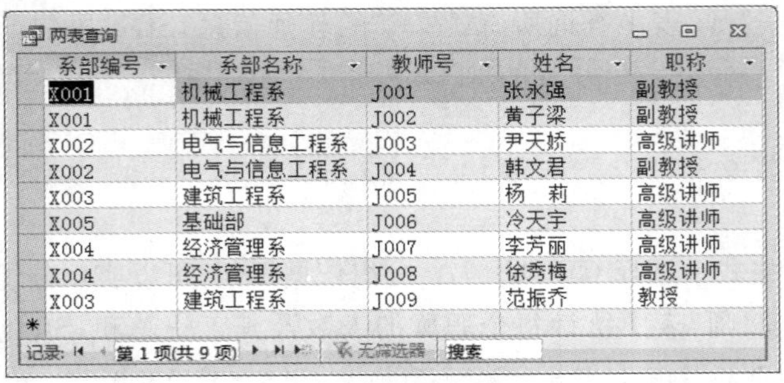

系部编号	系部名称	教师号	姓名	职称
X001	机械工程系	J001	张永强	副教授
X001	机械工程系	J002	黄子梁	副教授
X002	电气与信息工程系	J003	尹天娇	高级讲师
X002	电气与信息工程系	J004	韩文君	副教授
X003	建筑工程系	J005	杨 莉	高级讲师
X005	基础部	J006	冷天宇	高级讲师
X004	经济管理系	J007	李芳丽	高级讲师
X004	经济管理系	J008	徐秀梅	高级讲师
X003	建筑工程系	J009	范振乔	教授

图 4-6 多表查询结果

提示:

①如果去掉 FROM 子句中的表间联接条件,将其修改为"FROM 教师,系部",则执行语句时查询结果将显示 54 条记录。这个查询结果没有什么使用价值。

②如果某个"查询项"在两个表中是唯一的,则可以省略该"查询项"中的"表名."。但如果某个"查询项"同时存在于两个表中,则不能省略该"查询项"中的"表名."。例如,本例的语句可以修改为:

SELECT 系部.系部编号,系部名称,教师号,姓名,职称

FROM 教师 INNER JOIN 系部 ON 教师.系部编号 = 系部.系部编号

③查询多个表时同样可以使用 WHERE 子句指定筛选条件,使用 ORDER BY 子句指定排序依据。例如,使用 SELECT 语句查询"男"教师的系部编号、系部名称、教师号、姓名和职称,并且查询结果按"教师号"升序排序。SQL 语句如下:

SELECT 系部.系部编号,系部名称,教师号,姓名,职称

FROM 教师 INNER JOIN 系部 ON 教师.系部编号 = 系部.系部编号

WHERE 教师.性别="男"

ORDER BY 教师.教师号

④使用 SELECT 语句查询多个表的数据时,也可以在 WHERE 子句中指定表间联接条件。例如,上面的 SELECT 语句可以修改为:

SELECT 系部.系部编号,系部名称,教师号,姓名,职称

FROM 教师,系部

WHERE (教师.性别="男") AND (教师.系部编号 = 系部.系部编号)

　　ORDER BY 教师.教师号

(2)使用 SELECT 语句查询三个表的数据

使用 SELECT 语句查询三个表的数据时,在 FROM 子句中可以用如下格式指定表间联接条件。

FROM <表1> INNER JOIN (<表2>INNER JOIN<表3> ON <联接条件>)ON<联接条件>

【示例 4.12】　查询学生的学号、姓名、性别、班级名称和系部名称,SQL 语句如下:

SELECT 学生.学号,学生.姓名,学生.性别,班级.班级名称,系部.系部名称
FROM 学生 INNER JOIN (系部 INNER JOIN 班级 ON 系部.系部编号 = 班级.系部编号) ON 班级.
班级编号 = 学生.班级编号

7. 子查询

SELECT 语句还可以在 WHERE 子句中包含一个形为"SELECT…FROM…WHERE"的查询语句,这种格式的查询称为子查询。子查询可以增强查询能力。

8. 其他 SQL 语句

Access 不仅提供了查询数据的 SQL 语句,还提供了数据定义查询和维护数据的 SQL 语句。数据定义查询的 SQL 语句可以创建表、修改表的结构或删除表。维护数据的 SQL 语句可以完成追加记录、更新记录、删除记录等操作。

任务 4.1　使用简单查询向导建立查询

查询操作是数据管理最基本的功能之一,Access 2010 专门提供了查询对象实现从一个数据表或多个数据表中查询数据。本任务基于学生管理数据库,具体介绍如何使用简单查询向导建立查询。通过查询班级信息和查询学生的学号、姓名、性别和班级编号两个子任务的实践,使学生掌握使用简单查询向导建立查询的方法。

子任务 1　创建查询班级信息的查询

任务分析

学生管理系统是高校教学管理工作的重要组成部分,怎样才能从大量的数据中快速检索出所需要的信息,是提高教学管理工作效率必须要考虑的问题。

本子任务的功能利用简单查询向导创建一个最简单的选择查询,查询"班级"表的所有字段信息。

任务实施

步骤 1　启动 Access 2010,打开"学生管理"数据库。

步骤 2　在"学生管理"数据库工作界面选择"创建"选项卡,在"查询"命令组中单击【查询向导】按钮,打开"新建查询"对话框,如图 4-7 所示。

步骤 3　在"新建查询"对话框中选择"简单查询向导"选项,单击【确定】按钮,打开"请确定查询中使用哪些字段"对话框。"表/查询"下拉列表框中选择"表:班级"作为查询的数据源,此时"可用字段"列表框中显示"班级"表的所有字段,如图 4-8 所示。

图 4-7　"新建查询"对话框

图 4-8　"请确定查询中使用哪些字段"对话框

步骤 4 单击【>>】按钮，将“可用字段”列表框中的所有字段移到“选定字段”列表框中，如图 4-9 所示。

步骤 5 单击【下一步】按钮，打开“请为查询指定标题”对话框。在此对话框中输入查询的标题“班级信息”，即为该查询的名字，并选择“打开查询查看信息”选项，如图 4-10 所示。

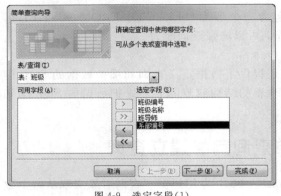

图 4-9 选定字段(1)

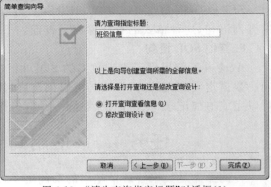

图 4-10 “请为查询指定标题”对话框(1)

步骤 6 单击【完成】按钮，结束创建查询的操作。浏览窗口中显示查询结果，如图 4-11 所示。

班级信息

班级编号	班级名称	班导师	系部编号
1201	机电12	何廷玉	X001
1202	机制12-1	赵宝升	X001
1203	机制12-2	郑国选	X001
1204	数控12	段文静	X001
1205	汽电12	唐兆君	X001
1206	网络12	张丽娟	X002
1207	信息12	刘晓飞	X002
1208	电自12	邢彬	X002
1209	电子12	程少旭	X002
1210	供配电12	梁侨	X002
1211	城建12	张利	X003
1212	建工12	张安平	X003
1213	房地产12	杨德利	X003
1214	装饰12	孙华山	X003
1215	图形12	王磊	X003
1216	商务12	闻清	X004

记录: 第 1 项(共 21 项 无筛选器 搜索

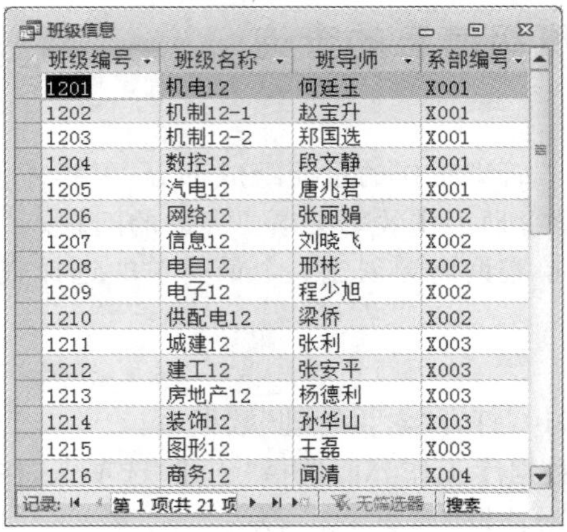

图 4-11 “班级信息”查询的运行结果界面

步骤 7 关闭浏览窗口，在“数据库”窗口可以看到新建的“班级信息”查询对象。

步骤 8 在数据库工作界面中，双击“班级信息”查询，即可运行查询，也可得到如图 4-11 所示的查询结果。

子任务 2 创建查询“学生”表部分字段的查询

任务分析

子任务 1 创建了一个查询班级表所有字段信息的查询，在学生管理系统中经常查询数据源表中的部分字段。本子任务的功能是利用简单查询向导创建查询学生表的“学号”“姓名”“性别”和“班级编号”部分字段信息的复杂选择查询。

任务实施

步骤 1 启动 Access 2010,打开"学生管理"数据库。

步骤 2 在"学生管理"数据库工作界面选择"创建"选项卡,在"查询"命令组中单击【查询向导】按钮,打开"新建查询"对话框。

步骤 3 在"新建查询"对话框中选择"简单查询向导"选项,单击【确定】按钮,打开"请确定查询中使用哪些字段"对话框。在"表/查询"下拉列表框中选择"表:学生"作为查询的数据源,此时在"可用字段"列表框中显示"学生"表的所有字段,如图 4-12 所示。

步骤 4 单击【>】按钮依次将"可用字段"列表框中的"学号"字段、"姓名"字段、"性别"字段、"班级编号"字段移到"选定字段"列表框中,如图 4-13 所示。

图 4-12 "请确定查询中使用哪些字段"对话框(2) 　　图 4-13 选定字段(2)

步骤 5 单击【下一步】按钮,打开"请为查询指定标题"对话框。在"请为查询指定标题"文本框中输入查询的名称"学生信息",并选择"打开查询查看信息"选项,如图 4-14 所示。

步骤 6 单击【完成】按钮,结束创建查询的操作。浏览窗口中显示查询结果,如图 4-15 所示。

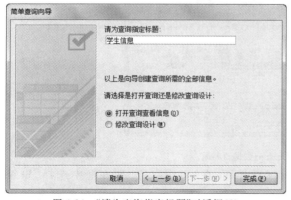

图 4-14 "请为查询指定标题"对话框(2) 　　图 4-15 "学生信息"查询的运行结果界面

提示:

使用查询向导,可以从一个或多个表中选择要显示的数据快速创建查询,但是查询向导不能指定查询条件,具有一定局限性。

★特别提示:任务点相关知识请参阅本任务知识点 1 查询概述和知识点 2 查询的视图。

任务 4.2   利用交叉表查询向导创建交叉表查询

使用简单查询向导创建的查询是指定显示格式的查询,而使用交叉表查询向导可创建类似于电子表格显示的查询。交叉表查询显示来源于表中某个字段的总计值,如合计、计数以及平均值等,并将它们分组,一组列在数据表的左侧,另一组列在数据表的上部。即左侧和上部的数据在表中的交叉点可以进行求和、求平均值、计数或其他计算。

本任务的功能是创建查询每个班级学生的入学成绩的平均分的交叉表查询。

♣ 任务分析

要想查询每个班级学生的入学成绩的平均分,就需要查询每个班级男学生的入学成绩的平均分和每个班级女学生的入学成绩的平均分,然后再为每一行进行小计,得到每个班级所有学生的入学成绩的平均分。该查询来源于"学生"表,在交叉表中列在数据表左侧的数据为班级编号,列在数据表上部的数据为性别,交叉点进行求入学成绩平均值的计算。

♣ 任务实施

步骤 1   启动 Access 2010,打开"学生管理"数据库。

步骤 2   在"学生管理"数据库工作界面的功能区,在"创建"选项卡"查询"命令组中单击【查询向导】按钮,打开"新建查询"对话框。

步骤 3   选择"交叉表查询向导"选项,单击【确定】按钮,打开"交叉表查询向导"对话框的指定查询数据源界面,在界面中选择"视图"栏中的"表"选项,表示要以表为基础来创建这个交叉表查询,然后在其上面列出的表列表中单击"表:学生",如图 4-16 所示。

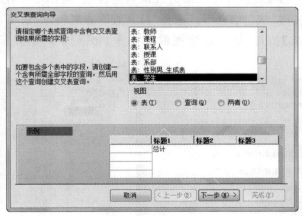

图 4-16   指定查询数据源界面

步骤 4   单击【下一步】按钮,弹出指定行标题界面,在"可用字段"列表框中选择"班级编号"作为交叉表中要用的行标题,单击【>】按钮,"班级编号"出现在"选定字段"中,如图 4-17所示。

步骤 5   单击【下一步】按钮,弹出指定列标题界面,在界面中选择"性别"作为列标题,如图 4-18 所示。

步骤 6   单击【下一步】按钮,弹出确定交叉点的计算类型界面,在界面中选择在交叉点出

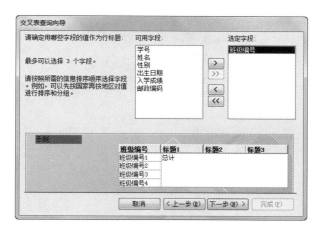

图 4-17   指定行标题界面

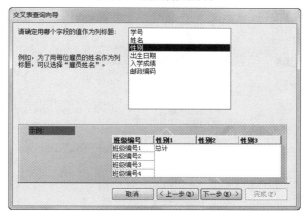

图 4-18   指定列标题界面

现的字段,这里在"字段"列表框中选择"入学成绩",在"函数"列表框中选择"Avg"求平均值函数,在"字段"列表框的左边还可以选择是否为每一行作小计的选择,在这里选择"是,包括各行小计",如图 4-19 所示。

图 4-19   确定交叉点的计算类型界面

步骤 7   单击【下一步】按钮,弹出指定查询名称界面,在界面中输入交叉表的名字"学生_交叉表",如图 4-20 所示。

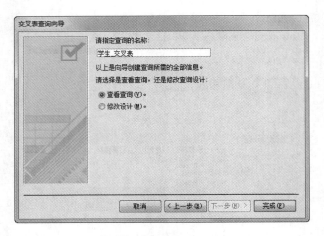

图 4-20 指定查询名称界面

步骤 8 单击【完成】按钮,显示交叉表查询运行结果,如图 4-21 所示。

图 4-21 "学生_交叉表"查询的运行结果界面

任务 4.3 使用设计器建立查询

子任务 1 创建查询性别为"男"的学生信息的选择查询

任务分析

本子任务的功能利用设计器创建查询性别为"男"的学生信息的选择查询。

首先利用设计器创建一个基于"学生"表的查询,然后再给"性别"字段设置条件。

任务实施

步骤 1 启动 Access 2010,打开"学生管理"数据库。

步骤 2 在"学生管理"数据库工作界面选择"创建"选项卡,在"查询"命令组中单击【查询设计】按钮,打开查询设计器窗口,系统自动创建一个查询,系统默认查询的名称为"查询 1",并打开"显示表"对话框,如图 4-22 所示。

图 4-22　带"显示表"对话框的查询设计窗口

步骤 3　在"显示表"对话框中选择"学生"表,单击【添加】按钮,则将学生表添加到查询设计窗口中,此时查询处于设计视图,如图 4-23 所示。

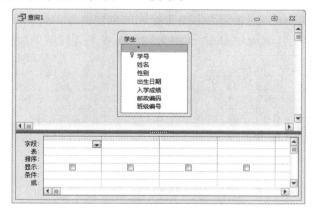

图 4-23　将"学生"表添加到查询设计器中

步骤 4　在"查询 1"设计器中,在上方的对象窗格中,将"学生"表的所有字段依次拖到下方设计网格的字段列表框内,或者多次单击下方设计网格的字段列表框,选择要查询的字段,如图 4-24 所示。

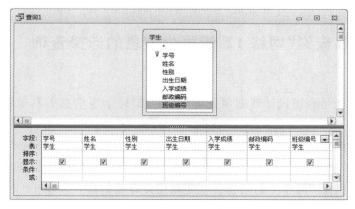

图 4-24　拖动所有字段到设计网格中

步骤 5　在"查询设计"窗口下方的设计网格中,为"性别"字段设置查询条件,在"性别"字段对应条件文本框直接输入查询条件:="男"或男,如图 4-25 所示。

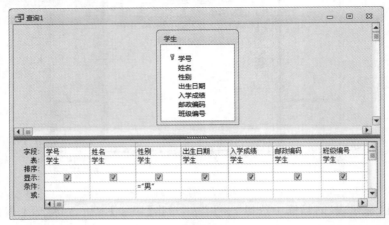

图 4-25　设置完条件的查询设计窗口

步骤 6　保存查询,命名为"性别男",结束查询的创建。

步骤 7　在数据库工作界面中双击"性别男"查询,查询运行结果如图 4-26 所示。

学号	姓名	性别	出生日期	入学成绩	邮政编码	班级编号
20120001	于海洋	男	1994/4/3	432	112001	1201
20120002	马英伯	男	1994/2/12	441	112001	1201
20120004	王义满	男	1995/5/5	467	112003	1201
20120005	王月玲	男	1994/12/6	345	221023	1201
20120006	王巧娜	男	1994/1/1	423	113005	1201
20120008	付文斌	男	1994/4/3	413	119002	1201
20120010	任凯丽	男	1994/3/4	415	116002	1201
20120011	刘孟辉	男	1994/9/1	432	116009	1201
20120012	刘智童	男	1994/9/21	416	116340	1201
20120013	孙建伟	男	1995/7/14	417	116231	1201
20120015	毕宏鹏	男	1994/6/13	419	112008	1201
20120016	许强	男	1994/6/4	420	112005	1201
20120019	陈云超	男	1995/2/13	435	113009	1201
20120020	陈金库	男	1994/6/3	378	114009	1201
20120021	陈猛	男	1994/11/12	389	114008	1201
20120022	马日伟	男	1994/11/11	438	114006	1202
20120023	王开义	男	1994/12/25	439	114002	1202
20120024	王鑫	男	1994/11/21	498	114005	1202

记录:第 1 项(共 136 项)　无筛选器　搜索

图 4-26　"性别男"查询的运行结果界面

子任务 2　创建查询"网络 12"班学生信息的选择查询

任务分析

本子任务的功能是利用设计器创建查询"网络 12"班学生信息的基于两表的带条件的复杂选择查询。

本子任务的查询要求中,"网络 12"是班级名称字段的值,这个字段位于"班级"表,未包含在"学生"表,"班级"表和"学生"表之间是一对多的关系,联系字段是"班级编号",根据这个关系,来实现查询"网络 12"班学生的信息。首先利用设计器创建一个基于"班级"表和"学生"表的查询,然后再为"班级名称"字段设置条件。

任务实施

步骤 1　启动 Access 2010,打开"学生管理"数据库。

步骤 2　在"学生管理"数据库工作界面的功能区,选择"创建"选项卡,在"查询"命令组中单击【查询设计】按钮,打开查询设计窗口,同时打开"显示表"对话框。

步骤 3　在"显示表"对话框中,分别将"班级"表和"学生"表添加到查询设计窗口中,两个表之间一对多的关系自动添加到查询设计窗口中,此时查询处于设计视图,如图 4-27 所示。

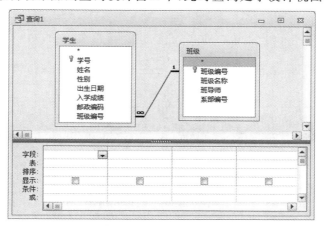

图 4-27　将"学生"表和"班级"表添加到查询设计窗口中

步骤 4　关闭"显示表"对话框,返回查询设计窗口。

步骤 5　在"查询设计"窗口上方的对象窗格中,选择"学生"表字段列表中的"＊",将"学生"表的所有字段拖到下方的设计网格的字段列表框内,再将"班级"表的"班级名称"字段拖到设计网格的字段列表框中,如图 4-28 所示。

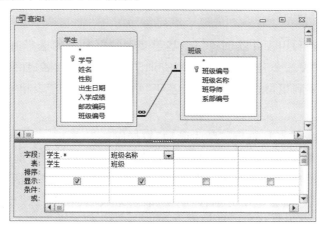

图 4-28　选择所需字段(1)

步骤 6　在"查询设计"窗口下方的设计网格中,给"班级名称"字段设置条件,在该字段对应条件文本框直接输入查询条件:＝"网络 12"或"网络 12",或者利用表达式生成器输入查询条件,如图 4-29 所示。

步骤 7　保存查询,命名为"网络 12",结束查询的创建。单击数据库工作界面"查询工具-设计"选项卡"结果"命令组中的【运行】按钮,结果如图 4-30 所示。

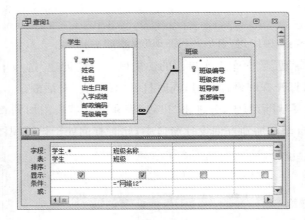

图 4-29　给"班级名称"字段设置条件

图 4-30　"网络 12"查询的运行结果界面

子任务 3　创建查询学生信息的多表选择查询

任务分析

本子任务的功能是利用设计器创建一个基于多表的更复杂的选择查询,要求根据"学生"表、"班级"表和"系部"表三个表的关系来实现查询学生的学号、姓名、性别、班级名称和系部名称。设计这个任务需要利用设计器创建一个基于"学生"表、"班级"表和"系部"表的查询。

任务实施

步骤 1　启动 Access 2010,打开"学生管理"数据库。

步骤 2　在"学生管理"数据库工作界面选择"创建"选项卡,在"查询"命令组中单击【查询设计】按钮,打开"查询设计"窗口,同时打开"显示表"对话框。

步骤 3　在"显示表"对话框中分别将"学生"表、"班级"表和"系部"表添加到查询设计窗口中,此时查询处于设计视图,如图 4-31 所示。

步骤 4　关闭"显示表"对话框,返回查询设计窗口。

步骤 5　在"查询设计"窗口中,将"学生"表的"学号""姓名"和"性别"字段直接拖到设计网格的字段下拉列表框内,将"班级"表的"班级名称"字段、"系部"表的"系部名称"字段直接拖到设计网格的字段列表框中,如图 4-32 所示。

步骤 6　保存查询,命名为"多表",结束查询的创建。

微课

创建查询
学生信息的
多表选择查询

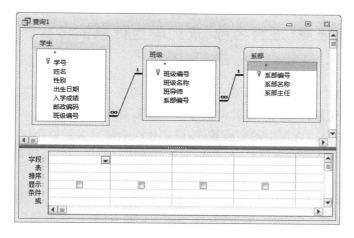

图 4-31 将数据源添加到查询设计窗口中

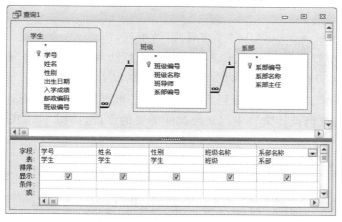

图 4-32 选择所需字段(2)

步骤 7 单击数据库工作界面"查询工具-设计"选项卡"结果"命令组中的【运行】按钮,显示该查询的运行效果,如图 4-33 所示。

图 4-33 "多表"查询的运行结果界面

子任务 4 创建根据"班级名称"查询学生信息的参数查询

任务分析

在使用学生管理系统的过程中,常常遇到依照不同条件检索同一类数据的问题。这就要用到参数查询,本子任务就是利用设计器创建一个参数查询。

参数查询就是将选择查询中的字段条件,确定为一个带有参数的条件,其参数值在创建查询时不需定义,当运行查询时再提供,系统根据运行查询时给定的参数值确定查询结果。

本子任务根据班级名称查询学生的所有信息,其中学生的信息位于"学生"表,"班级名称"字段位于"班级"表,根据这两个表的关系来实现根据班级名称查询其对应的学生所有信息,首先需要利用设计器创建一个基于"学生"表和"班级"表的查询,然后再给"班级名称"字段设置带有参数的条件。

任务实施

步骤 1 启动 Access 2010,打开"学生管理"数据库。

步骤 2 在"学生管理"数据库工作界面选择"创建"选项卡,在"查询"命令组中单击【查询设计】按钮,打开查询设计窗口,同时打开"显示表"对话框。

步骤 3 在"显示表"对话框中分别将"学生"表、"班级"表添加到查询设计窗口中,关闭"显示表"对话框,在查询设计窗口中定义查询所需要的字段,如图 4-34 所示。此时的功能区如图 4-35 所示。

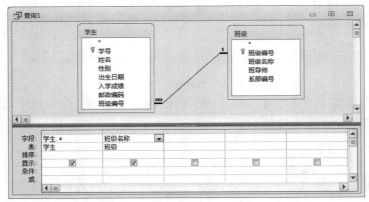

图 4-34 查询设计窗口(1)

图 4-35 "查询工具-设计"选项卡

步骤 4 单击功能区"显示/隐藏"命令组中的【参数】按钮,弹出"查询参数"对话框,如图 4-36 所示。在"查询参数"对话框中,输入参数名称,确定参数类型。这里是给"班级名称"字段设置参数条件,所以参数类型同该字段类型一样,为"文本"类型,参数名称可以任意取,本任务为"班级名称"。

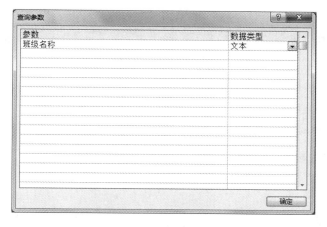

图 4-36　设置参数的"查询参数"对话框

步骤 5　单击【确定】按钮,返回查询设计窗口。

步骤 6　在"查询设计"窗口的设计网格中对"班级名称"字段设置参数条件为"[班级名称]",如图 4-37 所示。

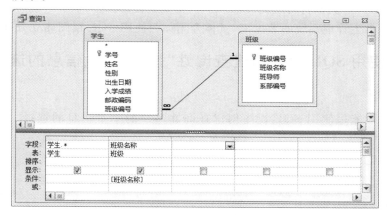

图 4-37　设置参数条件

步骤 7　以"班级名称"为查询名称,保存查询,结束参数查询的创建。

步骤 8　单击数据库工作界面"查询工具-设计"选项卡"结果"命令组中的【运行】按钮,打开"输入参数值"对话框,输入班级名称"网络 12",如图 4-38 所示。

图 4-38　"输入参数值"对话框(1)

步骤 9　单击【确定】按钮,即可根据指定班级名称查询其所对应的学生所有信息。查询结果如图 4-39 所示。

📚**提示:**

本任务设置的参数条件比较简单,如果需要复杂的参数条件,可利用生成器。例如查询两个日期之间参加工作的教师所有信息,需要在"查询参数"对话框设置两个参数,如 d1 和 d2,在查询设计窗口的设计网格中,设置"工作日期"字段的参数条件需要利用生成器:"between [d1] and [d2]"。

★**特别提示:**任务点相关知识请参阅本任务知识点 2 查询的视图。

学号	姓名	性别	出生日期	入学成绩	邮政编码	班级编号	班级名称
20120074	郝玉孝	男	1994/6/14	388	116348	1206	网络12
20120075	田野	男	1994/6/21	377	116348	1206	网络12
20120076	乔恩驰	女	1994/7/23	366	116349	1206	网络12
20120077	刘逸	女	1994/7/12	367	116050	1206	网络12
20120078	刘智超	男	1994/7/29	455	116343	1206	网络12
20120079	闫琦	女	1994/7/24	466	116043	1206	网络12
20120080	张志远	男	1994/7/18	487	116344	1206	网络12
20120081	张昊	男	1994/3/5	477	116045	1206	网络12
20120082	张欣哲	男	1994/3/16	486	116300	1206	网络12
20120083	张琦	男	1994/3/16	485	116302	1206	网络12
20120084	李征	男	1994/6/16	457	116303	1206	网络12

记录: ⊮ ◄ 第 1 项(共 11 项) ► ►⊮   无筛选器   搜索

图 4-39 "班级名称"参数查询的运行结果界面

任务 4.4 使用 SQL 视图建立查询

当用户使用查询向导或查询设计器创建查询时,Access 将根据用户的设置,自动生成对应的 SQL 语句;当用户在查询设计器修改查询时,Access 也自动修改对应的 SQL 语句;当用户运行查询时,Access 就执行对应的 SQL 语句,得到查询结果。

本任务基于学生管理系统的数据库,具体介绍如何使用 SQL 视图建立查询。

子任务 1 使用 SQL 视图创建查询姓"张"的学生信息的选择查询

☝ 任务分析

本子任务的功能是使用 SQL 视图创建查询姓"张"的学生信息的选择查询。

微 课

使用 SQL 视图创建查询姓张的学生信息的选择查询

如何使用 SQL 语句来设置条件姓"张"呢？这就要使用模式匹配符 like。该模式匹配符常用于检查文本是否与指定字符匹配。如果匹配,运算结果返回逻辑真,否则,运算结果返回逻辑假。

模式匹配符通常与通配符"?、＊、♯"等共同使用。其中,"?"表示该位置可以匹配任何一个字符,"＊"表示该位置可以匹配零个或多个字符,"♯"表示该位置可以匹配任何一个数字。

根据 SELECT 语句的用法,查询姓张的学生的信息对应的 SQL 语句如下:

```
SELECT  *
FROM 学生
WHERE 姓名 like "张 ＊"
```

☝ 任务实施

步骤 1 启动 Access 2010,打开"学生管理"数据库。

步骤 2 在"学生管理"数据库工作界面选择"创建"选项卡,在"查询"命令组中单击【查询设计】按钮,打开查询设计器新建一个查询,同时打开"显示表"对话框;这里不向查询设计器添加表,直接关闭"显示表"对话框。

步骤 3 单击图 4-35 功能区的"视图"下拉列表按钮,选择"SQL 视图",将查询切换到 SQL 视图,进入联合查询窗口,输入任务分析中的查询语句,如图 4-40 所示。

步骤 4 以姓"张"为查询名称,保存查询,结束 SQL 查询的创建。

```
SELECT *
FROM 学生
WHERE 姓名 like "张*"
```

图 4-40 联合查询窗口

步骤 5　在数据库功能区单击"查询工具-设计"选项卡中的"结果"命令组中的【运行】按钮，运行该 SQL 查询，查询结果如图 4-41 所示。

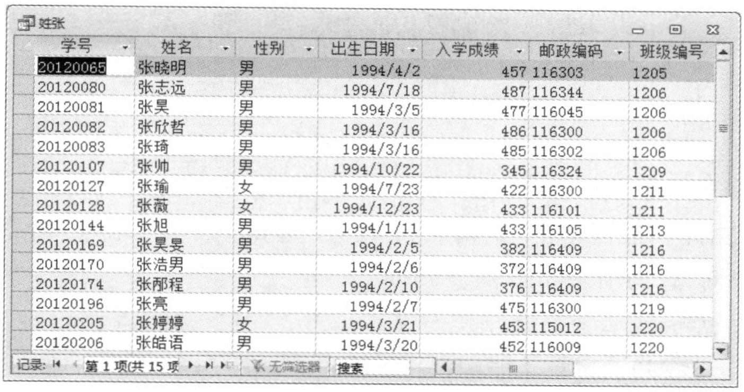

图 4-41　姓"张"SQL 查询的运行结果界面

提示：

SQL 语句的功能非常强大，凡是能在查询设计器中创建的查询，都能直接使用 SQL 语句创建。在创建 SQL 查询时，可以像本子任务一样，在 SQL 视图中创建，也可以在查询设计窗口中，单击"查询工具-设计"选项卡下"查询类型"命令组中的【联合】按钮创建 SQL 查询。

子任务 2　创建查询"网络 12"班中性别为"男"的学生信息的查询

任务分析

本子任务利用 SQL 视图创建查询"网络 12"班并且性别为男的学生信息的选择查询。

子任务要求中"网络 12"是"班级"表中"班级名称"字段的值，"男"是"学生"表"性别"字段的值，要查询"网络 12 班"并且性别为"男"的学生信息，需要基于"班级"表和"学生"表，这两个表之间是一对多的关系，联系字段是"班级编号"。使用查询设计器设计基于有关系的两个表的查询时，通过"显示表"对话框将相应的表添加到查询设计窗口中，两个表的关系将自动添加。但要是使用 SQL 视图窗口或联合查询窗口创建基于两个表的查询时，表间的关系需要书写 SQL 语句来实现，如下面格式：

表名 1 INNER JOIN 表名 2 ON 表名 1.联系字段 ＝ 表名 2.联系字段

根据 SELECT 语句的用法，查询"网络 12"班并且性别为男的学生信息对应的 SQL 语句如下：

```
SELECT 学生.*
FROM 班级 INNER JOIN 学生 ON 班级.班级编号 ＝ 学生.班级编号
WHERE 学生.性别＝"男" AND 班级.班级名称＝"网络 12"
```

任务实施

步骤 1　启动 Access 2010，打开"学生管理"数据库。

步骤 2　在"学生管理"数据库工作界面选择"创建"选项卡，在"查询"命令组中单击【查询设计】按钮，打开查询设计视图新建一个查询，同时打开"显示表"对话框。这里不向查询设计器添加表，直接关闭"显示表"对话框。

步骤 3　在数据库功能区单击"查询工具-设计"选项卡中的"结果"命令组中单击"视图"下拉列表按钮，选择"SQL 视图"，将查询视图切换到 SQL 视图，进入"联合查询"窗口，输入

"任务分析"中的查询语句,如图 4-42 所示。

```
SELECT 学生.*
FROM 班级 INNER JOIN 学生 ON 班级.班级编号 = 学生.班级编号
WHERE 学生.性别="男" and 班级.班级名称="网络12"
```

图 4-42 SQL 视图窗口

步骤 4 以"多表 SQL"为查询名称,保存查询,结束 SQL 查询的创建。

步骤 5 在数据库功能区单击"查询工具-设计"选项卡中的"结果"命令组中的【运行】按钮,运行该 SQL 查询,查询结果如图 4-43 所示。

学号	姓名	性别	出生日期	入学成绩	邮政编码	班级编号
20120074	郝玉寿	男	1994/6/14	388	116348	1206
20120075	田野	男	1994/6/21	377	116348	1206
20120078	刘智超	男	1994/7/29	455	116343	1206
20120080	张志远	男	1994/7/18	487	116344	1206
20120081	张昊	男	1994/3/5	477	116045	1206
20120082	张欣哲	男	1994/3/16	486	116300	1206
20120083	张琦	男	1994/3/16	485	116302	1206
20120084	李征	男	1994/6/16	457	116303	1206

图 4-43 "多表 SQL"查询的运行结果界面

★**特别提示**:任务点相关知识请参阅本任务知识点 3 SQL 查询。

任务 4.5 操作查询的创建

在介绍数据表时,了解了如何插入、更新和删除数据行。在前面查询的介绍中,还掌握了如何使用查询从表中选择所需要的数据。在本任务中,要使用操作查询在数据库中创建、修改、插入或删除数据集。Access 的操作查询包括生成表查询、更新查询、追加查询和删除查询。它们主要用于修改数据。使用操作查询修改数据时,只需进行一次操作,即可方便地修改满足条件的多条记录的数据。

子任务 1 创建生成表查询

任务分析

使用生成表查询,可以使查询的运行结果以表的形式存储,生成一个新表,这样就可以实现利用一个表、多个表或已知查询再创建表,实现数据资源的多次利用及重组数据集合。查询在每次打开时都要重新生成,而生成表的数据是独立的,打开它即可使用,可见使用生成表可以提高工作效率。

本子任务将介绍如何创建生成表查询,实现将任务 4.3 中的"性别男"查询保存为一个"性别男_生成表"。

任务实施

步骤 1 启动 Access 2010,打开"学生管理"数据库。

步骤 2 以设计视图方式打开"性别男"查询,在数据库功能区单击"查询工具-设计"选项卡的"查询类型"命令组中的【生成表】按钮,弹出"生成表"对话框,如图 4-44 所示。在"生成表"对话框中的"表名称"文本框中输入"性别男_生成表",并确定生成的新表保存在哪一个数据库中,这里选择"当前数据库"选项,再单击【确定】按钮,返回生成表查询设计窗口,如图 4-45 所示。

图 4-44 "生成表"对话框

图 4-45 生成表查询设计窗口

步骤 3 在数据库功能区"查询工具-设计"选项卡的"结果"命令组中单击【运行】按钮,弹出如图 4-46 所示的确认粘贴记录对话框,在对话框中,可以确定在新表中将创建多少行。单击【是】按钮创建新表。

步骤 4 关闭查询,弹出是否保存对查询修改对话框,单击【是】按钮,"性别男"这个选择查询就变为生成表查询,这时的导航窗格中"性别男"查询图标发生改变,如图 4-47 所示。单击【否】按钮,"性别男"这个选择查询不变,这时的导航窗格如图 4-48 所示。

图 4-46 确认粘贴记录对话框

图 4-47 "性别男"变为生成表查询

图 4-48 "性别男"不变

步骤 5 在导航窗格中，可以看到新创建的“性别男_生成表”，双击新表，显示数据表记录，如图 4-49 所示。

学号	姓名	性别	出生日期	入学成绩	邮政编码	班级编号
20120001	于海洋	男	1994/4/3	432	112001	1201
20120002	马英伯	男	1994/2/12	441	112001	1201
20120004	王义满	男	1995/5/5	467	112003	1201
20120005	王月玲	男	1994/12/6	345	221023	1201
20120006	王巧娜	男	1994/1/1	423	113005	1201
20120008	付文斌	男	1994/4/3	413	119002	1201
20120010	任凯丽	男	1994/3/4	415	116002	1201
20120011	刘孟辉	男	1994/9/1	432	116009	1201
20120012	刘智董	男	1994/9/21	416	116340	1201
20120013	孙建伟	男	1995/7/14	417	116231	1201
20120015	毕宏鹏	男	1994/6/13	419	112008	1201

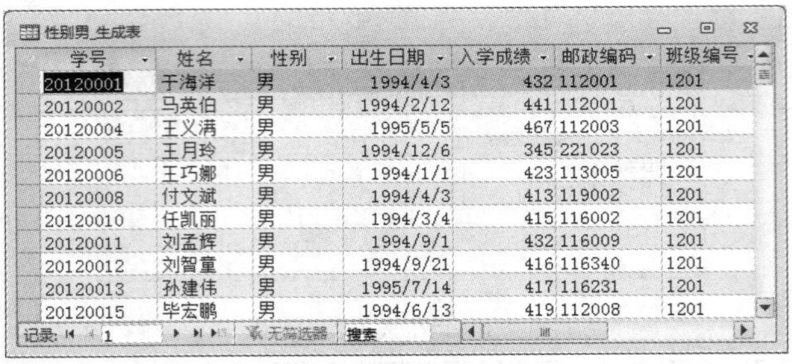

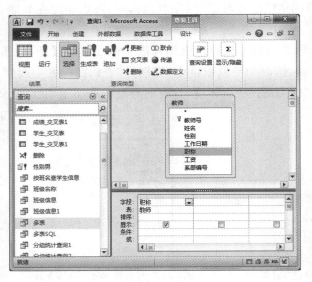

图 4-49 “性别男_生成表”的数据记录界面

子任务 2 创建更新查询

任务分析

在数据库操作中，如果只对表中少量的数据进行修改，通常是在表操作环境下通过手工完成的，但如果有大量的数据需要进行修改，手工操作就要困难得多，效率很低，准确性也很差。针对这种情况，在 Access 中，系统提供的更新查询可以完成对大批量数据的修改。

本子任务将介绍如何创建更新查询，实现将“教师”表中职称为“讲师”的修改为“高级讲师”，以“更新讲师”为查询名保存该查询。

任务实施

步骤 1 启动 Access 2010，打开“学生管理”数据库。

步骤 2 在“学生管理”数据库工作界面选择“创建”选项卡，在“查询”命令组中单击【查询设计】按钮，打开选择查询设计窗口，同时打开“显示表”对话框。

步骤 3 在“显示表”对话框中，将“教师”表添加到查询设计窗口中，关闭“显示表”对话框，在查询设计窗口中定义查询所需要的字段，如图 4-50 所示。

微课

创建更新查询

图 4-50 选择查询设计窗口(1)

步骤 4　单击功能区的【更新】按钮,选择查询设计窗口变为更新查询设计窗口,此时在设计网格的字段列表框中增加了一个"更新到"列表行,同时"排序"行和"显示"行消失。在"职称"字段的条件行中输入更新的限制条件"讲师",在"更新到"行中输入更新数据"高级讲师",如图 4-51 所示。

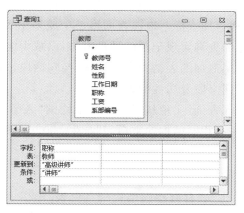

图 4-51　更新查询设计窗口

步骤 5　以"更新讲师"为查询名保存查询,此时导航窗格多了一个更新查询,单击数据库功能区"查询工具-设计"选项卡下"结果"命令组中的【运行】按钮,弹出确认更新对话框,如图 4-52 所示,单击【是】按钮,确认更新操作。

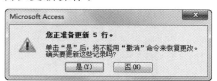

图 4-52　确认更新对话框

步骤 6　运行更新查询时,屏幕上并不显示查询的结果,打开"教师"表即可看到"职称"字段的数据被更新了,如图 4-53 所示。

图 4-53　更新后"教师"表的数据表视图界面

提示:

(1)如果要创建一个更新查询,将"教师"表的所有记录的"工资"字段值增加 1000 元,则在更新查询设计窗口的"工资"字段的"更新到"行中输入"[工资]+1000"即可。

(2)如果要创建一个更新查询,将表"教师"中"教师号"字段值均在前面增加"05"两个字符,则在更新查询设计窗口的"教师号"字段的"更新到"行中输入""05"+[教师号]"即可。

子任务 3   创建追加查询

任务分析

在数据库操作中,对大量的数据进行更新可以使用更新查询,而给数据表中增加大量的数据,最好的操作手段就是使用追加查询。追加查询将一个或多个表中的一组记录添加到指定表的末尾。人们通常使用追加查询实现记录的批量追加,以减少输入数据的工作量。

追加查询要求数据源与待追加的表结构完全相同,换句话说,追加查询就是将一个数据表中的数据追加到与之具有相同字段及属性的数据表中。

本子任务是创建一个追加查询,实现从"学生"表中检索"入学成绩"大于等于 450 分的记录,将其追加到与"学生"表具有相同结构的空白表"学生 450"中,所建查询命名为"追加"。

任务实施

步骤 1   启动 Access 2010,打开"学生管理"数据库。

步骤 2   创建一个与"学生"表具有相同结构的空白表"学生 450"。在"学生管理"数据库工作界面的功能区,单击"创建"选项卡"查询"命令组中的【查询设计】按钮,打开选择查询设计窗口,同时打开"显示表"对话框。

步骤 3   在"显示表"对话框中,将"学生"表添加到查询设计窗口中,关闭"显示表"对话框,将"学生"表的所有字段直接拖到查询设计窗口的设计网格的字段行中去,在"入学成绩"字段对应的条件行输入条件">=450",如图 4-54 所示。

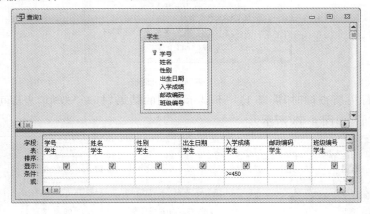

图 4-54   查询设计窗口(1)

步骤 4   在数据库功能区的"查询工具-设计"选项卡下的"查询类型"命令组中单击【追加】按钮,弹出"追加"对话框,如图 4-55 所示。在"表名称"下拉列表框中选择"学生 450"表,并保持默认选择"当前数据库"选项。

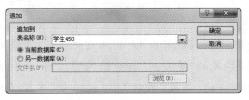

图 4-55   "追加"对话框

步骤 5   在"追加"对话框中单击【确定】按钮,关闭"追加"对话框,返回查询设计窗口,此时在设计网格的字段列表框中增加了一个"追加到"行,该行显示追加数据的字段名,如图 4-56 所示。

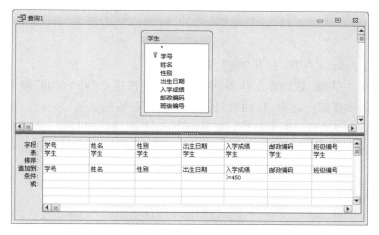

图 4-56   追加查询设计窗口

步骤 6   以"追加"为查询名保存查询,在数据库功能区"查询工具-设计"选项卡下"结果"命令组中单击【运行】按钮,弹出确认追加对话框,如图 4-57 所示,单击【是】按钮,确认追加操作。

图 4-57   确认追加对话框

步骤 7   运行追加查询时,屏幕上并不显示查询的结果,打开"学生 450"表即可看到追加操作成功的结果,如图 4-58 所示。

学号	姓名	性别	出生日期	入学成绩	邮政编码	班级编号
20120004	王义满	男	1995/5/5	467	112003	1201
20120024	王鑫	男	1994/11/21	498	114005	1202
20120025	冯志远	男	1994/11/13	468	114005	1202
20120026	刘伟明	男	1994/12/14	456	114004	1202
20120027	刘增光	男	1994/11/27	476	115007	1202
20120028	朱云龙	男	1994/11/10	457	116301	1202
20120033	王一文	男	1994/8/18	455	116307	1202
20120034	王迪	女	1994/9/29	467	116307	1203
20120054	黄旭	男	1994/3/7	456	116325	1204
20120055	葛振宇	女	1994/3/7	467	116325	1204
20120056	卢峰	男	1994/3/19	468	116326	1204
20120057	关显冲	男	1994/3/23	453	116026	1204
20120058	刘旭阳	男	1994/3/8	456	116327	1204
20120059	刘洪辰	男	1994/5/5	457	116301	1204

记录: ◄ 第 1 项(共 57 项) ► ► 无筛选器   搜索

图 4-58   追加后"学生 450"表的数据表视图界面

子任务 4   创建删除查询

♣ 任务分析

在数据库操作中,不仅需要更新和追加大量的数据,有时也需要清除一些无用的数据。使用删除查询,可以删除满足某一特定条件的记录或记录集,从而保证表中数据的有效性和有用性。

本子任务是创建一个删除查询,删除"教师"表里所有姓名中含有"力"字的记录,所建查询命名为"删除"。

🏮 任务实施

步骤 1　启动 Access 2010,打开"学生管理"数据库。

步骤 2　在"学生管理"数据库工作界面选择"创建"选项卡,在"查询"命令组中单击【查询设计】按钮,打开选择查询设计窗口,同时打开"显示表"对话框。

步骤 3　在"显示表"对话框中将"教师"表添加到查询设计窗口中,关闭"显示表"对话框,将"教师"表的"姓名"字段直接拖到查询设计窗口的设计网格的字段行中,如图 4-59 所示。

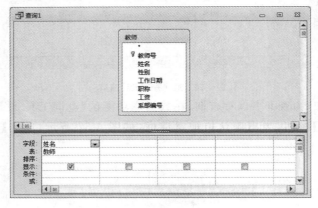

图 4-59　选择查询设计窗口(2)

步骤 4　在数据库功能区的"查询工具-设计"选项卡下"查询类型"命令组中单击【删除】按钮,"选择查询"设计窗口变为"删除查询"设计窗口,并在设计网格的字段列表框中增加了一个"删除"列表行,在"姓名"字段对应的条件行输入条件"like〃＊力＊〃",如图 4-60 所示。

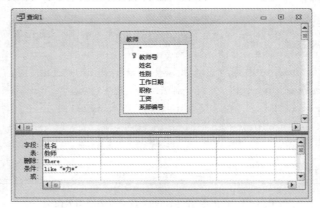

图 4-60　删除查询设计窗口

步骤 5　以"删除"为查询名保存查询,在数据库功能区"查询工具-设计"选项卡下"结果"命令组中单击【运行】按钮,弹出删除确认对话框,单击【是】按钮,确认删除操作。

🐾 提示:

值得注意的是,运行删除查询所做的删除操作是无法撤消的,所以操作时一定要谨慎。

任务 4.6 查询的其他操作

除了上面介绍的,查询还有一些其他的操作,如查询的修改、在查询中计算和新字段查询等。

子任务 1 查询的修改

任务分析

如果创建查询时出现错误,或查询结果不满意,则该查询将不是所需要的,这时就需要在设计视图下修改查询,如编辑查询中的字段、编辑查询中的数据源等。

编辑查询中的字段包括添加字段、删除字段、改变字段顺序和修改字段属性。

(1)添加字段:在查询设计窗口中,用鼠标指向字段列表中所要添加的字段,按下鼠标不放,将它拖到设计网格的相应位置上。如果要将整个表中的所有字段添加到字段列表中,可用鼠标指向某一字段列表中的星号(＊),然后按住鼠标左键不放,将它拖到设计网格的相应位置上。

(2)删除字段:如果要删除某个字段,可以使用鼠标在设计网格中这个字段的名字上拖动,将其全部反相显示,然后按 Delete 键。

(3)改变字段顺序:单击要改变顺序的字段上方的列选择器选择整个列,拖动该列移动到新位置上。

(4)修改字段属性:在设计网格中用右键按下需要修改属性的字段,在弹出的快捷菜单中选择"属性"命令,出现"字段属性"对话框,对字段属性进行修改即可。

本子任务的功能是修改在任务 4.1 中创建的"班级信息"查询,使查询结果中的"系部编号"数据列显示在最前面;使"班导师"数据列的显示标题为"班主任";将其中的"班级编号"与"班级名称"两个字段合二为一,显示的标题为"班号班名"。

任务实施

步骤 1 启动 Access 2010,打开"学生管理"数据库。

步骤 2 将"班级信息"查询以设计视图打开,将鼠标指针指向查询设计窗口的设计网格中的"系部编号"字段上面的位置,当鼠标指针变成指向下方的黑色实心箭头时,单击鼠标左键,如图 4-61 所示。

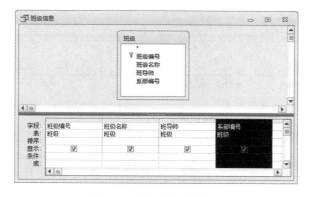

图 4-61 选中需要移动的列

步骤 3　将鼠标指针指向"系部编号"字段,当鼠标指针变成白色箭头形状时,拖动"系部编号"列到"班级编号"列的位置,然后松开鼠标左键。如图 4-62 所示。

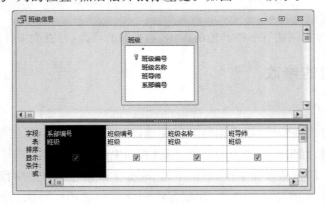

图 4-62　移动"系部编号"数据列到最前面

步骤 4　用鼠标右键单击查询设计窗口设计网格中的"班导师"字段,在弹出的快捷菜单中选择"属性"命令,打开"属性表"窗格,在"常规"选项卡中,在"标题"文本框输入新的显示标题"班主任",如图 4-63 所示,关闭窗格。

步骤 5　将查询设计窗口的设计网格中的"班级编号"和"班级名称"字段删除,如图 4-64 所示。在"字段"行第二列输入"班号班名:[班级编号]+[班级名称]",如图 4-65 所示。结果将"教师"表中的"班级编号"与"班级名称"两个字段合二为一,显示的标题设为"班号班名"。

步骤 6　保存该查询,在数据库功能区"查询工具-设计"选项卡下"结果"命令组中单击【运行】按钮,查询的运行结果如图 4-66 所示。

图 4-63　"属性表"窗格(1)

图 4-64　查询设计窗口(2)

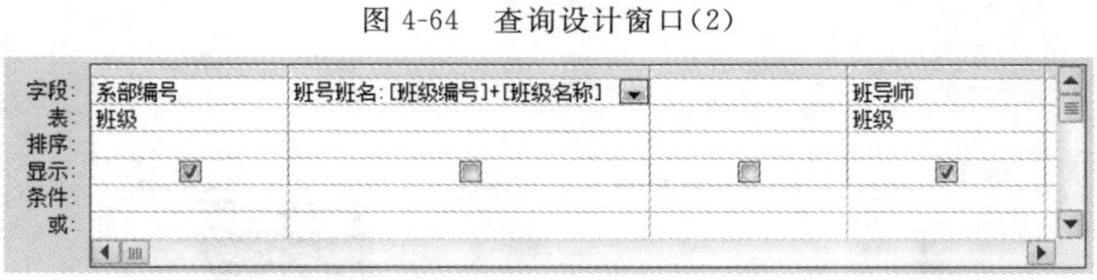

图 4-65　设计网格

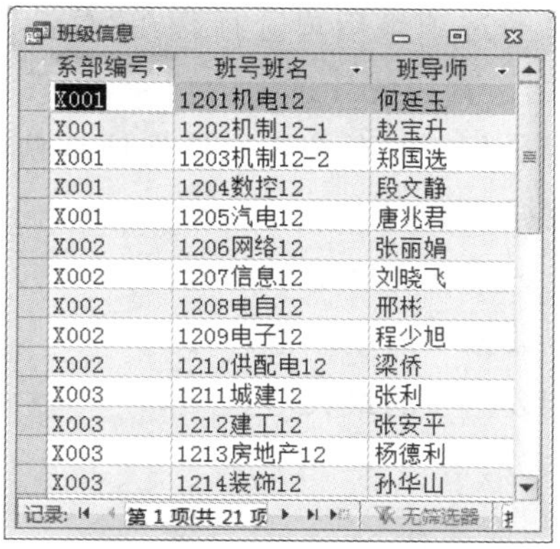

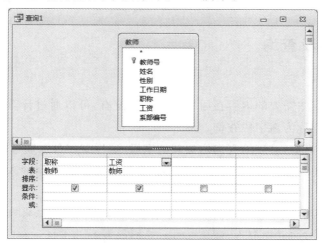

图 4-66 修改后的"班级信息"查询的运行结果界面

子任务 2 查询的统计计算

任务分析

在实际工作中管理数据时,常常需要对数据进行一些简单的统计工作,例如计数、求最大值、最小值、平均值等。使用 Access 的查询功能,可以方便地完成这些数据统计工作。

本子任务创建一个查询,查找并统计教师按照职称进行分类的平均工资,然后显示标题为"职称"和"平均工资"的两个字段内容,所建查询命名为"统计"。

任务实施

步骤 1 启动 Access 2010,打开"学生管理"数据库。

步骤 2 在"学生管理"数据库工作界面的功能区,在"创建"选项卡"查询"命令组中单击【查询设计】按钮,打开选择查询设计窗口,同时打开"显示表"对话框。

步骤 3 在"显示表"对话框中,将"教师"表添加到查询设计窗口,关闭"显示表"对话框,在查询设计窗口中定义查询所需要的字段,如图 4-67 所示。

图 4-67 查询设计窗口(3)

步骤 4 在数据库功能区"查询工具-设计"选项卡下的"显示/隐藏"命令组中单击【汇总】按钮,在查询设计窗口的设计网格中添加"总计"行,如图 4-68 所示。在查询设计窗口添加"总计"网格行后，Access 将提供 12 个选项供用户选择。在"总计"行选择不同的统计方式，运行查询时即可得到需要的统计数据。常用统计选项的功能如下：

- "Group By"选项：指定对数据分组的依据。该选项是默认的总计行选项。
- "合计"选项：计算对应数据项的和。
- "平均值"选项：计算对应数据项的算术平均值。
- "最小值"选项：返回对应数据项的最小值。
- "最大值"选项：返回对应数据项的最大值。
- "计数"选项：返回行的个数。

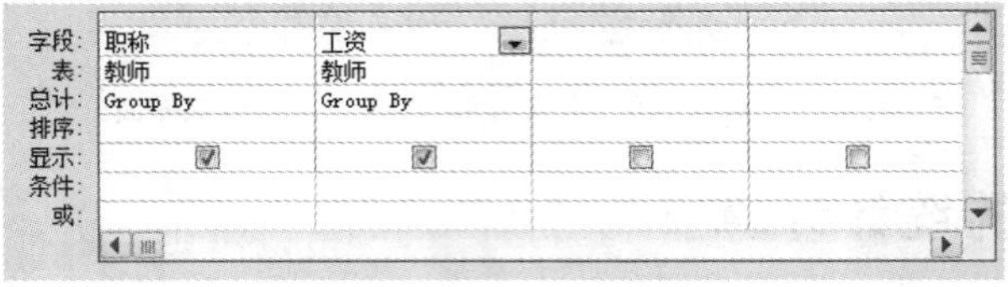

图 4-68　添加了"总计"行的设计网格

步骤 5　在"职称"字段对应的"总计"行选择"Group By"，"工资"字段对应的"总计"行选择"平均值"，"工资"字段对应的字段行输入数据"平均工资：工资"，其中冒号前的"平均工资"是显示标题，冒号后的"工资"是查询的字段，如图 4-69 所示。

步骤 6　以"统计"为查询名保存查询，在数据库功能区"查询工具-设计"选项卡下的"结果"命令组中单击【运行】按钮，查询的运行结果如图 4-70 所示。

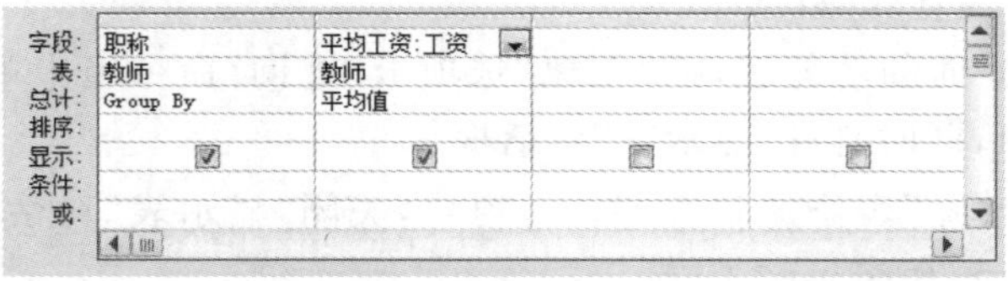

图 4-69　设置"总计"行的统计方式　　　　图 4-70　"统计"查询的运行结果界面

子任务 3　新字段查询

任务分析

在创建查询时，有些需要的内容在原来的字段中没有，可以通过计算得出，这样的字段称为新字段，这样的查询称为新字段查询。

利用创建新字段查询，可以给查询增加新的字段，这样有些可以通过已知字段计算出来的数据，就不用在建立表时创建它们，可使用创建新字段查询达到数据输入的目的，大大减少数据输入的工作量。

本子任务的功能是基于"学生"表创建一个查询，查询学生的"学号""姓名""性别"、"出生日期"和"年龄"，其中"年龄"字段在"学生"表中不存在，这是一个计算列，为此在查询的设计过程中需要添加一个"年龄"字段，其计算公式为"Year(Date())－Year([出生日期])"，所建查询命名为"新字段"。

任务实施

步骤 1 启动 Access 2010,打开"学生管理"数据库。

步骤 2 在"学生管理"数据库工作界面单击"创建"选项卡"查询"命令组中的【查询设计】按钮,打开选择查询设计窗口,同时打开"显示表"对话框。

步骤 3 在"显示表"对话框中,将"学生"表添加到查询设计窗口,关闭"显示表"对话框,在查询设计窗口中定义查询所需的字段,如图 4-71 所示。

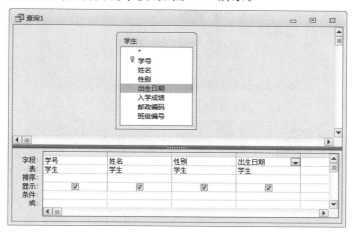

图 4-71 选择字段后的查询设计界面

步骤 4 在查询设计器窗口的设计网格窗格的字段行中单击一个空栏,直接输入"年龄:Year(Date())－Year([出生日期])",其中的"年龄"表示要生成的字段名,如图 4-72 所示。

图 4-72 输入新字段定义公式后的设计网格界面

提示：

在定义新字段时,除了直接输入表达式之外,还可以在空栏处单击右键,在弹出的快捷菜单中选择"生成器"选项,此时会出现"表达式生成器"对话框,在该对话框中,输入"年龄:Year(Date())－Year([学生]![出生日期])",如图 4-73 所示。在"表达式生成器"对话框中,有如下几个部分：

(1)"表达式"文本框:在这里输入新字段定义表达式。

(2)"表达式元素"列表框:从中选择要使用的对象、函数、常量、操作符等。

(3)"表达式类别"列表框:显示表达式元素框中选定分类中的组件。

(4)"表达式值"列表框:列出具体的函数名称等。如 Year(日期)返回表示年的四位整数,Date()返回当前日期。

步骤 5 以"新字段"为查询名保存查询,在数据库功能区"查询工具-设计"选项卡下"结果"命令组中单击【运行】按钮,显示的查询结果如图 4-74 所示。

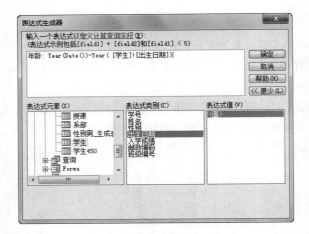

图 4-73　"表达式生成器"对话框

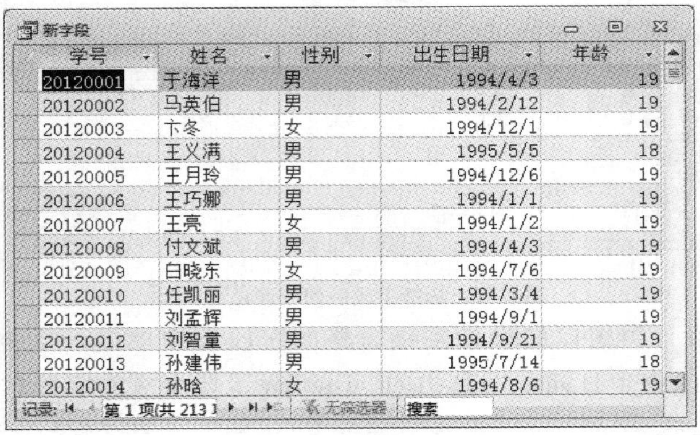

学号	姓名	性别	出生日期	年龄
20120001	于海洋	男	1994/4/3	19
20120002	马英伯	男	1994/2/12	19
20120003	卞冬	女	1994/12/1	19
20120004	王义满	男	1995/5/5	18
20120005	王月玲	男	1994/12/6	19
20120006	王巧娜	男	1994/1/1	19
20120007	王亮	女	1994/1/2	19
20120008	付文斌	男	1994/4/3	19
20120009	白晓东	女	1994/7/6	19
20120010	任凯丽	男	1994/3/4	19
20120011	刘孟辉	男	1994/9/1	19
20120012	刘智童	男	1994/9/21	19
20120013	孙建伟	男	1995/7/14	18
20120014	孙晗	女	1994/8/6	19

记录: ◄ 第 1 项(共 213 ► ►► ►► 无筛选器　搜索

图 4-74　查询结果

任务实训　创建图书销售管理系统的查询

一、实训目的和要求

1. 掌握使用各种方法创建查询

2. 掌握操作查询的创建方法

3. 掌握修改查询的方法

4. 掌握在查询中计算、统计的方法

二、实训内容与步骤

1. 基于"供应商"表,使用"简单查询向导"创建一个选择查询,查询"供应商"表所有字段的信息,该查询命名为"供应商信息"。

2. 使用"简单查询向导"创建一个选择查询,查询出版社的"出版社名称""出版社地址"和"联系电话",该查询命名为"出版社部分信息"。

3. 创建一个交叉表查询,统计每个出版社每个图书分类的库存数量,所建查询名为"库存数量_交叉表"。提示:基于"图书库存"表创建该交叉表查询即可。

4. 创建一个交叉表查询,统计每个出版社每个图书分类的平均销售数量,所建查询名为"销售数量_交叉表"。提示:首先基于"图书库存"表、"图书分类"表和"销售单"表创建一个选择查询,然后再基于创建的选择查询创建该交叉表查询。

　　5.使用设计器创建一个基于单表的带条件的选择查询,查询所在城市是上海的供应商信息,该查询命名为"上海供应商"。

　　6.使用设计器创建一个基于多表的带条件的选择查询,查询图书名称为"计算机应用基础"的出版社信息,该查询命名为"图书出版社信息"。

　　7.使用设计器创建一个基于多表的选择查询,查询图书的图书编号、图书名称、图书分类名称和出版社名称,该查询命名为"多表信息"。

　　8.使用设计器创建一个参数查询,根据出版社名称查询其对应的图书所有信息,该查询命名为"参数查询"。

　　9.使用 SQL 视图建立一个基于单表的 SQL 查询,查询图书名称中包含"计算机"的图书信息,该查询命名为"单表 SQL"。

　　10.使用 SQL 视图建立一个基于多表的 SQL 查询,查询出版社在上海,且图书单价大于50.00 元的图书信息,该查询命名为"多表 SQL"。

　　11.以"图书库存"表为数据源创建一个生成表查询,将"出版日期"为 2005 年 6 月以前(不包含 6 月)的记录存入一个新表中,表名为"旧书",所建查询名为"旧书_生成表"。

　　12.创建一个更新查询,将"图书库存"表的所有记录的"库存数量"字段值减少 20,以"更新库存"命名该查询。

　　13.创建一个追加查询,从"销售单"表里检索出销售数量大于等于 50 的记录,将其追加到与"销售单"表具有相同结构的空白表"销售 50"中,所建查询命名为"追加销售"。

　　14.创建一个删除查询,删除"入库单"表里所有入库日期在 2003 年及之前的记录,所建查询命名为"删除 03"。

　　15.修改"多表信息"查询,使查询结果中的"出版社名称"数据列显示在最前面;使"图书分类名称"数据列的显示标题为"图书类名";将其中的"图书编号"与"图书名称"两个字段合二为一,显示的标题为"图书编号图书名"。

　　16.创建一个查询,查找并统计图书按照出版社名称进行分类的平均销售数量,然后显示标题为"出版社名称"和"平均销售数量"的两个字段内容,所建查询命名为"统计销售数量"。

　　17.创建一个查询,显示"销售单"表的所有字段内容,并添加一个计算字段"销售总金额",计算公式为:销售总金额=销售单价*销售数量,查询结果按"销售总金额"降序,"销售数量"降序排序,所建查询名为"销售总金额"。

任务小结

　　本任务首先介绍了创建查询的四种方法:使用简单查询向导创建查询、使用设计器建立查询、使用 SQL 视图创建查询及利用交叉表查询向导创建交叉表查询。然后介绍了 Access 的四种操作查询:生成表查询、更新查询、追加查询和删除查询。其中使用简单查询向导创建查询、使用设计器建立查询、使用 SQL 视图创建查询都可以创建选择查询,简单查询向导不能创建较复杂的选择查询,如带条件的选择查询等,设计器和 SQL 视图功能更强大些,不仅可以创建复杂的选择查询,还可以创建操作查询。交叉表查询常用于对表或查询的数据进行分组统计输出。生成表查询可以生成一个新表,更新查询可以更新记录数据,追加查询可以向表中追加一条或多条记录,删除查询可以删除表中一条或多条记录,运行操作查询时,屏幕上并不显示查询的结果。本任务最后介绍了关于查询的其他操作,如修改查询(添加字段、删除字段、改变字段顺序、修改字段属性及修改查询的数据源等)、在查询中计算(计数、求最大值、最小值、平均值等统计操作)、新字段查询(利用已有字段,给查询添加计算字段)。

✳ 思考与练习

一、填空题

1. Access 的查询按功能分类可以分为_____查询、_____查询、_____查询、_____查询和_____查询。

2. 查询的数据源可以是_____或_____。

3. 查询设计器可分为两个部分,上部分是_____显示区,下部分是_____显示区。

4. Access 查询功能可以完成_____、_____、_____、_____等简单的统计工作。

5. Access 的操作查询包括_____、_____、_____和_____。

6. 更新查询可以对一个或多个表的一组记录作_____。

7. 生成表查询可以使用_____生成新表。

8. 追加查询将一个或多个表中的一组记录添加到_____。

9. 删除查询可以从一个或多个表中_____。

10. SELECT 语句格式中,WHERE 条件子句的功能是_____,GROUP BY 分组表达式的功能是_____,ORDER BY 排序项的功能是_____。

二、选择题

1. 查询的数据可以来自( )。

A. 多个表　　　　B. 一个表　　　　C. 一个表的一部分　　D. 表或查询

2. 创建参数查询时,在条件栏中应将参数提示文本放置在( )中。

A. {}　　　　　　B. ()　　　　　　C. []　　　　　　D. 《》

3. 以下叙述中,( )是错误的。

A. 查询是从数据库的表中筛选出符合条件的记录,构成一个新的数据集合

B. 查询的种类有:选择查询、参数查询、交叉查询、操作查询和 SQL 查询

C. 创建复杂的查询不能使用查询向导

D. 可以使用函数、逻辑运算符、关系运算符创建复杂的查询

4. 利用对话框提示用户输入参数的查询过程称为( )。

A. 选择查询　　　B. 参数查询　　　C. 操作查询　　　D. SQL 查询

5. 建立查询时可以设置筛选条件,应在( )栏中输入筛选条件。

A. 总计　　　　　B. 条件　　　　　C. 排序　　　　　D. 字段

6. ( )可以从一个或多个表中删除一组记录。

A. 选择查询　　　B. 删除查询　　　C. 交叉表查询　　　D. 更新查询

7. 若要查询成绩为 60～80 分(包括 60 分,不包括 80 分)的学生的信息,成绩字段的查询条件应设置为( )。

A. >60 Or <80   B. >=60 And <80

C. >60 And <80   D. In(60,80)

8. 操作查询不包括(   )。

A. 更新查询   B. 追加查询   C. 参数查询   D. 删除查询

9. 若上调产品价格,最方便的方法是使用以下(   )查询。

A. 追加查询   B. 更新查询

C. 删除查询   D. 生成表查询

10. 若要查询姓李的学生,查询条件应设置为(   )。

A. Like "李"   B. Like "李*"   C. ="李"   D. >="李"

11. 若要用设计视图创建一个查询,查找总分在 255 分以上(包括 255 分)的女同学的姓名、性别和总分,正确的设置查询条件的方法应为(   )。

A. 在条件网格键入:总分>=255 And 性别="女"

B. 在总分条件网格键入:总分>=255;在性别的条件网格键入:"女"

C. 在总分条件网格键入:>=255;在性别的条件网格键入:"女"

D. 在条件网格键入:总分>=255 Or 性别="女"

12. 在查询设计器中不想显示选定的字段内容则将该字段的(   )项取消 。

A. 排序   B. 显示   C. 类型   D. 条件

13. SQL 查询能够创建(   )。

A. 更新查询   B. 追加查询

C. 选择查询   D. 以上各类查询

14. 下列对 Access 查询叙述错误的是(   )。

A. 查询的数据源来自于表或已有的查询

B. 查询的结果可以为其他数据库对象的数据源

C. Access 的查询可以分析数据、追加、更改、删除数据

D. 查询不能生成新的数据表

15. 若取得"学生"数据表的所有记录及字段,其 SQL 语法应是(   )。

A. SELECT 姓名 FROM 学生

B. SELECT * FROM 学生

C. SELECT * FROM 学生 WHERE 学号=12

D. 以上皆非

16. 下列不属于查询三种视图的是(   )。

A. 设计视图   B. 模板视图   C. 数据表视图   D. SQL 视图

17. 在查询设计视图中(   )。

A. 可以添加数据库表,也可以添加查询   B. 只能添加数据库表

C. 只能添加查询   D. 以上两者都不能添加

18. 用表"订单"创建新表"订单 2",所使用的查询方式是(   )。

A. 删除查询   B. 生成表查询   C. 追加查询   D. 更新查询

19. 在查询设计器中（   ）。

A. 只能添加数据库表　　　　　　　　B. 只能添加查询

C. 可以添加数据库表，也可以添加查询　　D. 以上说法都不对

20. 查询 2000 年出生的学生信息，限定查询时间范围的条件是（   ）。

A. Between 2000-01-01 And 2000-12-31

B. Between ♯2000-01-01♯ And ♯2000-12-31♯

C. ＜♯2000-12-31♯

D. ＞♯2000-01-01♯

三、简答题

1. 查询和表的区别是什么？

2. SQL 语句的基本格式是什么？

3. 如何设置参数查询？

4. 使用简单查询向导方法可以创建带条件的选择查询吗？

5. 在查询设计器中如何对数据进行统计操作？

6. 创建基于多表的选择查询时，这些表之间是相互独立的，还是有关系的？

任务5 创建学生管理系统的窗体

知识点 1　窗体概述

在 Access 数据库中,不仅可以设计表和查询,还可以根据表和查询创建窗体。窗体是用户和 Access 应用程序之间交换数据的窗口,它可以与数据表协同工作,将数据在屏幕上合理安排,而且在窗体中还可以有文字、图像,还可以插入声音、视频,使人机界面更加丰富多彩。另外窗体可以与宏或函数等相结合,控制数据库应用程序的执行过程,使数据库的各个对象紧密地结合起来。

窗体又称为表单,是 Access 数据库的重要对象之一。窗体既是管理数据库的窗口,又是用户和数据库之间的桥梁,可以让用户的系统更丰富,更具有变化。通过窗体可以方便地输入数据,查询数据,排序、筛选和显示数据。Access 利用窗体将整个数据库组织起来,从而构成完整的应用系统。

一个数据库系统开发完成后,对数据库的所有操作都是在窗体界面中进行的。

1. 窗体的类型

Access 提供了六种基本类型的窗体,分别是纵栏式窗体、数据表式窗体、表格式窗体、主/子式窗体、图表式窗体和数据透视窗体。

（1）纵栏式窗体

如图 5-1 所示是一个纵栏式窗体。纵栏式窗体左侧显示字段名称,右侧显示或编辑当前记录的对应字段值。纵栏式窗体的特点是一次只显示一条记录,而窗体的大小可以多于一个屏幕,它是默认的窗体形式。这种窗体简洁,并易于对数据的操作。如果没有特殊的需要,一般采用这种窗体。纵栏式窗体可用于输入数据,窗体中的文本框用于显示或输入数据。

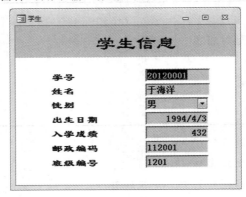

图 5-1 纵栏式窗体

（2）数据表式窗体

如图 5-2 所示是一个数据表式窗体。数据表式窗体运行时显示界面与表或查询的数据表视图显示界面相同。这种窗体通常用作子窗体或用于显示表或查询的所有记录。数据表式窗体一次可以显示多条记录。这种窗体可以设置字段的显示格式,窗体运行时可以动态调整显示格式,但其格式只能是定制的行、列方式。

学号	姓名	性别	出生日期	入学成绩	邮政编码	班级编号
20120001	于海洋	男	1994/4/3	432	112001	1201
20120002	马英伯	男	1994/2/12	441	112001	1201
20120003	卞冬	女	1994/12/1	445	112002	1201
20120004	王义涛	男	1995/5/5	467	112003	1201
20120005	王月玲	男	1994/12/6	345	221023	1201
20120006	王巧娜	男	1994/1/1	423	113005	1201
20120007	王亮	女	1994/1/2	412	115007	1201
20120008	付文斌	男	1994/4/3	413	119002	1201
20120009	白晓东	女	1994/7/6	414	116002	1201
20120010	任凯丽	男	1994/3/4	415	116002	1201

图 5-2 数据表式窗体

（3）表格式窗体

如图 5-3 所示是一个表格式窗体,其特点是一次可以显示多条记录,每行显示一条记录的字段。窗体显示的记录数根据显示器的分辨率和窗体大小而定。

表格式窗体可用于显示或输入多条记录,又称为连续窗体。表格式窗体可以按照自定义方式排列字段,对字段重新布局,定制格式显示数据。它具有纵栏式窗体和数据表式窗体的优点。

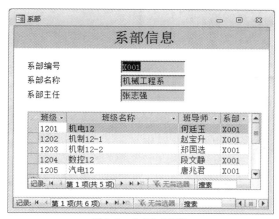

图 5-3 表格式窗体

（4）主/子式窗体

如图 5-4 所示是一个主/子式窗体。其特点是一个小窗体插入另一个大窗体中。插入大窗体的小窗体称为子窗体，被插入窗体的大窗体称为主窗体。

主/子式窗体通常用于显示具有一对多关系的表或查询中的数据。主窗体显示"一"方的数据，一般采用纵栏式窗体；子窗体显示"多"方的数据，通常采用数据表或表格式窗体。主窗体与子窗体相互链接，子窗体只显示与主窗体当前记录相关的记录。

（5）图表式窗体

如图 5-5 所示是一个图表式窗体。图表式窗体是将数据经过一定的处理，以图表的形式形象、直观地显示出来，可以非常清楚地展示出数据的变化状态及发展趋势。

图 5-4 主/子式窗体

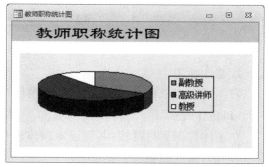

图 5-5 图表式窗体

图表式窗体既可以单独使用，也可以作为子窗体嵌入其他窗体中。

（6）数据透视窗体

数据透视窗体分为数据透视表式窗体和数据透视图式窗体。

数据透视表式窗体同数据表有些相似，不过数据透视表是可以运用所选格式和计算方法汇总大量数据的交互式表，如图 5-6 所示。

姓名	机械加工 成绩	机械制图 成绩	基础会计 成绩	计算机基础 成绩	计算机网络技术 成绩	建筑力学 成绩	建筑施工 成绩	汽车电子 成绩
巴德强				72			57	
白晓东	76	78						
白雪				44				
毕宏鹏	69	62						
卞冬	65	92						
陈飞				84		81		
陈国东			60	48				
陈国锐				81	78			
陈金库	73	18						
陈俊			67	66				
陈猛	79	75						
陈晴				75				
陈云超	72	72						
从佩一	41	88						
崔贺				81				
邓丽萍				69			67	
杜竞宇			82					
杜雪				92		75	69	
段云涛				82		74	94	
范洪博	88	72						
房新颖				76		63	48	
冯迪								

图 5-6　数据透视表式窗体

数据透视图式窗体是利用图表的形式更形象化地说明数据间的关系,让数据更直观地显现出来,如图 5-7 所示。

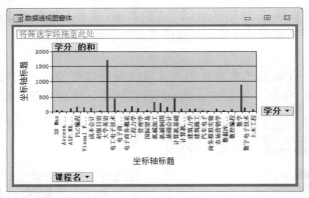

图 5-7　数据透视图式窗体

2. 窗体视图

窗体通常有三种视图方式,分别是窗体视图、设计视图和布局视图。

(1)窗体视图

在窗体视图下打开窗体,即显示窗体运行结果,通常是用户要通过窗体进行操作,如查看信息、添加、更改和删除数据等。

双击导航窗格中的窗体名称,以窗体视图方式打开窗体。例如双击"系别信息"窗体,将以窗体视图方式打开窗体,如图 5-8 所示。也可以右键单击窗体名称,从出现的快捷菜单中选择"打开"命令进入窗体视图。

(2)设计视图

以设计视图方式打开窗体,即进入到窗体设计器中对窗体内容进行修改,如改变窗体结构或显示内容等。

在导航窗格中单击要打开的窗体,然后选择功能区的【设计视图】按钮,就可以以设计视图方式打开窗体,或者也可以通过右键单击窗体名,并从快捷菜单中选择"设计视图"命令来打开窗体的设计视图。如将"系别信息"窗体以设计视图方式打开,其画面如图 5-9 所示。

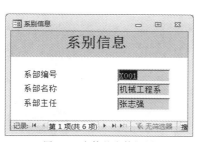

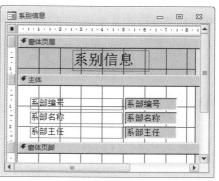

图 5-8　窗体的窗体视图　　　　　　　图 5-9　窗体的设计视图

从图中可以看出,窗体包含五部分:窗体页眉、窗体页脚、主体、页面页眉和页面页脚,这些部分称为窗体的"节",每个"节"都有其特定的功能。

①窗体页眉通常用来显示对每条记录都一样的信息,如窗体标题等与主体部分变化无关的信息或控件,出现在整个窗体的顶部。

②窗体页脚用来显示对每条记录都一样的信息,例如按钮或有关使用窗体的说明信息等,出现在整个窗体的底部。

③主体显示在窗体的中间,包含着窗体的主要部分,它是窗体的核心内容,通常包含绑定到记录源中的字段控件和其他控件,所有窗体都有主体节部分。

④页面页眉通常在每个打印页的顶部显示每页都相同的信息,例如页标题或列标题等信息。

⑤页面页脚节用于在每个打印页的底部显示每页都相同的信息,例如日期或页码等信息。

Access 默认窗体设计器中只包含主体节。如果要添加窗体页眉节、页脚节、页面页眉节或页面页脚节,则要右键单击窗体任意位置,在弹出的快捷菜单中选择"窗体页眉/页脚"或"页面页眉/页脚"命令即可。

打开窗体的设计视图时,功能区还有"工具"命令组,如图 5-10 所示。单击【添加现有字段】按钮,可以打开"字段列表"窗格,如图 5-11 所示。

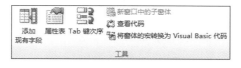

图 5-10　"工具"命令组

选中窗体对象或其他对象,如窗体,单击"工具"命令组的【属性表】按钮,或者在选定对象上右击,在弹出的快捷菜单中选择"属性"命令,可以打开窗体的"属性表"窗格,如图 5-12 所示。利用"属性表"下拉列表框可以定制窗体控件。窗体、窗体页眉、主体、窗体页脚及窗体上的每个控件都有与之关联的属性,可以使用属性表来设置这些属性。随着对象的不同,所能指定属性的种类也有变化。

（3）布局视图

以布局视图打开窗体，可以编辑窗体的布局。在导航窗格中单击要打开的窗体，然后选择功能区的【布局视图】按钮，就可以以布局视图方式打开窗体，或者通过右键单击窗体名，并从快捷菜单中选择"布局视图"命令来打开窗体的布局视图。如将"系别信息"窗体以布局视图方式打开，如图 5-13 所示，在这个视图下，可以修改窗体内控件的布局。

图 5-11　字段列表

图 5-12　属性表

图 5-13　窗体的布局视图

知识点 2　窗体控件

打开窗体的设计视图时，功能区就会出现控件命令组，如图 5-14 所示。"控件"命令组是设计窗体的工具，它包含了可用在窗体上的所有控件的按钮，可以利用它给窗体添加控件，如文本框、标签、按钮、选项卡、组合框、复选框、图像等。如果在使用这些控件时，不知道某个控件的作用，可以将鼠标指针指向这个控件并暂停一会儿，此时就会出现简短的提示信息。要在窗体中放置控件，需先在"控件"命令组中单击该控件按钮，此时鼠标指针变成所选控件的图标，然后在要放置控件的地方单击或拖动即可。

图 5-14　"控件"命令组

下面将介绍"控件"命令组中的各窗体控件的分类、作用及其常用属性的设置。

Access 提供了许多控件，同类控件有相同的属性，对同类的控件设置不同的属性值，即可得到不同的屏幕对象。

1. 窗体控件类型

按控件与数据源的关系可以将控件分成如下三类：

（1）绑定型控件

绑定型控件就是数据源为表或者查询中一个字段的控件。窗体运行时，如果向绑定型控件中输入数据，则该数据可以自动保存到数据源表的字段中。另一方面，当数据源表中的字段值发生变化后，窗体上的控件的值也会发生变化。绑定型控件主要用于显示、输入、更新数据库中的字段。

（2）非绑定型控件

没有指定数据源的控件为非绑定型控件。非绑定型控件分为两类：一类是没有控件来源属性而无法指定数据源，例如标签控件，窗体运行时，不能向这类控件输入数据；另一类是有控件来源属性但没有指定数据源的控件,如文本框,窗体运行时,可以向这类控件中输入数据。

(3)计算型控件

计算型控件有控件来源属性,但这种控件的来源是表达式,而不是表或者查询的一个字段。表达式可以利用窗体或报表所引用的表或查询字段中的数据,也可以是窗体或报表上的其他控件中的数据。窗体运行时,计算控件的值不能编辑,只用于显示表达式的值。

2. 窗体控件的功能及常见属性

Access 数据库工作界面的功能区的"控件"命令组中各个控件按钮的功能说明见表 5-1。

表 5-1   控件按钮的功能

按　钮	名　称	功能说明
	选择	用于选择窗体设计器中的控件
abl	文本框	创建一个用于输入或显示数据的文本框
Aa	标签	创建一个用于显示文本的标签
xxxx	按钮	创建一个按钮
	选项卡	创建一个多页的对话框
	超链接	创建指向网页、图片、电子邮件地址或程序的链接
	Web 浏览器控件	创建一个 Web 浏览器界面
	导航控件	创建一个导航按钮
XYZ	选项组控件	创建一组单选按钮组
	插入分页符	打印窗体时在当前位置插入下一个页面
	组合框	创建一个组合框
	图表	绘制图表
＼	直线	绘制直线
	切换按钮	创建切换按钮
	列表框	创建一个列表框
	矩形	绘制矩形
✓	复选框	创建一个复选框
	未绑定对象框	添加未绑定的 OLE 对象
⌀	附件	添加附件
◉	单选按钮	创建一个单选按钮
	子窗体/子报表	在当前窗体中嵌入另外一个窗体
XYZ	绑定对象框	添加绑定的 OLE 对象
	图像	添加图像

任务 5.1　快速建立窗体

在 Access 中,系统提供了快速创建窗体的工具,用户可以利用自动窗体、窗体向导等工具,方便、快捷地完成窗体的创建。本任务将介绍如何使用自动窗体和窗体向导工具快速建立窗体。

子任务 1　使用自动窗体创建浏览"班级信息"的窗体

任务分析

使用自动窗体可快速创建一个数据窗体，用这种方式创建的窗体格式是由系统规定的，如果需要修改，可以通过窗体的设计视图来完成。

本子任务的功能是基于"班级"表使用自动窗体创建浏览班级信息的窗体，该窗体命名为"班级信息"。

任务实施

步骤 1　启动 Access 2010，打开"学生管理"数据库，在导航窗格中，单击"班级"表。

步骤 2　在"学生管理"数据库工作界面中选择"创建"选项卡，单击"窗体"命令组的【窗体】按钮，打开自动创建的"班级"窗体的布局视图，如图 5-15 所示。

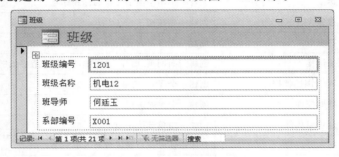

图 5-15　"班级"窗体的布局视图界面

步骤 3　以"班级信息"为窗体名称保存该窗体，这样就完成了自动创建窗体的过程。

子任务 2　使用向导创建浏览"系别信息"的窗体

任务分析

创建窗体时可以自动创建，该方法尽管很简单，但界面布局单一，虽然也可以再进入设计视图进行修改，但要改动的地方可能会很多，给用户带来不便。创建窗体也可以在窗体向导的指引下创建。利用窗体向导创建一个窗体后，可以随时在窗体设计视图下进行修改。窗体向导可以创建纵栏式、表格式、数据表式和两端对齐式等布局的窗体。如果用户希望选择窗体类型和样式，通常使用窗体向导创建窗体，这种方法不但简单方便，而且非常灵活。

本子任务的功能是基于"系部"表使用窗体向导创建浏览系别信息的窗体，该窗体命名为"系别信息"。

任务实施

步骤 1　启动 Access 2010，打开"学生管理"数据库。

步骤 2　在数据库功能区的"创建"选项卡下单击"窗体"命令组的【窗体向导】按钮，弹出"窗体向导"对话框，在"表/查询"下拉列表框中选择窗体数据来源的表或查询名，这里选择"表：系部"，再单击【＞＞】按钮，将"可用字段"中的所有字段添加到"选定字段"中，如图 5-16 所示。

提示：

窗体的数据源可以是一个或多个表/查询。

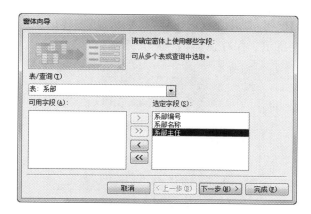

图 5-16　"窗体向导"对话框

图 5-16 中的【＞】按钮,可将"可用字段"中的选中字段移动到"选定字段"中;【＞＞】按钮则可将"可用字段"中的所有字段移动到"选定字段"中。【＜】和【＜＜】按钮的移动方向分别与【＞】和【＞＞】的移动方向相反。

步骤 3　在"窗体向导"对话框中单击【下一步】按钮,此时出现"请确定窗体使用的布局"界面,在这里选择"纵栏表"布局方式,如图 5-17 所示。

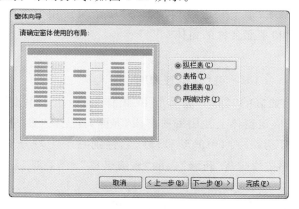

图 5-17　"请确定窗体使用的布局"界面(1)

步骤 4　单击【下一步】按钮,弹出"请为窗体指定标题"界面,在此界面中指定窗体标题为"系别信息",如图 5-18 所示。

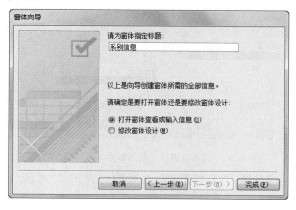

图 5-18　"请为窗体指定标题"界面(1)

步骤 5　单击【完成】按钮,打开新建的窗体"系别信息"窗体的布局视图,并显示数据表中的第一条记录,如图 5-19 所示。保存窗体,名称为"系别信息"。

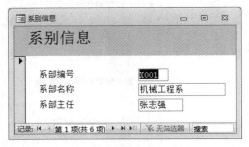

图 5-19　"系别信息"窗体的布局视图

子任务 3　使用向导创建基于多表的浏览学生信息的窗体

☀ 任务分析

　　前面两个子任务创建的都是基于单表的窗体,但为了分析数据需要,创建窗体的数据来源不仅可以基于单个数据表,也可以基于多个数据表。

　　本子任务的功能是基于"学生""班级"和"系部"三个表使用窗体向导创建浏览学生的学号、姓名、性别、班级名称和系部名称的窗体。

☀ 任务实施

　　步骤 1　启动 Access 2010,打开"学生管理"数据库。

　　步骤 2　在数据库功能区的"创建"选项卡下"窗体"命令组中单击【窗体向导】按钮,弹出"窗体向导"对话框的"请确定窗体上使用哪些字段"界面,首先在"表/查询"下的下拉列表中选择"表:学生",将"可用字段"列表框中的学号、姓名、性别三个字段分别单击【>】按钮移动到"选定字段"列表框中。再依次选择"班级"表的"班级名称"和"系部"表的"系部名称"字段,如图 5-20 所示。

微 课

使用向导创建
基于多表的浏览
学生信息的窗体

图 5-20　"请确定窗体上使用哪些字段"界面(1)

　　步骤 3　单击【下一步】按钮,打开"请确定查看数据的方式"界面,确定查看数据的方式选择"通过 学生",如图 5-21 所示。

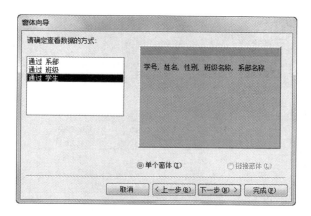

图 5-21　"请确定查看数据的方式"界面(1)

步骤 4　单击【下一步】按钮，弹出"请确定窗体使用的布局"界面，选择"表格"布局方式，如图 5-22 所示。

步骤 5　单击【下一步】按钮，打开"请为窗体指定标题"界面，指定标题为"浏览多表信息"，如图 5-23 所示。

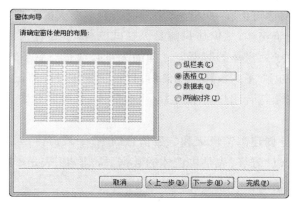

图 5-22　"请确定窗体使用的布局"界面(2)

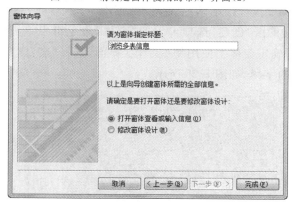

图 5-23　"请为窗体指定标题"界面(2)

步骤 6　单击【完成】按钮，以窗体视图打开"浏览多表信息"窗体，如图 5-24 所示，完成"浏览多表信息"窗体的创建。

图 5-24 "浏览多表信息"窗体界面

子任务 4 创建浏览班级和学生信息的主/子式窗体

任务分析

使用向导除了可以创建基于单表和多表的窗体之外,还可以创建带有子窗体的窗体,即主/子式窗体。主/子式窗体可以在一个窗体中同时查看多个表的数据。带有子窗体的窗体为主窗体,被包含的窗体为子窗体,主窗体只能是纵栏式窗体,子窗体可以显示为数据表式窗体或表格式窗体。创建主/子式窗体的数据表之间的关系必须是一对多的关系。

如果对于向导创建的主/子式窗体不满意,可以使用窗体设计器进一步进行修改。如果不想受系统的约束,创建完全符合用户需求的主/子式窗体,也可以在窗体设计器中,使用"子窗体"控件来实现。

本子任务是利用向导创建浏览班级和学生信息的主/子式窗体,因为"班级"表和"学生"表之间是一对多的关系,所以"班级"表是主窗体的数据源,"学生"表是子窗体的数据源。该窗体命名为"浏览班级和学生信息"。

任务实施

步骤 1 启动 Access 2010,打开"学生管理"数据库。

步骤 2 在数据库功能区"创建"选项卡下的"窗体"命令组中单击【窗体向导】按钮,弹出"窗体向导"对话框的"请确定窗体上使用哪些字段"界面,选择"表:学生"和"表:班级"中所有字段作为窗体上所需要的字段,如图 5-25 所示。

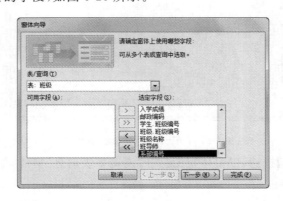

微课

创建浏览班级
和学生信息的
主子式窗体

图 5-25 "请确定窗体上使用哪些字段"界面(2)

步骤 3　单击【下一步】按钮，打开"请确定查看数据的方式"界面，选择"通过 班级"作为查看数据的方式，如图 5-26 所示。

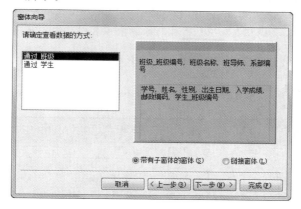

图 5-26　"请确定查看数据的方式"界面(2)

步骤 4　单击【下一步】按钮，弹出"请确定子窗体使用的布局"界面，选择"表格"布局方式，如图 5-27 所示。

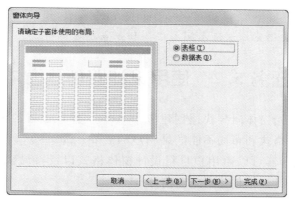

图 5-27　"请确定子窗体使用的布局"界面

步骤 5　单击【下一步】按钮，打开"请为窗体指定标题"界面，指定窗体标题为"浏览班级和学生信息"，子窗体标题为"学生_子窗体"。如图 5-28 所示。

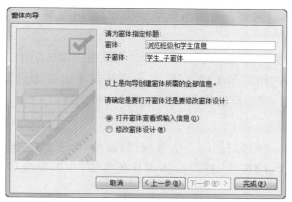

图 5-28　"请为窗体指定标题"界面(3)

步骤 6　单击【完成】按钮，以窗体视图方式打开"浏览班级和学生信息"窗体，如图 5-29 所示,保存窗体完成窗体的创建。

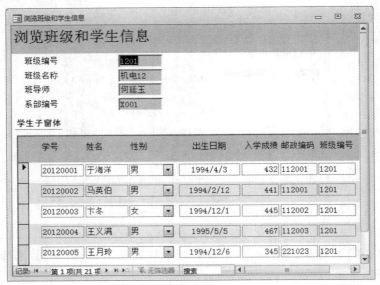

图 5-29 "浏览班级和学生信息"窗体

★**特别提示**:任务点相关知识请参阅本任务知识点 1 窗体概述。

任务 5.2 使用设计器创建窗体

任务 5.1 介绍了使用窗体向导快速创建应用 Access 默认设置的窗体,但在实际应用中,使用向导创建的窗体的格式和布局不能满足用户的需要。Access 2010 提供了使用设计器创建窗体的方法,使用设计器可以由用户自行设计窗体格式以及布局来创建窗体和修改窗体。本任务主要介绍使用设计器来创建自定义窗体。

子任务 1 创建浏览学生信息的窗体

任务分析

在学生管理系统中,经常要查看和浏览学生信息,为此要建立浏览学生信息的窗体。

本子任务的功能是基于"学生"表使用窗体设计器创建浏览学生信息的表格式窗体,该窗体命名为"浏览学生信息"。本子任务创建的窗体只能浏览学生信息,不能修改和编辑,需要设置相关控件的属性表来实现。

微课

创建浏览学生
信息的窗体

任务实施

步骤 1 启动 Access 2010,打开"学生管理"数据库,单击数据库功能区"创建"选项卡下"窗体"命令组的【窗体设计】按钮,打开窗体设计器界面,也就是窗体的设计视图,如图 5-30 所示。

步骤 2 在窗体设计器界面中,右键单击窗体的任意位置,在弹出的快捷菜单中选择"窗体页眉/页脚"命令,为窗体添加窗体页眉、页脚节,如图 5-31 所示。

图 5-30　窗体设计器界面

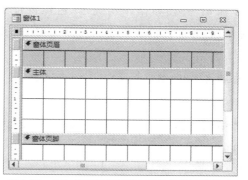

图 5-31　带窗体页眉和页脚节的窗体设计器界面

步骤 3　单击数据库功能区"窗体设计工具-设计"选项卡中的"工具"命令组中的【属性表】按钮,在窗体设计器右侧显示"属性表"窗格,在其中的下拉列表框中选择所选内容的类型为"窗体",再单击窗格中的"数据"选项卡,单击窗体"记录源"属性右侧的下拉列表框,设置窗体的"记录源"为"学生"表,并设置属性"允许添加""允许删除"和"允许编辑"均为"否",则窗体中的信息只能查看,不能修改和编辑,如图 5-32 所示。

步骤 4　单击数据库功能区"窗体设计工具-设计"选项卡中的"工具"命令组中的【添加现有字段】按钮,在窗体设计器右侧打开与该窗体的数据源相对应的"字段列表"窗格,如图 5-33 所示。

图 5-32　"属性表"窗格(2)

图 5-33　"字段列表"窗格(1)

步骤 5　在"字段列表"窗格中将所有字段直接拖到窗体的主体节中,然后将所有标签字段使用剪切法移动到窗体页眉节中,注意不能直接拖动。调整主体节中的文本框字段位置与窗体页眉节中相应的标签对齐,如图 5-34 所示。

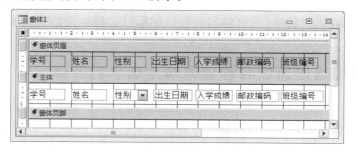

图 5-34　将字段列表中字段拖到窗体中

步骤 6 单击数据库功能区"窗体设计工具-设计"选项卡中的"工具"命令组中的【属性表】按钮，打开窗体的属性表，将"默认视图"属性的值设为"连续窗体"，"记录选择器"属性值设为"否"，如图 5-35 所示。

步骤 7 以"浏览学生信息"为窗体名保存窗体。在数据库功能区"窗体设计工具-设计"选项卡中的"视图"命令组中单击"视图"下拉列表，选择"窗体视图"运行窗体，如图 5-36 所示。该窗体中的数据只能查看，不能编辑和修改。

图 5-35 设置窗体的"属性表"窗格

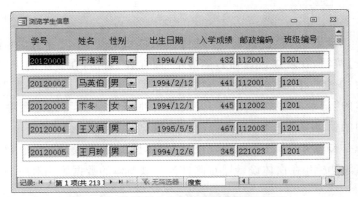

图 5-36 "浏览学生信息"窗体的窗体视图界面

子任务 2 创建编辑学生信息的窗体

任务分析

本子任务是基于"学生"表使用窗体设计器创建操作学生信息的窗体，该窗体命名为"操作学生信息"。编辑学生信息，不仅可以查看信息，而且还能修改和编辑信息，只需在子任务 1 基础上，将窗体属性表的"允许添加""允许删除"和"允许编辑"均设为"是"即可。

任务实施

步骤 1 启动 Access 2010，打开"学生管理"数据库，以设计视图方式打开"浏览学生信息"窗体。

步骤 2 单击数据库功能区"窗体设计工具-设计"选项卡下的"工具"命令组中的【属性表】按钮，弹出窗体的属性表，在属性表中设置"允许添加""允许删除"和"允许编辑"属性值为"是"，则窗体中的信息不仅能查看，而且还能修改和编辑。

步骤 3 以"操作学生信息"为窗体名另存窗体即可。窗体中的数据不仅能查看，而且还能编辑和修改。

子任务 3 创建通过班级名称查询学生信息的窗体

任务分析

本子任务的功能是使用窗体设计器创建通过班级名称查询学生信息的窗体，窗体命名为"按班名参数查询"。

创建通过班级名称查询学生信息的窗体,需要创建一个基于班级名称为参数的参数查询。此查询已在任务 4 中创建,查询名称为"班级名称",在本子任务中直接使用,不再介绍查询的创建过程。

任务实施

步骤 1　启动 Access 2010,打开"学生管理"数据库。

步骤 2　在数据库功能区"窗体设计工具-设计"选项卡下的"窗体"命令组中单击【窗体设计】按钮,打开窗体设计器。右键单击窗体设计器任意位置,在弹出的快捷菜单中选择"窗体页眉/页脚"命令,为窗体添加窗体页眉、页脚节。

步骤 3　在数据库功能区"窗体设计工具-设计"选项卡下的"工具"命令组中单击【属性表】按钮,弹出窗体的属性表,在属性表中设置窗体的"记录源"属性值为"班级名称","默认视图"属性的值为"连续窗体",如图 5-37 所示。

步骤 4　在数据库功能区"窗体设计工具-设计"选项卡下的"工具"命令组中单击【添加现有字段】按钮,打开"字段列表"窗格,将字段列表中的所有字段按图 5-38 所示添加到窗体中,并进行布局。

图 5-37　"属性表"窗格(3)

图 5-38　向窗体中添加字段后界面

步骤 5　以"按班名参数查询"为窗体名称保存该窗体。在数据库功能区"窗体设计工具-设计"选项卡中的"视图"命令组中单击"视图"下拉列表,选择"窗体视图"运行窗体,首先弹出"输入参数值"对话框,输入参数值"网络 12",如图 5-39 所示,单击【确定】按钮,显示如图 5-40 所示的窗体运行结果。

图 5-39　"输入参数值"对话框(2)

图 5-40　"按班名参数查询"窗体的运行结果

子任务 4　创建使用参数查询学生选课和成绩信息的窗体

☝ 任务分析

本子任务是使用窗体设计器创建使用参数查询"学生选课和成绩"信息的窗体,查询信息包括学生的学号、姓名、班级名称、课程名和成绩。

要创建使用参数查询"学生选课和成绩"信息的窗体,则需要先在窗体查询生成器中创建一个基于"学生""班级""课程"和"成绩"表的参数查询,本子任务分别以"学号"和"课程名"作为参数,然后再基于这个参数查询来创建窗体。

☝ 任务实施

步骤 1　启动 Access 2010,打开"学生管理"数据库。

步骤 2　在数据库功能区"窗体设计工具-设计"选项中的"窗体"命令组中单击【窗体设计】按钮,打开窗体设计器。右键单击窗体设计器任意位置,在弹出的快捷菜单中选择"窗体页眉/页脚"命令,为窗体添加窗体页眉、页脚节。

步骤 3　在数据库功能区"窗体设计工具-设计"选项卡下的"工具"命令组中单击【属性表】按钮,弹出窗体的属性表,在该属性表中,单击窗体"记录源"下拉列表框后面的【...】按钮,打开带"显示表"对话框的窗体查询生成器。

步骤 4　将"学生"表、"班级"表、"课程"表和"成绩"表添加到查询生成器中,关闭"显示表"对话框,并在设计网格中添加字段"学号""姓名""班级名称""课程名""成绩"。在设计网格中设置"学号"字段的条件为"[学号]","课程名"字段的条件为"[课程名]",如图 5-41 所示。

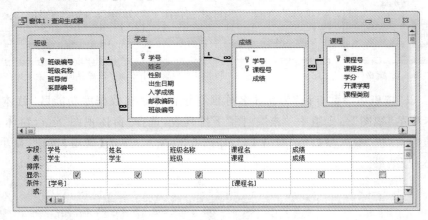

图 5-41　窗体查询生成器界面

步骤 5　单击数据库功能区"查询工具-设计"选项卡下的"显示/隐藏"命令组中的【参数】按钮,弹出"查询参数"对话框,在"查询参数"对话框中设置参数"学号"和"课程号",如图 5-42所示。单击【确定】按钮关闭"查询参数"对话框。

步骤 6　关闭窗体查询生成器,弹出确认保存并更新属性对话框,如图 5-43 所示。

步骤 7　在确认保存并更新属性对话框中单击【是】按钮,则窗体的"记录源"属性设置完毕。

步骤 8　在数据库功能区的"窗体设计工具-设计"选项卡中的"工具"命令组单击【添加现有字段】按钮,将弹出的字段列表中的所有字段拖到窗体中,并进行布局,如图 5-44 所示。

图 5-42　"查询参数"对话框

图 5-43　确认保存并更新属性对话框

步骤 9　以"学生选课和成绩"为窗体名命名窗体,单击数据库功能区"窗体设计工具-设计"选项卡下的"视图"命令组中的【窗体视图】按钮,运行窗体,弹出"输入参数值"的对话框,依次输入学号参数值"20120075"和课程名参数值"Access 数据库系统",如图 5-45 所示。

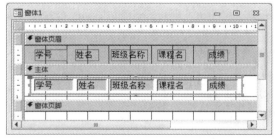

图 5-44　向窗体中添加所需字段界面

图 5-45　"输入参数值"对话框(3)

步骤 10　单击【确定】按钮,显示窗体的运行结果,如图 5-46 所示。

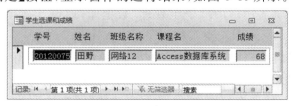

图 5-46　"学生选课和成绩"窗体运行结果

提示:

如果将窗体的"记录选择器"属性值设为"否",窗体的运行结果如图 5-47 所示。

★特别提示:任务点相关知识请参阅本任务知识点 2 窗体控件。

图 5-47　去掉记录选择器的"学生选课和成绩"窗体运行结果

任务 5.3　美化窗体

♣ 任务分析

在窗体中添加控件、修改控件和设置控件属性值是美化窗体的重要手段。

本任务通过添加控件和设置控件属性值，将"班级信息"窗体美化为如图 5-48 所示的结果。其中标题下面的直线通过添加直线控件得到；给窗体添加背景图片；窗体上的所有标签通过设置属性值使其文本颜色为"红色"并"加粗"显示，背景样式为"透明"，背景颜色为"无颜色"；所有文本框通过设置属性值使其文本颜色为"黑色"并"加粗"显示；班级名称字段调整为组合框，可简化、快速输入数据；在窗体上新添加了两个按钮，分别命名为"bt1"和"bt2"，按钮的标题为"转至下一项记录图标"和"关闭窗体"，并实现相应功能。

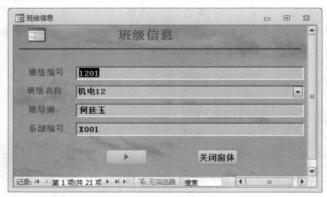

图 5-48　美化后的"班级信息"窗体

♣ 任务实施

步骤 1　启动 Access 2010，打开"学生管理"数据库，以设计视图方式打开"班级信息"窗体。

步骤 2　打开窗体属性表对话框，设置窗体背景，单击图片属性值右侧的【...】按钮，浏览要加载的图片文件，并设置"图片缩放模式"属性值为"拉伸"。

步骤 3　选中窗体上的所有标签，单击数据库功能区"窗体设计工具-设计"选项卡下的"工具"命令组中的【属性表】按钮，弹出"属性表"窗格，在属性表中设置所有标签的"背景色"属性值为"无颜色"，"背景样式"属性值为"透明"，"前景色"属性值为♯ED1C24(红色)，"字体粗细"属性值为"加粗"。如图 5-49 所示。

步骤 4　选中窗体页眉节中的"班级"标签，在属性表中设置"标题"属性为"班级信息"，"字号"属性值为"18"，"字体粗细"属性值为"加粗"，"文本对齐"属性值为"居中"。

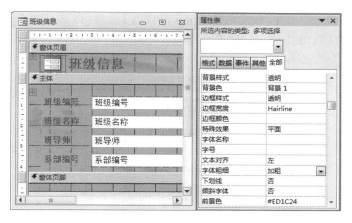

图 5-49　设置所有标签的背景色和前景色

步骤 5　同步骤 3 的方法,利用"属性表"窗格,设置主体节中的文本框控件的"字体粗细"属性的值为"加粗","前景色"属性值为黑色。效果如图 5-50 所示。

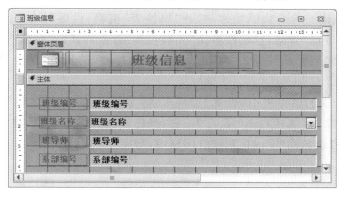

图 5-50　设置文本框控件的字体属性

步骤 6　在数据库功能区"窗体设计工具-设计"选项卡下的"控件"命令组中单击【直线】按钮,拖动鼠标在窗体主体的适当位置画出控件大小范围,则可添加一个自定义大小的直线,选中该直线,打开控件的属性表,在属性表中设置直线的"边框宽度"为"2 pt","边框颜色"为红色。效果如图 5-51 所示。

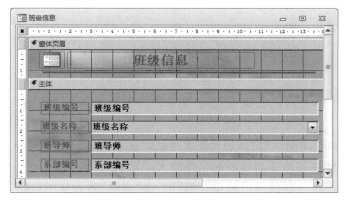

图 5-51　绘制直线

步骤 7　删掉与班级名称字段绑定的文本框及其对应的标签。在数据库功能区"窗体设计工具-设计"选项卡下的"控件"命令组中单击【组合框】按钮,拖动鼠标在窗体主体节的适当位置画出控件大小范围。此时会弹出"组合框向导"对话框,单击【取消】按钮,不使用组合框向导。如图 5-52 所示。

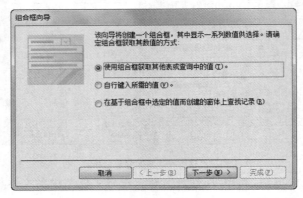

图 5-52 "组合框向导"对话框

步骤 8 选择窗体上的组合框控件,打开"属性表"窗格,设置组合框对应标签的标题为"班级名称",设置标签的"背景色"属性值为"无颜色","背景样式"属性值为"透明","前景色"属性值为红色,"字体粗细"属性值为"加粗";设置组合框的"前景色"属性值为黑色,"字体粗细"属性值为"加粗"。

步骤 9 在组合框的属性表中,设置"控件来源"属性值为"班级名称","行来源类型"为"表/查询",单击"行来源"属性右侧的【...】按钮,弹出窗体查询生成器,将"班级"表添加到该查询生成器中,将"班级名称"字段拖到设计网格中,如图 5-53 所示。

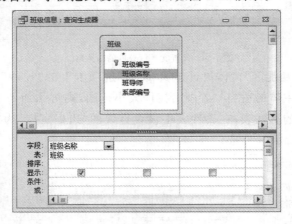

图 5-53 窗体查询生成器

步骤 10 关闭窗体查询生成器,弹出确认保存并更新对话框,单击【是】按钮,完成"行来源"属性的设置。

步骤 11 在数据库功能区"窗体设计工具-设计"选项卡下的"控件"命令组中单击【按钮】按钮,拖动鼠标在窗体主体的适当位置画出控件大小范围,则可添加一个自定义大小的按钮,此时弹出"请选择按下按钮时执行的操作"对话框,在"类别"列表框中选择"记录导航","操作"列表框中选择"转至下一项记录",如图 5-54 所示。

图 5-54　"请选择按下按钮时执行的操作"对话框

步骤 12　单击【下一步】按钮，弹出"请确定在按钮上显示文本还是显示图片"对话框，选择"图片"单选按钮中的"移至下一项"，如图 5-55 所示。

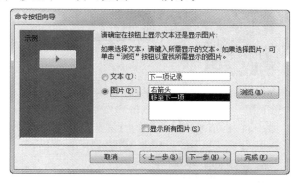

图 5-55　"请确定在按钮上显示文本还是显示图片"对话框

步骤 13　单击【下一步】按钮，弹出"请指定按钮的名称"对话框，指定按钮的名称为"bt1"，如图 5-56 所示，单击【完成】按钮即可。这样就完成了【转向下一项】按钮的添加和设置工作。

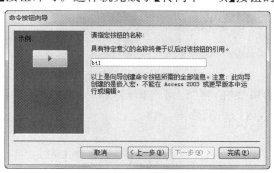

图 5-56　"请指定按钮的名称"对话框(1)

步骤 14　【关闭窗体】按钮的添加方法与【转向下一项】按钮基本相同，只是在选择"请选择按下按钮时执行的操作"对话框中，"类别"列表框选择"窗体操作"，"操作"列表框选择"关闭窗体"，如图 5-57 所示。

步骤 15　单击【下一步】按钮，在弹出的"请确定在按钮上显示文本还是显示图片"对话框中选择"文本"单选按钮，如图 5-58 所示。

步骤 16　单击【下一步】按钮，弹出"请指定按钮的名称"对话框，指定按钮名称为"bt2"，如图 5-59 所示，单击【完成】按钮即可。这样就完成了【关闭窗体】按钮的添加和设置工作。

图 5-57 选择【关闭窗体】按钮执行的操作

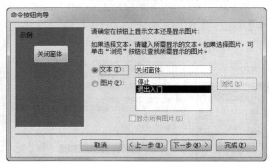

图 5-58 【关闭窗体】按钮显示文本还是显示图片设置

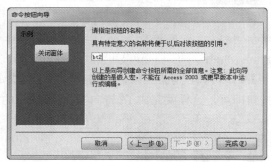

图 5-59 指定【关闭窗体】按钮的名称

步骤 17 打开窗体的属性表,将"记录选择器"和"导航按钮"均设为"否"。保存该窗体,以"窗体视图"打开该窗体,运行结果见图 5-48。

📚**提示:**

使用"窗体设计-工具"选项卡也可以美化窗体,如更改主题。

★**特别提示:**任务点相关知识请参阅本任务知识点 2 窗体控件。

任务 5.4 创建编辑系别信息的窗体

⚱ **任务分析**

本任务是基于"系别信息"窗体使用窗体设计器创建编辑系别信息的窗体,在该窗体中可以将记录定位到第一条记录、上一条记录、下一条记录和最后一条记录,还可以添加、修改和删除记录。

要实现上述编辑信息的功能,需要通过命令按钮的"记录导航"和"记录操作"来实现。

任务实施

步骤 1　启动 Access 2010,打开"学生管理"数据库,以设计视图方式打开"系别信息"窗体。

步骤 2　单击数据库功能区"窗体设计工具-设计"选项卡下的"控件"命令组中的"按钮"命令,在窗体的主体节的适当位置画一个合适大小的按钮,此时弹出"命令按钮向导"对话框,在"类别"框中选择"记录导航",在"操作"中选择"转至第一项记录",如图 5-60 所示。

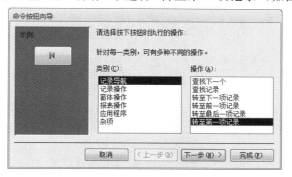

微　课

创建编辑系别
信息的窗体

图 5-60　"命令按钮向导"对话框(1)

步骤 3　单击【下一步】按钮,弹出"请确定按钮上显示文本还是图片"对话框,选择"图片-移至第一项",如图 5-61 所示。

图 5-61　"请确定按钮上显示文本还是显示图片"对话框(1)

步骤 4　单击【下一步】按钮,弹出"请指定按钮的名称"对话框,指定该按钮名字为"first",如图 5-62 所示,单击【完成】按钮,完成转至第一条记录导航按钮的添加。使用同样的方法依次添加上一条记录、下一条记录和转至最后一项、添加和删除按钮。在添加"添加记录"和【删除记录】按钮时,在图 5-60 中"类别"框选择"记录操作","操作"框选择"添加新记录"和"删除记录"即可。设计好的窗体运行效果如图 5-63 所示。

图 5-62　"请指定按钮的名称"对话框(2)

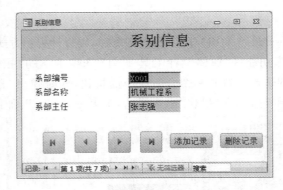

图 5-63 设计好的窗体的运行效果

步骤 5　单击图 5-63 窗体中的导航按钮，实现导航记录。单击【添加记录】按钮，可以添加记录，如图 5-64 所示。同样单击【删除记录】按钮，也可以删除记录。

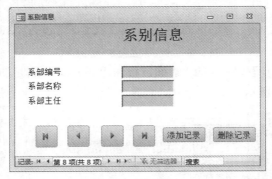

图 5-64 添加记录

任务实训　创建图书销售管理系统的窗体

一、实训目的和要求
1. 掌握快速建立窗体的方法
2. 掌握使用向导创建窗体的方法
3. 掌握使用设计器创建窗体的方法
4. 掌握美化窗体的方法

二、实训内容与步骤
1. 以"供应商"表为数据源，使用自动窗体快速创建名为"供应商信息"的窗体。效果图如图 5-65 所示。

2. 以"出版社"表为数据源，使用向导创建名为"出版社信息"的窗体，其中布局方式选择"表格"。效果图如图 5-66 所示。

3. 以"出版社"表和"图书库存"表为数据源，使用向导创建浏览图书的图书编号、图书名称、出版日期、库存数量和出版社名称的表格式窗体，该窗体命名为"图书库存出版社"。效果图如图 5-67 所示。

4. 以"图书库存"表和"入库单"表为数据源，利用向导创建浏览图书库存和入库单信息的主/子式窗体。命名为"图书入库主/子式"，效果图如图 5-68 所示。

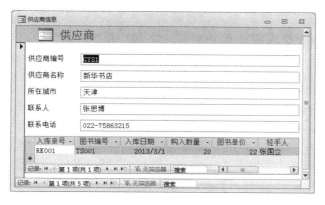

图 5-65　"供应商信息"窗体

图 5-66　"出版社信息"窗体

图 5-67　"图书库存出版社"窗体

图 5-68　"图书入库主/子式"窗体

5. 以"图书库存"表为数据源,使用设计器创建名为"浏览图书库存信息"的表格式窗体,要求该窗体的信息,只能查看,不能修改和编辑。效果图如图 5-69 所示。

图书编号	ISBN	图书名称	图书类号	作者	开本	装帧
TS001	9787302164630	Access数据库技术实训教程	FL02	张玲	185×260	三河市潭源装订厂
TS002	9787115260154	ASP.NET网站开发技术(项目式)	FL02	李正吉	787×1092	北京铭成印刷有限公司
TS003	9787115222985	计算机组装与维护应用教程(项目式)	FL02	郑平	787×1092	三河市海波印务公司
TS004	9787302221654	数控机床零件加工	FL03	孙翰英	185×260	北京鑫海金澳胶印公司
TS005	9787302120957	现代机械制造工艺	FL03	陈锡渠	185×230	北京四季青印刷厂

图 5-69 "浏览图书库存信息"窗体

6. 以"入库单"表为数据源,使用设计器创建名为"操作入库单信息"的表格式窗体,要求该窗体的信息,不仅可以查看,也可以修改和编辑。效果图如图 5-70 所示。

入库单号	图书编号	入库日期	购入数量	图书单价	供应商编号	经手人
RK001	TS001	2013/3/1	20	22	GYS1	张国立
RK002	TS002	2013/5/1	100	38.5	GYS2	王悦
RK003	TS003	2013/10/1	50	27	GYS2	王悦
RK004	TS004	2012/10/1	30	34	GYS3	杜磊

图 5-70 "操作入库单信息"窗体

7. 以"图书库存"表为数据源,创建通过 ISBN 查询图书信息的参数查询,查询信息包括图书编号、图书名称、作者、出版日期和图书单价,然后基于这个参数查询创建名为"ISBN 查询"的窗体。效果图如图 5-71、图 5-72 所示。

图 5-71 "输入参数值"对话框(4)

图 5-72 ISBN 查询结果

8. 以"入库单"为数据源,利用窗体查询生成器创建一个通过入库日期查询图书入库信息的参数查询,然后再基于这个参数查询来创建名为"通过入库日期查询图书入库信息"的窗体。效果图如图 5-73、图 5-74 所示。

图 5-73 "输入参数值"对话框(5)

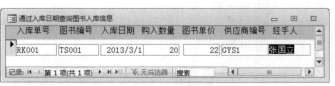

图 5-74 入库日期查询结果

9. 美化"浏览图书库存信息"窗体。设置窗体上的"图书编号"标签的文本颜色为红色,字体为楷体、加粗,字号 18;在窗体主体节上添加两个按钮,分别命名为"bt1"和"bt2",按钮的标题分别为"转至最后一项记录"图标和"关闭窗体"文字,并实现相应功能。效果图如图 5-75 所示。

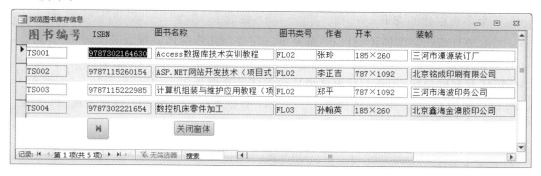

图 5-75　美化后的"浏览图书库存信息"窗体

任务小结

窗体是 Access 数据库的重要对象之一。窗体既是管理数据库的窗口,又是用户和数据库之间沟通的桥梁。通过窗体可以方便地输入、编辑、查询、排序、筛选和显示数据。

本任务介绍了创建窗体的两种方法:快速建立窗体和使用设计器创建窗体。快速创建窗体包括使用自动窗体创建窗体和使用向导创建窗体。使用自动窗体创建窗体尽管很简单,但格式是由系统规定的,界面布局单一,虽然也可以再进入设计视图进行修改,但要改动的地方可能会很多,给用户带来不便。创建窗体也可以在窗体向导的引导下创建。利用窗体向导创建一个窗体后,可以随时在窗体设计视图下进行修改。窗体向导可以创建纵栏式、表格式、数据表式和两端对齐式等布局的窗体。如果用户希望自己选择窗体类型和样式等,通常使用窗体设计器创建窗体,这种方法不但简单方便,而且非常灵活。

思考与练习

一、填空题

1. 窗体中的数据来源主要包括表和＿＿＿＿＿。

2. 窗体设计视图窗口由多个部分组成,每个部分称为一个＿＿＿＿＿。

3. 窗体的页眉节位于窗体的最上方,主要用于显示窗体的＿＿＿＿＿。

4. Access 提供六种基本类型的窗体:＿＿＿＿＿、＿＿＿＿＿、＿＿＿＿＿、＿＿＿＿＿和＿＿＿＿＿。

5. 使用 Access 自动创建窗体工具创建的窗体是＿＿＿＿＿窗体。

6. 窗体通常有三种视图方式:＿＿＿＿＿、＿＿＿＿＿和布局视图。

7. 当通过字段列表向窗体中添加一个字段时,会在窗体中同时出现＿＿＿＿＿和＿＿＿＿＿控件。

8. 创建窗体的方法包括＿＿＿＿＿、＿＿＿＿＿和＿＿＿＿＿。

二、选择题

1. 不是窗体设计视图窗口组成部分的是(　　　)。

A. 窗体页眉　　　　B. 窗体页脚　　　　C. 主体　　　　D. 窗体设计器

2.创建窗体的数据源不能是（　　　　）。

A.一个表 　　　　　　　　　　　　B.一个单表创建的查询

C.一个多表创建的查询 　　　　　　D.报表

3.无论是自动创建窗体还是报表，都必须选定要创建该窗体或报表基于的（　　　　）。

A.数据来源 　　　　B.查询 　　　　C.表 　　　　D.记录

4.窗体有三种视图，用于创建窗体或修改窗体的视图是（　　　　）。

A.设计视图 　　　　B.窗体视图 　　　　C.数据表视图 　　　　D.透视表视图

5.下列叙述正确的是（　　　　）。

A.纵栏式窗体一次只显示一条记录

B.表格式窗体一次可以显示多条记录

C.数据表式窗体运行时显示界面与表或查询打开时的显示界面相同

D.以上结论都正确

6.下列关于窗体视图的叙述，错误的是（　　　　）。

A.设计视图常用于创建和编辑窗体布局

B.窗体视图常用于显示窗体的运行结果

C.数据表视图以数据表方式显示窗体处理的数据

D.以上都不对

7.下列关于设置属性值的叙述，错误的是（　　　　）。

A.先在窗体设计器中选择控件，再在属性对话框中设置属性值

B.在属性对话框中的"对象"列表框中选择控件，并在属性对话框设置属性值

C.先在窗体设计器中选择多个控件，则设置的属性值对选定的所有控件有效

D.在属性对话框中设置属性值的操作只对一个控件有效

8.下列关于控件的叙述，错误的是（　　　　）。

A.标签控件常用于显示描述性文字

B.文本框控件常用于输入和显示数据

C.按钮常用于完成一些操作

D.复选框控件常用于一组选项只可以选择一个的情形

9.在 Access 中，在窗体中的一个窗体称为（　　　　）。

A.主窗体 　　　　B.子窗体 　　　　C.数据表窗体 　　　　D.表格式窗体

10.下列（　　　　）是窗体必备的部分。

A.窗体页眉 　　　　B.窗体页脚 　　　　C.主体 　　　　D.页面页眉和页面页脚

三、简答题

1.简述窗体的功能。

2.简述窗体设计视图窗口的各节作用。

3.窗体三种视图的作用分别是什么？

任务6　创建学生管理系统的报表

知识点　报表概述

1. 报表

在很多情况下,一个数据库系统操作的最终结果是要打印输出的。报表是用于按指定格式打印输出数据的数据库对象。报表还具有对数据的加工处理能力,可以对数据进行筛选、排序、分组、计算和汇总等操作。另外,还可以使用图片、图表来美化报表外观,增强信息的表达能力。精美且设计合理的报表能把用户所要传达的汇总数据、统计与摘要信息清晰地呈现在纸质介质上,让人看来一目了然。

报表和窗体有许多共同之处。它们的数据源都可以是表或查询,向报表设计器添加控件的方法与向窗体设计器添加控件的方法相同,编辑报表布局、美化报表的方法与编辑窗体布局、美化窗体的方法也相同。报表与窗体的不同之处在于,窗体可以与用户进行交互,报表不能与用户交互。

2. 报表的类型

Access 常见的报表类型有:纵栏式报表、表格式报表、图表式报表、标签式报表和主/从式报表。各种报表类型简述如下。

(1)纵栏式报表

纵栏式报表在报表中将数据以纵列文本框的形式显示出来。其形态就像一个连续的窗体,如图 6-1 所示。

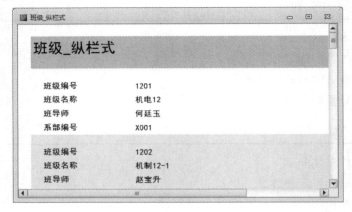

图 6-1　纵栏式报表

(2)表格式报表

表格式报表在报表中将数据以行列的形式显示出来。其形态就像一个二维表,不过一般没有行列的分割线,如图 6-2 所示。

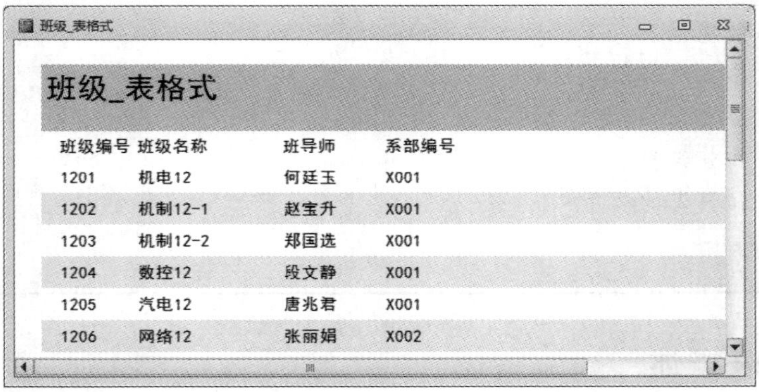

图 6-2　表格式报表

(3)图表式报表

图表式报表在报表中将数据以图表的形式显示出来,多为饼形图或柱形比例图、曲线趋势图等,如图 6-3 所示。

(4)标签式报表

标签式报表在报表中将数据以信封或商品标签形式显示出来。一般标签式报表呈现的数据比较紧凑,直接表现每个记录的数据,而不附加其他信息,如图 6-4 所示。

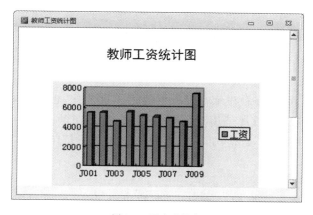

图 6-3　图表式报表

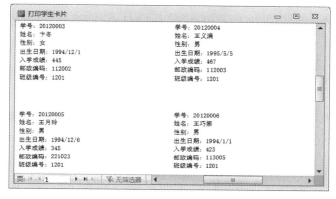

图 6-4　标签式报表

（5）主/从式报表

主/从式报表在报表中显示一个记录的数据后，将该记录相关的一组数据以子报表的形式显示出来。这类报表比较复杂，一般子报表中的记录数量不大，但它能很好地表现出数据间的关联性，如图 6-5 所示。

图 6-5　主/从式报表

3. 报表的视图方式

报表有四种视图方式，分别是报表视图、打印预览视图、布局视图和设计视图。

（1）报表视图

报表视图是报表设计完成后，最终被打印的视图。在报表视图中可以对报表应用高级筛选。

（2）打印预览视图

在打印预览视图中，可以查看显示在报表上的每一页数据，也可以查看报表的版面设置。在这个视图方式下打开报表，通常是用户需要打印之前，先在屏幕上显示报表在打印时的效果，然后根据需要修改和调整不合适的地方，直到满意才真正打印出来，这样就可以节省纸张并提高工作效率。

（3）布局视图

在布局视图中可以在显示数据的情况下，调整报表设计，可以根据实际报表数据调整列宽，将列重新排列并添加分组级别和汇总。报表的布局视图与窗体的布局视图的功能和操作方法十分相似。

（4）设计视图

在设计视图中可以创建报表或修改现有的报表。

在默认情况下，Access 将报表设计视图分为三个节，分别为"页面页眉""主体""页面页脚"，通过右击报表设计视图任意位置，在弹出的快捷菜单中选择"报表页眉/页脚"命令，可加上"报表页眉"和"报表页脚"，如图 6-6 所示。在报表分组显示时，还可以增加相应的组页眉和组页脚。

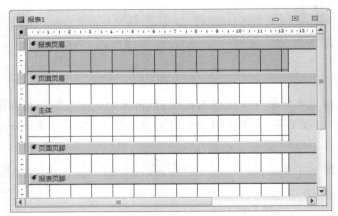

图 6-6　带报表页眉、页脚的报表设计视图

报表页眉只在整个报表的首部打印输出，一般用来设置报表的封面、标题、制作时间、制作单位等只需输出一次的内容。

页面页眉显示在报表中每页的最上方，一般用来显示列标题等内容，也可以包含报表的页标题。

组页眉的内容在报表每组头部打印输出，同一组的记录都会在主体节中显示，它主要用于定义报表输出每一组的标题。

报表主体是报表打印数据的主体部分，是报表的关键内容，是不可缺少的项目，不能删除。可以将数据源中的字段直接"拖"到"主体"节中，或把报表控件放到"主体"节中用来显示数据内容。

组页脚的内容在报表每组底部打印输出，主要用来输出每一组的统计计算标题。

页面页脚的内容在报表每页最下方打印输出，主要用来显示页号、制表人员、审核人员等说明信息。

报表页脚的内容只在整个报表的最后一页末尾打印输出，主要用来显示有关数据统计信息，如总计、平均等。

任务 6.1 使用报表工具创建报表

任务分析

在实际应用中，如在学生管理系统中，经常需要输入/输出数据表和查询中的数据，如果在计算机屏幕上输入/输出数据，使用窗体是一个不错的选择。如果要用打印机输出数据，则常常使用报表。对于简单的报表，可以直接将数据表、查询自动生成报表，"报表"工具就提供了最快的创建简单报表的方式，它既不向用户提示信息，也不需要用户做任何其他操作就立即生成报表。尽管"报表"工具可能无法创建满足最终需要的完美报表，但对于迅速查看基础数据极其有用。在生成报表后，如果不满意，还可以使用报表设计器对其进行修改，使它更好地满足需求。

本任务的功能是使用报表工具创建基于"班级名称"参数查询的打印某班级学生信息的报表。

任务实施

步骤 1 启动 Access 2010，打开"学生管理"数据库。

步骤 2 在"导航"窗格中，选中"班级名称"查询，在"创建"选项卡的"报表"命令组中，单击【报表】按钮，弹出"输入参数值"对话框，输入班级名称"机电 12"，如图 6-7 所示。

图 6-7 "输入参数值"对话框（6）

步骤 3 在"输入参数值"对话框中单击【确定】按钮，基于"班级名称"查询的报表创建完成，并切换到布局视图，如图 6-8 所示，以"打印某班级学生信息"为名保存报表。

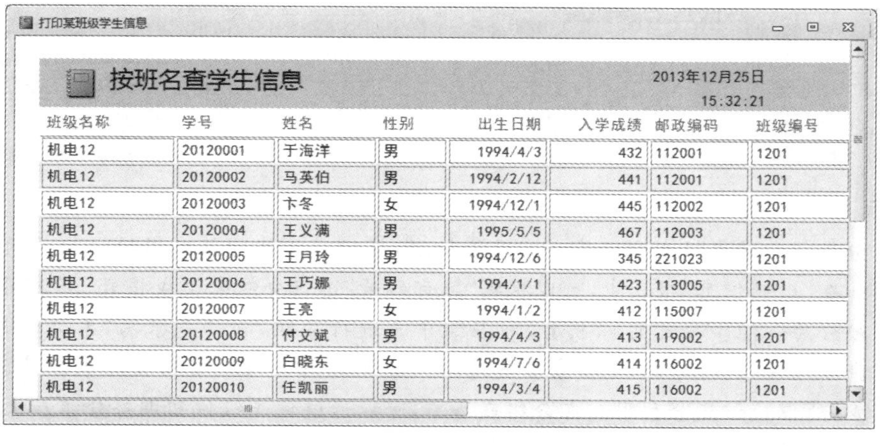

班级名称	学号	姓名	性别	出生日期	入学成绩	邮政编码	班级编号
机电12	20120001	于海洋	男	1994/4/3	432	112001	1201
机电12	20120002	马英伯	男	1994/2/12	441	112001	1201
机电12	20120003	卞冬	女	1994/12/1	445	112002	1201
机电12	20120004	王义满	男	1995/5/5	467	112003	1201
机电12	20120005	王月玲	男	1994/12/6	345	221023	1201
机电12	20120006	王巧娜	男	1994/1/1	423	113005	1201
机电12	20120007	王亮	女	1994/1/2	412	115007	1201
机电12	20120008	付文斌	男	1994/4/3	413	119002	1201
机电12	20120009	白晓东	女	1994/7/6	414	116002	1201
机电12	20120010	任凯丽	男	1994/3/4	415	116002	1201

按班名查学生信息　2013年12月25日 15:32:21

图 6-8 基于"班级名称"参数查询创建的报表

★**特别提示**：任务点相关知识请参阅本任务知识点报表概述。

任务 6.2　使用向导创建打印班级信息的报表

❧ 任务分析

　　使用报表工具可以将数据表、查询自动生成一种标准化的简单报表，虽然快捷，但是存在不足，如不能自由地选择出现在报表中的数据源字段、布局样式等。对于较复杂的报表，一般使用向导或设计视图创建。报表向导在创建报表时可以选择字段，还可以指定数据的分组、排序方式和报表的布局样式。

　　本任务的功能是使用向导创建打印班级信息的报表。

微课

使用向导创建
打印班级信息
的报表

❧ 任务实施

　　步骤 1　启动 Access 2010，打开"学生管理"数据库。

　　步骤 2　在"学生管理"数据库工作界面选择"创建"选项卡，在"报表"命令组中单击【报表向导】按钮，打开"报表向导"对话框。

　　步骤 3　在"报表向导"对话框中，单击"表/查询"下拉列表框，选择数据源为"表：班级"，单击【＞＞】按钮，将"可用字段"列表框中列出的所有字段移动到"选定字段"列表框中，这样就确定了报表所需的字段，如图 6-9 所示。

　　步骤 4　单击【下一步】按钮，弹出"是否添加分组级别"界面，在该界面左边的字段列表中选取"系部编号"字段，单击【＞】按钮，将该字段设为分组级别，则在右边的示意窗口中显示分组层次图，如图 6-10 所示。

图 6-9　"请确定报表上使用哪些字段"界面

图 6-10　"是否添加分组级别"界面

　　📌 提示：

　　这里的分组指的是在报表中以某一字段为标准，将所有该字段值相同的记录作为一组来生成报表。例如在"班级信息"报表中，可以根据"系部编号"进行分组来生成报表，那么同一系部的班级信息将被分为一组。分组可以嵌套，即在组中再进行分组，例如先根据"系部编号"进行分组，再按照"班级编号"进行分组，则报表会更清晰。分组的好处在于能够使报表层次清晰，并且重复的内容少，所以应该充分利用。在分组嵌套中，可以通过优先级按钮调整分组层次。

　　步骤 5　单击【下一步】按钮，弹出"请确定明细记录使用的排序次序"界面，在界面中选择按照"班级编号"进行"升序"排序，如图 6-11 所示。

　　📌 提示：

　　排序是指将报表中的记录按所指定的字段从小到大或从大到小排列，排序主要体现记录排列的顺序。如果分组与排序同时存在,那么将首先按分组字段进行分组,然后在组内按照排序字段进行排序。

Access 最多可按四个字段对记录进行排序,即最多可有四级顺序,在第一级排序字段值相同时再按照第二级顺序排序,依此类推。当然,也可以选择不排序,这时将按照记录存储的顺序输出报表。在选定排序字段后,可以选择排序方式。缺省方式为升序排列,单击按钮可以在升序和降序之间进行切换。

步骤 6　单击【下一步】按钮,进入"请确定报表的布局方式"界面,选择"递阶"布局和"纵向"方向,如图 6-12 所示。

图 6-11　"请确定明细记录使用的排序次序"界面

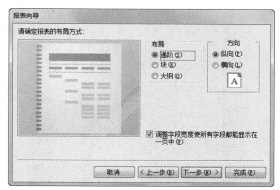
图 6-12　"请确定报表的布局方式"界面

提示:

在"布局"栏中选定一种布局方式后,在左边的预览窗口就会显示出该布局方式的样式,用户可以根据自己的需要选择合适的布局方式。

如果在第 5 步中,没添加分组级别,此时显示为"纵栏表""表格"和"两端对齐"三种布局方式,可以创建"纵栏式"和"表格式"报表。没有添加分组级别的"请确定报表的布局方式"界面如图 6-13 所示。

步骤 7　在如图 6-12 所示的界面中单击【下一步】按钮,进入"请为报表指定标题"界面,输入报表标题"班级信息",在该界面中还可以选择结束报表向导后是"预览报表"还是"修改报表设计",如果对报表无特殊要求,可以直接选择"预览报表";如果不满足报表向导提供的功能,可以选择"修改报表设计",进入报表设计视图,对报表进行修改。这里选择"预览报表",如图 6-14 所示。

图 6-13　"请确定报表的布局方式"界面(无分组)

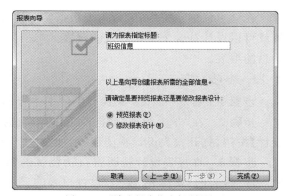
图 6-14　"请为报表指定标题"界面

步骤 8   单击【完成】按钮,即可预览所创建的"班级信息"报表,如图 6-15 所示。

系部编号	班级编号	班级名称	班导师
X001			
	1201	机电12	何廷玉
	1202	机制12-1	赵宝升
	1203	机制12-2	郑国选
	1204	数控12	段文静
	1205	汽电12	唐兆君
X002			
	1206	网络12	张丽娟
	1207	信息12	刘晓飞
	1208	电自12	邢彬
	1209	电子12	程少旭
	1210	供配电12	梁侨
X003			
	1211	城建12	张利
	1212	建工12	张安平
	1213	房地产12	杨德利
	1214	装饰12	孙华山
	1215	图形12	王磊

图 6-15   由报表向导创建的"班级信息"报表

★**特别提示**:任务点相关知识请参阅本任务知识点报表概述。

任务 6.3   使用设计器创建和修改报表

子任务 1   创建打印学生详细信息的报表

☉ 任务分析

使用报表向导创建报表,只能选择 Access 系统提供的报表布局等参数,这样的报表在某种程度上并不能完全满足用户需求,这时可以使用报表设计器来创建报表或对已有报表加以修改,使其更加符合个性化的报表要求。

微课

使用设计器
创建和修改报表

在学生管理系统中,经常需要根据实际情况打印输出不同格式的学生信息,使用报表设计器就可以设计符合个性化要求的报表。本子任务的功能是使用报表设计器创建打印学生详细信息的报表。

☉ 任务实施

步骤 1   启动 Access 2010,打开"学生管理"数据库。

步骤 2   在"学生管理"数据库工作界面选择"创建"选项卡,在"报表"命令组中单击【报表设计】按钮,打开报表设计视图窗口,如图 6-16 所示。

步骤 3   在报表设计视图窗口功能区的"设计"选项卡"工具"命令组中单击【属性表】按钮,打开报表的"属性表"窗格,设置报表的记录源属性值为"学生"表,如图 6-17 所示。

步骤 4   在报表设计视图窗口功能区的"设计"选项卡"工具"命令组中单击【添加现有字

段】按钮,打开该报表的"字段列表"窗格,如图 6-18 所示。

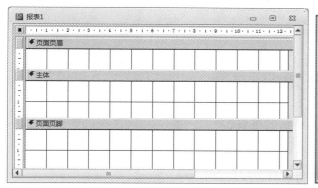

图 6-16　报表设计视图窗口　　　　图 6-17　"属性表"窗格(4)　图 6-18　"字段列表"窗格(2)

步骤 5　在"字段列表"窗格中将"学生"表中的所有字段直接拖到报表的"主体节"中,如图 6-19 所示。选中主体节中的所有字段,单击"报表设计工具-排列"选项卡中的"表"命令组中的【堆积】按钮,可以更好地排列字段,如图 6-20 所示。

图 6-19　"添加所有字段"后的报表设计器窗口　　　　　　图 6-20　堆积后的效果

步骤 6　将报表保存为"打印学生详细信息",以"报表视图"方式打开报表,如图 6-21 所示。但是这个报表设计不是很美观,需要进一步修饰和美化。

图 6-21　"打印学生详细信息"报表预览

子任务 2　修改打印学生详细信息的报表

任务分析

　　在实际工作中创建的报表如果不够理想，或者要创建复杂一些的报表，可以使用报表设计器对报表加以修改，使得生成的报表更加符合实际工作的需要。

　　本子任务的功能使用报表设计器修改"打印学生详细信息"报表。将子任务 1 创建的纵栏式"打印学生详细信息"报表修改为如图 6-22 所示的报表。

学号	姓名	性别	出生日期	入学成绩	邮政编码	班级编号
20120001	于海洋	男	1994/4/3	432	112001	1201
20120002	马英伯	男	1994/2/12	441	112001	1201
20120003	卞冬	女	1994/12/1	445	112002	1201
20120004	王义清	男	1995/5/5	467	112003	1201
20120005	王月玲	男	1994/12/6	345	221023	1201
20120006	王巧娜	男	1994/1/1	423	113005	1201
20120007	王亮	女	1994/1/2	412	115007	1201
20120008	付文斌	男	1994/4/3	413	119002	1201

图 6-22　修改后的报表

任务实施

　　步骤 1　启动 Access 2010，打开"学生管理"数据库。

　　步骤 2　在"学生管理"数据库工作界面的导航窗格中，右击"打印学生详细信息"报表，在弹出的快捷菜单中选择"设计视图"命令，打开"打印学生详细信息"报表的设计视图窗口。

　　步骤 3　在报表的设计视图窗口中将主体节中的所有标签通过"剪切/粘贴"方法移动到页面页眉中，并调整主体节中的文本框与相应的页面页眉中的标签对齐，调整后的报表设计视图窗口如图 6-23 所示。

图 6-23　将标签移动到页面页眉后的设计视图窗口

　　步骤 4　在报表的设计视图窗口中选中页面页眉节中的所有标签控件，单击功能区的【属性表】按钮，打开标签的"属性表"窗格，在"属性表"窗格中设置所有标签控件的"前景色"属性值为"黑色"，"字体粗细"属性值为"加粗"。

步骤 5　选中主体节中的所有文本框控件,打开"属性表"窗格,在"属性表"窗格中设置所有文本框控件的"前景色"属性值为"黑色"。

步骤 6　在"报表设计工具-设计"选项卡"控件"命令组中单击【直线】按钮,在页面页眉节中添加一个直线控件,在直线控件的"属性表"窗格中,设置"边框宽度"属性值为"2 pt"。添加直线后的报表设计器窗口如图 6-24 所示。

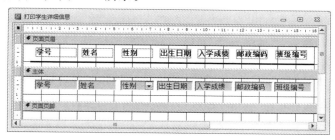

图 6-24　设置标签文本框格式和添加直线控件后的报表设计器窗口

步骤 7　在报表设计器中,右键单击报表的任意位置,在弹出的快捷菜单中选择"报表页眉/页脚"命令,添加报表页眉、页脚节。

步骤 8　在"报表设计工具-设计"选项卡"控件"命令组中单击【标签】按钮,在报表页眉节中添加一个标签控件,在该标签的"属性表"窗格中,设置标签的"标题"属性值为"学生详细信息","字号"属性值为"16","字体粗细"属性值为"加粗","前景色"属性值为黑色。

步骤 9　在"报表设计工具-设计"选项卡"页眉页脚"命令组中单击【页码】按钮和【日期和时间】按钮,向页面页脚添加页码和时间,页码和时间设置如图 6-25 所示,添加后的报表设计器窗口如图 6-26 所示。

图 6-25　页码和时间的设置

图 6-26　添加标题、日期和页码后的报表设计器窗口

步骤 10 保存报表,以打印预览视图打开"打印学生详细信息"报表。

★特别提示:任务点相关知识请参阅本任务知识点报表概述。

任务 6.4 创建标签报表

任务分析

在日常工作中,经常需要制作一些"班级信息""教师信息""学生信息"等标签。标签是一种类似名片的简短信息载体。标签报表是多列布局的报表,它完全是为适应标签而设置的报表。使用 Access 提供的"标签向导"工具,可以方便地创建各种各样的标签报表。

本任务的功能是在学生管理数据库中使用标签向导创建打印学生卡片的报表。

任务实施

步骤 1 启动 Access 2010,打开"学生管理"数据库,在"学生管理"数据库工作界面的导航窗格中,选中"学生"表。

步骤 2 在数据库功能区的"创建"选项卡"报表"命令组中单击【标签】按钮,打开"标签向导"对话框的指定标签尺寸界面,选择一种所需要的尺寸(如果不能满足需要,可以单击【自定义】按钮自行设计标签尺寸),如图 6-27 所示。

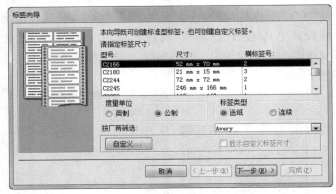

图 6-27 指定标签尺寸

步骤 3 单击【下一步】按钮,打开选择文本的字体和颜色界面,设置标签文本外观的字体、字号、字体粗细和文本颜色等属性,如图 6-28 所示。

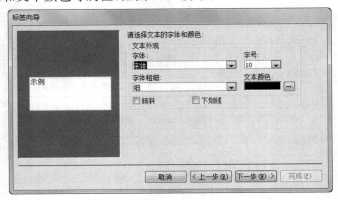

图 6-28 选择文本的字体和颜色

步骤 4　单击【下一步】按钮,打开确定标签的显示内容界面,确定邮件标签的显示内容,将"可用字段"中的所有字段发送到"原型标签"中。为了让标签意义更明确,在每个字段前面输入所需要的说明文本,如图 6-29 所示。

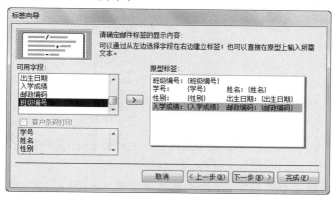

图 6-29　确定邮件标签的显示内容

步骤 5　单击【下一步】按钮,打开确定排序字段界面,确定按哪个字段排序,在"可用字段"窗格中,双击"学号"字段,把它发送到"排序依据"窗格中,作为排序依据,如图 6-30 所示。

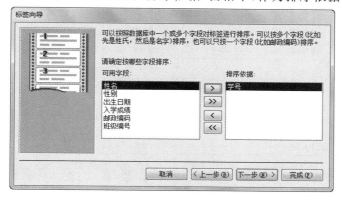

图 6-30　确定排序字段

步骤 6　单击【下一步】按钮,打开指定报表的名称界面,指定报表的名称为"打印学生卡片",如图 6-31 所示。

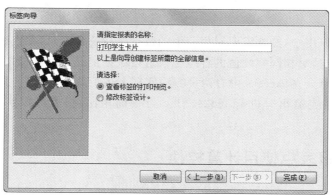

图 6-31　指定报表名称

步骤 7　单击【完成】按钮,完成标签报表的设计,设计效果如图 6-32 所示。

图 6-32　"打印学生卡片"标签报表

若给每组标签增加一个矩形框,打印预览效果如图 6-33 所示,其中矩形框的"背景样式"属性值为"透明",边框颜色为"黑色"。

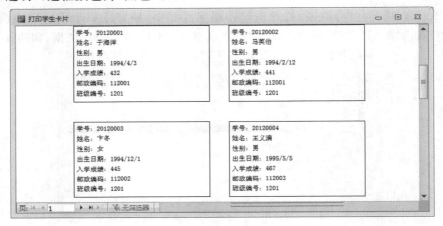

图 6-33　加矩形框的标签报表

★特别提示:任务点相关知识请参阅本任务知识点报表概述。

任务6.5　设计汇总和分组报表

在报表的实际应用中,经常需要对报表中的数据进行统计汇总,在报表中可以对已有数据源按某一字段值分组,对相同字段值的各组记录进行统计汇总,也可以对已有的数据源中的全部记录进行统计汇总。在 Access 中有两种方法实现上述汇总和计算:一是在查询中进行计算汇总统计;二是在报表输出时进行汇总统计。与查询相比,报表可以实现更为复杂的分组汇总。

子任务 1　在报表中使用计算控件

♗任务分析

对报表中的数据进行统计汇总是依照 Access 系统提供的计算函数完成的。在报表中对每个记录进行计算,要创建用于计算的控件,文本框是最常用的计算和显示数值的控件。

本子任务的功能是使用文本框计算控件在"打印学生详细信息"报表中计算学生年龄和学生入学成绩的平均值。

🕯 **任务实施**

步骤 1　打开"学生管理"数据库,以设计视图打开"打印学生详细信息"报表。

步骤 2　在报表设计视图中将"页面页眉"节中的"出生日期"标签的标题修改为"年龄",将"主体"节中的"出生日期"字段删除。

步骤 3　在"报表设计工具-设计"选项卡"控件"命令组中单击【文本框】按钮,在报表主体节中添加一个文本框,把文本框放在原来"出生日期"字段的位置,并把文本框的附加标签删除。

步骤 4　在报表设计视图中双击添加的"文本框",打开文本框的"属性表"窗格,设置"名称"属性值为"年龄",在"控件来源"属性中,输入"＝Year(Date())－Year([出生日期])",如图 6-34 所示。

步骤 5　单击功能区的"报表设计工具-设计"选项卡"视图"命令组的【报表视图】按钮,可以看到报表中"年龄"计算控件的计算结果,如图 6-35 所示。

图 6-34　文本框的"属性表"窗格

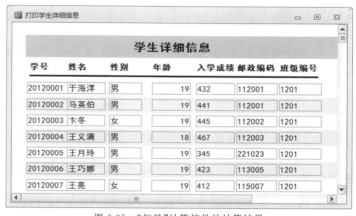

图 6-35　"年龄"计算控件的计算结果

🐾 **提示:**

Year 函数计算某日期的年份;Date 函数返回系统当前日期。

步骤 6　在报表设计视图的"报表页脚"节中,添加一个文本框。设置附加标签的标题为"平均入学成绩",并设置文本框和附加标签的前景色均为黑色。选中文本框,单击"设计"选项卡"工具"命令组的【属性表】按钮,打开该文本框的"属性表"窗格,设置"名称"属性的属性值为"平均入学成绩",在"控件来源"属性中,输入"＝Avg([入学成绩])",设置"格式"属性的属性值为"固定","小数位数"属性的属性值为"2",特殊效果属性值为"凹陷","背景色"为"背景 1,浅色,15％"。

步骤 7　在"报表设计工具-设计"选项卡"控件"命令组中单击【直线】按钮,在"报表页脚"节中计算控件的上部添加一条直线,双击直线控件,打开它的"属性表"窗格,设置"边框宽度"属性值为"2 pt"。

步骤 8　保存报表,单击"报表设计工具-设计"选项卡"视图"命令组的【报表视图】按钮,可以看到"平均入学成绩"计算控件的计算结果,如图 6-36 所示。

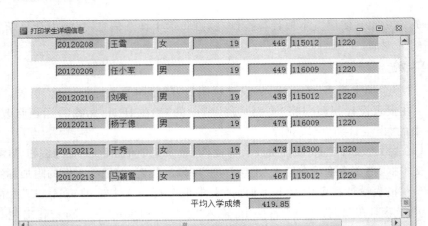

图 6-36 "平均入学成绩"计算控件的计算结果

子任务 2 设计分组汇总报表

◆ 任务分析

在制作报表时,经常要进行一些分组汇总的统计信息的操作。在进行报表汇总时,可以对整个报表进行统计汇总,也可以对分组进行统计汇总。对报表进行排序与分组设置,可以使报表中的数据按一定的顺序和分组输出,这样的报表既有针对性又有直观性,更方便用户的使用。

本子任务的功能是基于"教师"表创建报表,要求按职称对教师分组,计算各类职称的人数、工资合计和教师总人数。

◆ 任务实施

步骤 1 打开"学生管理"数据库,选中"导航"窗格的"教师"表。

步骤 2 在数据库功能区的"创建"选项卡的"报表"命令组中单击【报表】按钮,基于"教师"表的快速报表立即创建完成,并且切换到布局视图,以"教师分组汇总报表"保存该报表,单击"报表设计工具-设计"选项卡中的【设计视图】按钮,打开该报表的设计视图,如图 6-37所示。

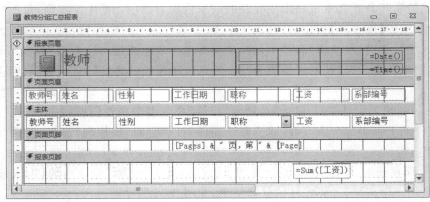

图 6-37 教师分组汇总报表的设计视图

步骤 3　　在报表设计视图中设置报表页眉中的"教师"标签的标题为"教师分组汇总报表",在"报表设计工具-设计"选项卡"分组和汇总"命令组中单击【分组和排序】按钮,在报表下部添加了"分组、排序和汇总"窗格,在窗格中添加了【添加组】和【添加排序】两个按钮,如图 6-38 所示。

　　步骤 4　　在报表设计视图中单击【添加组】按钮,打开字段列表,如图 6-39 所示,在列表中选择分组所依据的字段"职称",则在报表的设计视图窗口添加了"职称页眉"命令组页眉节。

图 6-38　添加组和排序按钮的报表设计视图　　　　　　图 6-39　设置分组的"字段列表"界面

　　步骤 5　　在报表设计视图单击【添加排序】按钮,设置按"教师号"字段升序排序,如图 6-40所示。

图 6-40　设置排序依据

　　步骤 6　　在报表中添加"组页眉"节时,并不自动添加"组页脚",单击"分组、排序和汇总"窗格中的职称分组形式右边的【更多】按钮,在弹出的菜单中选择"有页脚节",如图 6-41 所示,添加"职称页脚"命令组页脚节。

图 6-41　添加组页脚

　　步骤 7　　把报表主体节中的"职称"字段移动到"职称页眉"节中,调整页面页眉节中的"职称"标签与"职称"字段对齐。

步骤 8　设置页面页眉节中的所有标签的"字体粗细"属性的属性值为"加粗","前景色"属性的属性值为"黑色"。

步骤 9　在"报表页脚"节中,添加一个文本框,设置附加标签的标题为"教师总人数",在文本框中,输入"＝COUNT(＊)",用以计算教师总人数,命名文本框的名称为"教师总人数"。

步骤 10　在"报表页脚"节中,再添加一个文本框,设置附加标签的标题为"工资合计",在文本框中,输入"＝SUM(工资)",用以计算教师工资和,命名文本框的名称为"工资合计"。

步骤 11　在"职称页脚"节中,添加一个文本框,设置附加标签的标题为"该职称人数",在文本框中,输入"＝COUNT(＊)",用以计算不同职称教师人数,命名文本框的名称为"该职称人数"。

步骤 12　在"职称页脚"节中,再添加一个文本框,设置附加标签的标题为"该职称工资合计",在文本框中,输入"＝SUM(工资)",用以计算不同职称教师工资和,命名文本框的名称为"该职称工资合计"。将报表中除报表页眉节外,所有标签的字体粗细属性值设为"加粗","前景色"为"黑色"。报表中所有文本框特殊效果为"凹陷","背景色"为"背景 1,深色,15％"。以上设计后的效果如图 6-42 所示。

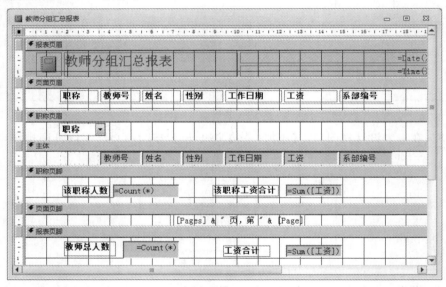

图 6-42　报表设计完后的报表设计视图

步骤 13　保存报表,以"报表视图"打开报表,如图 6-43 所示。进入该报表的设计视图,单击"报表设计工具-设计"选项卡的"主题"组中的按钮可以美化报表,例如单击其中的【主题】按钮,选择"暗香扑面",再以"报表视图"打开报表,如图 6-44 所示。

🔖**提示:**

在报表中对记录进行统计,使用的表达式都是"＝COUNT(＊)"。但是由于计算控件放置的位置不同,统计记录的范围也不同。当计算控件放在"报表页脚"节时,统计所有记录数;当计算控件放在"组页脚"节时,统计分组的记录数。

★**特别提示:**任务点相关知识请参阅本任务知识点报表概述。

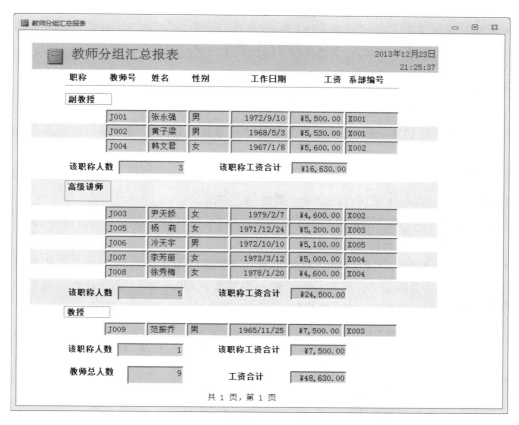

图 6-43　"教师分组汇总报表"设计结果

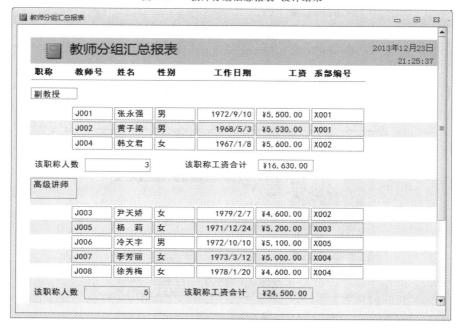

图 6-44　美化后的报表

任务6.6 窗体调用报表打印学生信息

任务分析

窗体是数据库对象之间的桥梁,本任务通过窗体调用报表打印学生信息。具体功能是通过输入要查询的班级名称,查询的学生信息在窗体中显示,然后,利用窗体调用报表实现打印报表。

任务实施

步骤1 启动 Access 2010,打开"学生管理"数据库。

步骤2 在"学生管理"数据库工作界面的功能区,选择"创建"选项卡,在"窗体"命令组中单击【窗体设计】按钮,打开窗体设计器。

步骤3 单击数据库功能区"窗体设计工具-设计"选项卡下的"控件"命令组中的【按钮】按钮,在窗体的主体节的适当位置画一个合适大小的按钮,此时弹出"命令按钮向导"对话框,在"类别"框中选择"窗体操作",在"操作"中选择"打开窗体",如图 6-45 所示。

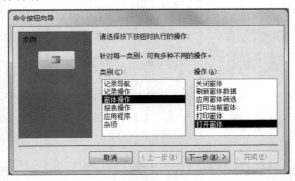

图 6-45 "命令按钮向导"对话框(2)

步骤4 单击【下一步】按钮,弹出"请确定命令按钮打开的窗体"对话框,选择"按班名参数查询",如图 6-46 所示。

图 6-46 "请确定命令按钮打开的窗体"对话框

步骤5 单击【下一步】按钮,弹出确定窗体上显示信息对话框,选择"打开窗体并显示所有记录",如图 6-47 所示。

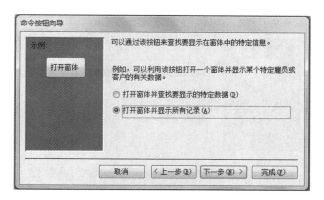

图 6-47　确定窗体上显示信息对话框

步骤 6　单击【下一步】按钮,弹出"请确定按钮上显示文本还是显示图片"对话框,选择"文本-输入班级名称查询学生信息",如图 6-48 所示。

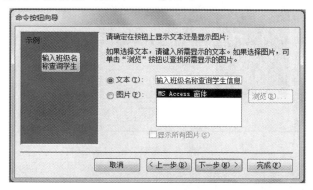

图 6-48　"请确定按钮上显示文本还是显示图片"对话框(2)

步骤 7　单击【下一步】按钮,弹出"请指定按钮的名称"对话框,输入"打开窗体",如图 6-49 所示。

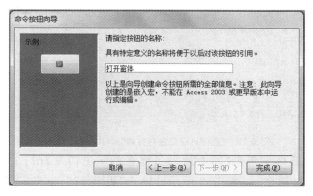

图 6-49　"请指定按钮的名称"对话框(3)

步骤 8　单击【完成】按钮,完成该按钮的添加和设置。使用同样的方法添加【确认打印报表】按钮。在添加【确认打印报表】按钮时,在图 6-45 中"类别"框选择"报表操作","操作"框选择"打开报表"即可,完成该按钮添加的其他过程效果图如图 6-50 和图 6-51 所示。设计好的窗体运行效果如图 6-52 所示。

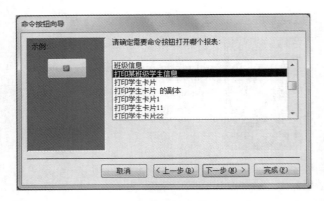

图 6-50 "请确定需要命令按钮打开哪个报表"对话框

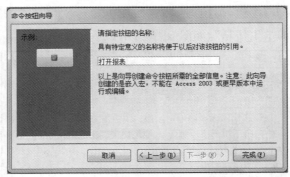

图 6-51 "请指定按钮的名称"对话框(4)

图 6-52 "查询班级信息并打印"窗体的运行效果

步骤 9 在运行的窗体中单击【输入班级名称查询学生信息】按钮,弹出"输入参数值"对话框,如图 6-53 所示。输入"机电 12",单击【确定】按钮,弹出如图 6-54 的查询结果。同样单击【确认打印报表】按钮,输入确认打印的班级名称,查询结果以报表形式显示如图 6-55所示。

图 6-53 输入班级名称

★**特别提示**:任务点相关知识请参阅本任务知识点报表概述。

图 6-54　查询结果以窗体形式表示出来

班级名称	学号	姓名	性别	出生日期	入学成绩	邮政编码	班级编号
机电12	20120001	于海洋	男	1994/4/3	432	112001	1201
机电12	20120002	马英伯	男	1994/2/12	441	112001	1201
机电12	20120003	卞冬	女	1994/12/1	445	112002	1201
机电12	20120004	王义满	男	1995/5/5	467	112003	1201
机电12	20120005	王月玲	男	1994/12/6	345	221023	1201
机电12	20120006	王巧娜	男	1994/1/1	423	113005	1201
机电12	20120007	王亮	女	1994/1/2	412	115007	1201
机电12	20120008	付文斌	男	1994/4/3	413	119002	1201
机电12	20120009	白晓东	女	1994/7/6	414	116002	1201
机电12	20120010	任凯丽	男	1994/3/4	415	116002	1201
机电12	20120011	刘孟辉	男	1994/9/1	432	116009	1201
机电12	20120012	刘智童	男	1994/9/21	416	116340	1201

图 6-55　查询结果以报表形式表示出来

任务实训　创建图书销售管理系统的报表

一、实训目的和要求

1. 掌握三种创建报表的方法

2. 掌握报表的修改方法

3. 掌握在报表中实现数据的计算和汇总

二、实训内容

1. 以"销售单"表为数据源，使用"报表"工具快速创建名为"打印销售单"的报表。效果图如图 6-56 所示。

2. 以"供应商"表为数据源，使用"报表向导"创建名为"打印供应商信息"的报表，其中不添加分组级别，按照"供应商编号"字段进行升序排序，"布局"方式选择"表格式"。效果图如图 6-57 所示。

3. 以"图书库存"表为数据源，使用"报表设计器"创建名为"打印图书库存信息"的表格式报表，即所有列的标题均显示在"页面页眉"中。效果图如图 6-58 所示。

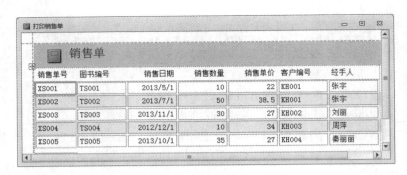

打印销售单

销售单

销售单号	图书编号	销售日期	销售数量	销售单价	客户编号	经手人
XS001	TS001	2013/5/1	10	22	KH001	张宇
XS002	TS002	2013/7/1	50	38.5	KH001	张宇
XS003	TS003	2013/11/1	30	27	KH002	刘丽
XS004	TS004	2012/12/1	10	34	KH003	周萍
XS005	TS005	2013/10/1	35	27	KH004	秦丽丽

图 6-56 “打印销售单”报表

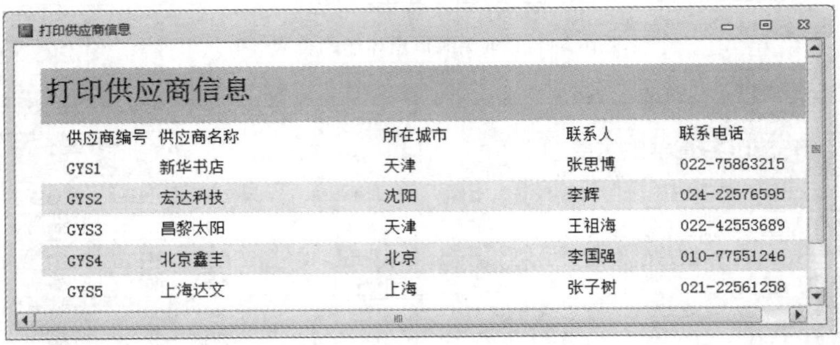

打印供应商信息

打印供应商信息

供应商编号	供应商名称	所在城市	联系人	联系电话
GYS1	新华书店	天津	张思博	022-75863215
GYS2	宏达科技	沈阳	李辉	024-22576595
GYS3	昌黎太阳	天津	王祖海	022-42553689
GYS4	北京鑫丰	北京	李国强	010-77551246
GYS5	上海达文	上海	张子树	021-22561258

图 6-57 “打印供应商信息”报表

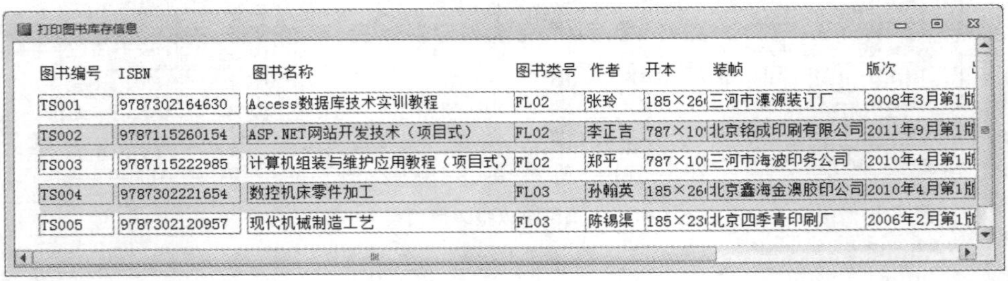

打印图书库存信息

图书编号	ISBN	图书名称	图书类号	作者	开本	装帧	版次
TS001	9787302164630	Access数据库技术实训教程	FL02	张玲	185×26	三河市溧源装订厂	2008年3月第1版
TS002	9787115260154	ASP.NET网站开发技术（项目式）	FL02	李正吉	787×10	北京铭成印刷有限公司	2011年9月第1版
TS003	9787115222985	计算机组装与维护应用教程（项目式）	FL02	郑平	787×10	三河市海波印务公司	2010年4月第1版
TS004	9787302221654	数控机床零件加工	FL03	孙翰英	185×26	北京鑫海金澳胶印公司	2010年4月第1版
TS005	9787302120957	现代机械制造工艺	FL03	陈锡渠	185×23	北京四季青印刷厂	2006年2月第1版

图 6-58 “打印图书库存信息”报表

4. 以“设计视图”方式打开“打印图书库存信息”报表，修改该报表。在“报表页眉”节中添加报表的标题为“打印图书库存信息”，“字体粗细”为“加粗”，“前景色”为“黑色”；在“页面页眉”节的列标题下添加一条直线，直线的“边框宽度”为“2pt”。效果图如图 6-59 所示。

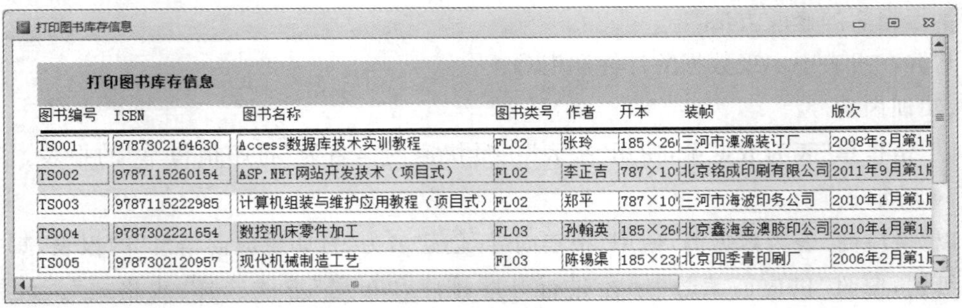

打印图书库存信息

打印图书库存信息

图书编号	ISBN	图书名称	图书类号	作者	开本	装帧	版次
TS001	9787302164630	Access数据库技术实训教程	FL02	张玲	185×26	三河市溧源装订厂	2008年3月第1版
TS002	9787115260154	ASP.NET网站开发技术（项目式）	FL02	李正吉	787×10	北京铭成印刷有限公司	2011年9月第1版
TS003	9787115222985	计算机组装与维护应用教程（项目式）	FL02	郑平	787×10	三河市海波印务公司	2010年4月第1版
TS004	9787302221654	数控机床零件加工	FL03	孙翰英	185×26	北京鑫海金澳胶印公司	2010年4月第1版
TS005	9787302120957	现代机械制造工艺	FL03	陈锡渠	185×23	北京四季青印刷厂	2006年2月第1版

图 6-59 美化后的“打印图书库存信息”报表

5. 以“出版社”表为数据源，使用“标签向导”创建名为“打印出版社卡片”的标签报表。效果图如图 6-60 所示。

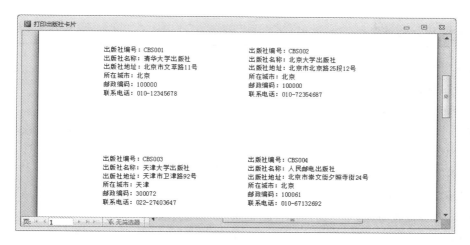

图 6-60   "打印出版社卡片"标签报表

6. 以设计视图方式打开"打印图书库存信息"报表,按照"出版社号"进行分组,按照"图书编号"升序排序,并计算各出版社图书的记录数(在"出版社号页脚"节中添加计算控件,输入"＝Count(＊)")、图书的总记录数(在"报表页脚"节中添加计算控件,输入"＝Count(＊)")和图书的库存总数量(在"报表页脚"节中添加计算控件,输入"＝Sum(［库存数量］)")。效果图如图 6-61 所示。

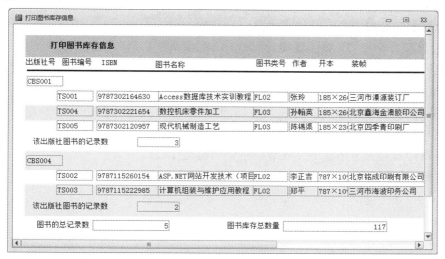

图 6-61   添加分组排序和计算控件的"打印图书库存信息"报表

任务小结

报表是用于按指定格式输出数据的数据库对象。报表的数据源可以是表或查询。常见的报表类型有纵栏式报表、表格式报表、图表式报表、标签报表和主/从式报表。

本任务主要介绍了使用报表工具、报表向导和报表设计器创建报表和使用报表设计器修改报表的操作过程。使用报表工具可以按 Access 的默认设置快速创建报表,使用报表向导可以选择 Access 提供的布局等创建报表,使用报表设计器可以按个性化的需要设计报表。人们通常先使用前两种方法创建报表,然后再使用报表设计器按照需要修改报表。

思考与练习

一、填空题

1. 报表的数据源可以是_____和_____。

2. 常见的报表类型有_____、_____、_____、_____和_____。

3. 报表设计器由_____、_____、_____、_____和_____五个节组成。

4. Access 2010 提供了_____、_____、_____和_____四种报表视图方式。

5. 要制作多个客户的信封上收件人的通信信息，可以创建_____报表。

二、选择题

1. 在（　　）报表中，通常一行显示一条记录，一页显示多行记录。

A. 纵栏式　　　　　　B. 表格式　　　　　　C. 图表　　　　　　D. 标签

2. 若对使用报表向导生成的报表不满足，可以在（　　）视图进行修改。

A. 窗体设计　　　　　B. 打印预览　　　　　C. 报表视图　　　　D. 报表设计

3. 对于表格式报表，在报表的设计视图，通常在（　　）节中显示数据的列标题。

A. 报表页眉　　　　　B. 页面页眉　　　　　C. 组页眉　　　　　D. 主体

4. 在报表设计视图窗口中，（　　）节用来处理每一条记录。

A. 报表页眉　　　　　B. 页面页眉　　　　　C. 组页眉　　　　　D. 主体

5. 用来显示整份报表的汇总说明的是（　　）节。

A. 报表页脚　　　　　B. 页面页脚　　　　　C. 组页脚　　　　　D. 主体

6. 报表标题通常应放置在（　　）节。

A. 报表页眉　　　　　B. 页面页眉　　　　　C. 组页眉　　　　　D. 主体

三、简答题

1. 报表与窗体的主要区别是什么？

2. 报表设计器共分为哪些节？各节的主要功能是什么？

3. 简述报表的四种视图方式。

任务7　创建学生管理系统的界面

⚜ 学习重点与难点

- 宏的使用
- VBA 程序设计

⚜ 学习目标

- 理解宏和宏组
- 了解一些常用的宏操作
- 了解模块、事件过程
- 掌握创建宏、调试和运行宏，以及使用宏构造数据库应用程序
- 掌握面向对象的基本概念、VBA 编程环境
- 掌握 VBA 程序流程以及 VBA 数据库编程
- 掌握在模块中加入过程，在模块中执行宏

⚜ 任务描述

1. 学生管理系统中宏的操作
2. 制作学生管理系统用户登录界面
3. 使用模块制作学生管理系统启动界面

⚜ 相关知识

知识点 1　宏操作

1. 宏的概念

宏是 Access 的基本对象之一，它并不直接处理数据，而是组织 Access 数据处理对象的工具。宏是一种特殊的代码，能够将各对象有机地组织起来，按照某个顺序执行操作步骤，完成一系列操作。宏是一个或多个操作的集合，其中每个操作执行特定的功能。每个操作命令是由动作名和操作参数组成的。动作名指定要"做什么"，比如，打开；操作参数指定对象，比如，学生信息窗体。放在一起就指定了宏完成的功能，比如：打开学生信息窗体。

2. 宏的作用

（1）同时连接多个窗体和报表。在实际应用中需要将多个窗体或报表连接到一个应用系统中进行查看或操作数据。例如，在学生管理系统中建立了"学生信息"和"班级信息"两个窗体,使用宏可以在"学生信息"窗体中通过嵌入宏或者与宏链接的命令,打开"班级窗体",以了解学生所在班级的情况。

（2）自动查找和筛选记录。利用宏可以实现快速的查找和筛选记录。

（3）自动进行数据的校验。利用宏可以设置检验数据的条件,并可以给出相应的提示信息。

（4）设置窗体和报表的属性。

（5）自定义工作环境。使用宏可以自定义窗体中的菜单栏。

3. 宏的结构

宏是由操作、参数、条件（If）、注释（Comment）、组（Group）、子宏（Submacro）等几个部分组成。Access 2010 对宏结构进行了重新设计,使其更接近计算机程序的结构,这样使学习者更容易从宏过渡到 VBA 的学习。宏的操作比程序更容易、更简单、更易于理解和掌握。

（1）操作

操作是宏的最基本内容。Access 提供了多种宏操作,例如：OpenForm（打开窗体）、Beep（使计算机发出嘟嘟的响声）等。

（2）参数

参数是为操作提供具体信息的,有些宏有很多参数,有些宏没有参数,有些参数是必需的,有些参数是可选的。例如：Beep 操作就没有参数,OpenForm 操作有很多参数,其中窗体名称参数是必须,其他参数是可选的。

（3）条件

条件是指执行宏时所必须满足的某些限制。可以使用结果为 True 或 False 的任何表达式。表达式中可以包括各种运算符、函数、控件、属性等,但结果必须是 True 或 False。在宏中,条件不是必需的。

4. 宏的分类

（1）独立宏

独立宏是独立的数据库对象,它独立于窗体和报表之外,创建之后在导航窗格中可以看到。

（2）嵌入宏

嵌入宏是嵌入在窗体或报表中或控件对象的事件中,与所嵌入的对象或控件是一个整体。嵌入宏在导航窗格中是看不到的,使用嵌入宏就可以不必编写代码。可以更改嵌入宏的设计,而不必担心其他控件可能会使用该宏,因为每个嵌入的宏都是独立的。可以信任嵌入的宏,因为系统会自动禁止它们执行某些可能不安全的操作。它的出现使得宏的功能更强大、更安全。

（3）数据宏

数据宏是 Access 2010 新增的一个功能。该功能允许在表事件中（添加、修改和删除数据）自动运行。有两种类型的数据宏,一种是通过表事件触发的数据宏,又叫作事件驱动的数据宏,另一种是按名称调用的数据宏,也叫作已命名的数据宏。数据宏有助于支持 Web 数据库中的聚合,并且还提供了一种在任何 Access 2010 数据库中实现"触发器"的方法。可以根据事件来更改数据,并给出提示信息。例如,假设您有一个"已完成百分比"字段和一个"状态"字段。可以使用数据宏进行如下设置：当"状态"设置为"已完成"时,将"已完成百分比"设置为100;当"状态"设置为"未开始"时,将"已完成百分比"设置为 0。

（4）子宏

子宏是共同存储在一个宏下的一组宏的集合。一个宏中含有多个子宏,每个子宏下又包含多个宏操作,每个子宏又有一个单独的名称,可以独立运行子宏(子宏就是 Access 以前版本的宏组)。在使用中如果希望执行一系列相关的操作,则可以使用子宏。例如,创建自定义菜单就可以利用子宏,在一个宏中包括多个子宏,每一个子宏就是一个菜单项。使用子宏可以更方便地进行数据库的管理和操作。

（5）条件宏

条件宏就是在宏中有条件表达式,运行的时候根据条件是否成立来决定该条件后面的操作是否执行。

5. 常用的宏操作

Access 2010 提供了 60 多个可选的宏操作,用户可以根据自己的需要选择和使用这些宏操作。根据具体的应用可以把宏操作分为:窗口管理、宏命令、筛选/查询和搜索、数据导入/导出、数据库对象、数据输入操作、系统命令、用户界面命令等。常用的宏操作见表 7-1。

表 7-1　　　　　　　　　　　　　　常用的宏操作

宏操作	作用
OpenForm	打开一个窗体
OpenQuery	打开一个查询
OpenReport	打开一个报表
OpenTable	打开一个数据表
CloseWindow	关闭数据库对象,如数据表、窗体、报表、查询、宏、数据页等。如果没有指定对象,则关闭活动窗口
Closedatabase	关闭数据库
Beep	计算机发出"嘟嘟"的响声
MessageBox	显示消息框。可以设置消息框的类型
MaximizeWindow	最大化窗口
MinimizeWindow	最小化窗口
RestoreWindow	还原窗口(把最大化或最小化的窗口还原为原始大小)
FindRecord	查找符合条件的第一条记录
FindNextRecord	查找符合条件的下一条记录
GoToRecord	将表、窗体或查询结果集中的指定记录设置为当前记录
Applyfilter	筛选数据
Addmenu	添加菜单
SetMenuItem	设置自定义菜单项

6. 宏操作窗口的组成

宏操作窗口由宏设计器、"宏工具-设计"选项卡、操作目录三部分组成。

（1）宏设计器

宏设计器位于宏操作窗口的中间部分,它是创建宏的唯一环境,可以完成添加宏操作、设置操作参数、添加或删除宏、更改宏操作的顺序、添加注释、分组等操作,如图 7-1 所示。

（2）"宏工具-设计"选项卡

"宏工具-设计"选项卡位于宏操作窗口的顶部,在"宏工具-设计"选项卡中包括三个命令组:工具、折叠/展开、显示/隐藏。工具命令组中包括运行、单步调试、将宏转换为 Visual Basic

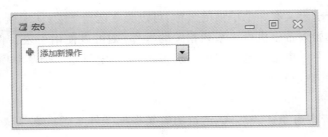

图 7-1　宏设计器

代码三个按钮。"折叠/展开"命令组中包括展开操作、折叠操作、全部展开、全部折叠四个按钮，其中折叠操作的作用是将宏收缩起来，只看到宏操作，看不到宏的具体参数，而展开操作正好与之相反。"显示/隐藏"命令组是用来对操作目录进行控制的。如图 7-2 所示。

图 7-2　"宏工具-设计"选项卡

（3）操作目录

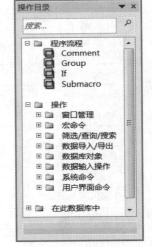

操作目录位于宏操作窗口的右侧，它分类列举出所有的宏操作命令。通过双击或拖曳操作目录中的宏命令，可以将宏命令添加到宏设计器中。操作目录窗格分为三个部分，最上部是"程序流程"，中间是"操作"，下部是"在此数据库"中。"程序流程"中包括 Comment（注释）、Group（组）、If（条件）、Submacro（子宏）。"操作"部分分组列出所有的宏操作。"在此数据库中"列出了当前数据库中所建立的所有宏。如图 7-3 所示。

7. 常用的宏条件表达式

在宏中经常会使用条件，常用的条件表达式的形式见表 7-2。

提示：

更复杂的条件可以使用表达式生成器来进行编辑。

8. 运行与调试宏

（1）宏的运行

①直接运行宏

第一种方法：在"导航窗格"中选择宏对象，双击要运行的宏。

图 7-3　"操作目录"窗格

表 7-2　　　　　　　　　　　宏使用表达式示例

表达式	执行该操作的条件
［姓名］="于海洋"	如果字段的值等于"于海洋"则宏操作才执行
IsNull（［姓名］）或［姓名］Is Null	表示运行该宏的窗体上的姓名字段为空值时执行
Forms!［选课］!［成绩］＞60	表示选课窗体上成绩字段的值大于 60
［出生日期］between ♯1985-1-1♯ and ♯1985-12-31♯	表示出生日期在 ♯1985-1-1♯ 和 ♯1985-12-31♯ 之间
DCount（"［成绩］"，"［选课］"）＞60	表示选课表的成绩字段的值大于 60

第二种方法：在"导航窗格"中选择宏对象，在要运行的宏上右击，在弹出菜单中选择运行宏命令。

第三种方法：选中要运行的宏，以设计视图打开宏，然后在"宏设计-工具"选项卡中，单击工具组中的 ! 运行按钮。

第四种方法：选中要运行的宏，在"数据库工具"选项卡中，单击 运行宏 按钮。

②运行子宏中的宏

图 7-4　子宏执行

在"数据库工具"选项卡中，单击 运行宏 按钮，打开"执行宏"窗口，输入要运行的宏名，格式为：宏名.子宏名，然后单击【确定】按钮。如图 7-4 所示。

③通过事件触发宏

在实际应用中，一般不会独立运行宏，而是通过窗体或报表上的控件事件来运行独立宏和嵌入宏。最常见的是使用按钮来执行宏。在设计视图下，打开包含控件的对象，并打开定义该控件的"属性"对话框，选择"事件"选项卡，选择触发动作属性，再选择要运行的宏。

（2）宏的调试

宏创建之后要进行调试，确定创建的宏的执行结果是否正确。尤其是对于由多个操作组成的宏，更要进行反复调试，以排除错误或非预期的结果。

单步执行是一种调试技术，一次只运行宏的一个动作。使用单步执行宏，可以观察宏的流程和每一个操作的结果，并且可以排除导致错误或产生非预期结果的操作。

知识点 2　模块的操作

VB 是微软公司推出的可视化语言，是一种编程简单、功能强大的面向对象开发工具，而 VBA 是微软公司为 Microsoft Office 组件开发设计的程序语言。VBA 基于 VB（Visual Basic）发展而来，它的很多语法都继承自 VB，所以可以像编写 VB 程序那样来编写 VBA 程序。VBA 语言编写的程序代码，会被保存在 Access 中的一个模块里，并可以在窗体中启动这个模块，从而实现相应的功能。

1. 模块的概念

模块是 Access 中的一个数据库对象，是将 VBA 声明、过程和函数作为一个单元进行保存的集合体。利用模块可以大大提高 Access 数据库应用的处理能力，解决复杂问题。

2. 模块的分类

Access 中模块分为标准模块和类模块。

（1）标准模块

一般用于存放 Access 数据库对象使用的公共过程。在系统中可以通过创建新的模块而进入其代码设计环境。标准模块中的公共变量和公共过程具有全局特性，其作用范围在整个应用程序里，生命周期是伴随着应用程序的运行而开始、关闭而结束。

标准模块内一般用于定义一些公共变量、过程和函数，而在变量和过程、函数的定义前可以使用 Pubic 或 Private。Public 表示公共的，所有模块都可以使用；Private 表示私有的，只供本模块使用。根据设计的需要，可以把这些公共变量、函数和过程定义在多个模块中。

提示：

如果不同模块中出现同名的变量、函数或过程时，直接引用就会出现错误，这时在引用时应该在前面加上模块的名称。例如有两个模块 P1 和 P2 都定义了变量 a，则引用方法为：P1.a 或 P2.a。

（2）类模块

类模块按照形式不同分为：窗体模块、报表模块和独立类模块。

窗体模块和报表模块都属于类模块，都含有自己的事件过程，但这两个模块都具有局限性，其作用范围局限在所属窗体或报表内部，而生命周期则是伴随着窗体或报表的打开而开始、关闭而结束。在窗体或报表的设计视图中，只要单击属性表中事件选项卡下的省略号按钮，就可以打开 VBA 代码编辑器，进入到窗体和报表的类模块代码设计区域。

独立类模块：在 Access 中单击"数据库工具"选项卡，单击"宏"命令组中的 Visual Basic 按钮，打开 VBA 窗口，单击"插入"菜单，在下拉菜单中选择类模块，就会打开类模块代码窗口，在该窗口中用户可以定义类模块。如图 7-5 所示。

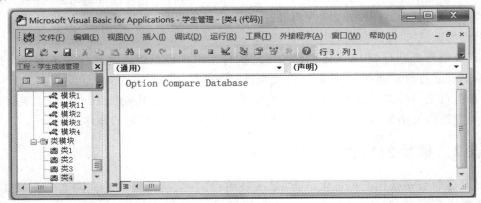

图 7-5　类模块代码窗口

提示：

标准模块和类模块的标题名称和图标是不一样，它们的主要区别在于其应用范围和生命周期。

3. 模块的创建

使用导航窗格的"模块"可以创建和编辑标准模块中包含的 VBA 代码。每个模块都包括声明区域和过程两个部分，声明区域用来声明模块中使用的变量，过程是模块的组成单元。过程分为两种类型：Sub 子过程和 Function 函数过程。

（1）Sub 子过程

Sub 子过程主要用于执行一系列的操作，该过程无返回值。定义格式如下：

Sub 过程名([形式参数表])

　　[程序代码]

End Sub

例如：定义一个子过程用来打开一个指定的报表。

```
Sub openrp (strreport As String)
    DoCmd. OpenReport strreport
End Sub
```

子过程的调用可以直接使用子过程名,也可以用 Call 关键字。

例如调用上面的子过程打开"班级信息"报表:Call openrp(班级信息)或 openrp 班级信息

(2)Function 函数过程

Function 函数过程主要用于执行一系列的操作,并且有返回值。定义格式如下:

Function 过程名([参数表])As 返回值类型

　　　[程序代码]

End Function

例如:定义一个已知圆半径,求圆面积的函数过程。

```
Function scir(r As Single)As Single
    Dim s As Single
    s＝3.1415926＊r＊r
    scir＝s
End Function
```

函数调用不能使用 Call 关键字,而是出现在表达式中,也可以直接赋值给一个变量。

例如:

```
Dim s As Single,r As Single
r＝3.2
s＝scir(r)
```

(3)在模块中执行宏

在模块中执行宏,可以使用 DoCmd 对象的 RunMacro 方法。

格式:DoCmd.RunMacro MacroName[,RepeatCount][,RepeatExpression]

说明:MacroName 表示宏的有效名称。RepeatCount 用于计算宏运行次数。RepeatExpression 为数值表达式,在结果不等于 False 时一直进行计算,在结果等于 False 时停止运行宏。

知识点 3　将宏转换为模块

在 Access 中,用户可以根据实际需要,把已经设计好的宏对象转换成模块代码形式。根据宏的类型不同转换操作也不同,一般有两种转换操作:一种是将窗体或报表中的宏转换为模块,一种是转换独立宏。

1.转换窗体或报表中的宏

在 Access 中可以将窗体或报表中的宏转换为模块,下面以"班级"窗体为例,将其中的宏转换为模块,具体步骤如下:

(1)设计视图下打开班级窗体。

(2)在"窗体设计工具-设计"选项卡下的"工具"命令组中单击【将窗体的宏转换为 Visual Basic 代码】按钮,弹出"转换窗体宏:班级"对话框。如图 7-6 所示。

(3)在对话框中单击【转换】按钮,打开"转换完毕"对话框,如图 7-7 所示。

图 7-6　"转换窗体宏:班级"对话框

图 7-7　"转换完毕"对话框

（4）单击【确定】按钮转换完成。

2.转换独立宏

在 Access 中可以将独立的宏转换为模块,转换方法有两种,下面分别进行介绍。

（1）使用"另存为"对话框转换

①在"导航窗格"中选择要转换的宏,例如:宏1。

②单击数据库功能区"文件"选项卡,选择"对象另存为"命令,弹出"另存为"对话框。

③在"另存为"对话框中的"保存类型"下拉列表框中选择"模块",如图 7-8 所示,然后单击【确定】按钮,弹出"转换宏:宏 1"对话框,如图 7-9 所示。

图 7-8　"另存为"对话框(3)

图 7-9　"转换宏:宏 1"对话框

④在对话框中单击【转换】按钮,弹出"转换完毕"对话框,单击【确定】按钮完成转换。

（2）使用"宏设计视图"转换

①在"导航窗格"中选择要转换的宏,打开宏设计视图,在"宏工具-设计"选项卡的"工具"命令组下单击【将宏转换为 Visual Basic 代码】按钮,弹出"转换宏"对话框。

②在"转换宏"对话框中单击【转换】按钮,屏幕显示"转换完毕"对话框,单击【确定】按钮完成转换。

提示:

宏转换器是有局限性的,所以在将宏转换为模块时,应重新编写 VBA 代码来代替原来的宏。

知识点 4　VBA 程序设计基础

VBA(Microsoft Visual Basic for Applications)是 Office 的内置编程语言,与 Visual Basic 相兼容。如果有一些操作不能使用 Access 中的对象来实现时,就可以考虑使用 VBA 编程语言来完成这些复杂的操作。VBA 是根据 VB 简化的宏语言,不能独立编写程序,而仅作为一种嵌入式语言与 Access 配套使用。使用 VBA 创建的模块,比起宏的使用,更加丰富多样,使得数据库易于维护、功能更加丰富,并可以执行系统级的操作。

1.面向对象的基本概念

（1）对象

对象即实体,是现实中存在的事物,如一辆汽车、一个学生等。对象有两个共同的特点:第一,它们都有自己的特性,例如一辆汽车有自己的颜色、型号、品牌等;第二,它们都有自己的行为,例如一辆汽车可以启动、停止、加速等。在面向对象程序设计中,对象就是把代码和数据封装在一起,其中的数据指的是对象的特性即属性,代码指的是对象的行为即方法和事件。在 Access 中表、窗体、查询、报表、页、宏、模块都是对象。为便于识别,每个对象均有一个名称,称为对象名称。

（2）对象的属性

属性指的是对象本身所具有的特性,比如汽车的颜色。对象的属性有的是可以改变的,有的是不能改变的(称为只读属性)。比如,一辆汽车,进行重新喷漆,汽车的颜色属性发生了改变,但是汽车的材料和品牌是不可以变的(只读属性)。设置属性可以在程序中设置,也可以在属性窗口中设置。在程序中设置的代码是:

　　对象名.属性名＝值

(3)对象的方法

方法是对象所实施的动作。属性是静态的,对象的方法便是动态操作,目的是改变对象的当前状态。比如要想把光标移到某个文本框上,就要使用文本框的 Setfocus 方法。格式为:

　　文本框名.Setfocus

有些方法不需要参数,如:Setfocus,有些方法是需要参数的,比如 OpenForm 方法。

(4)对象的事件

事件是对象对外部操作的响应,如在程序执行时,单击命令按钮会产生一个 Click 事件。事件的发生通常是用户操作的结果。每个对象都有一些系统预先定义的事件集。例如,命令按钮能响应单击、获得焦点、失去焦点等事件,可以通过属性窗口的"事件"选项卡查看。在 Access 中,有两种方式来响应事件。一种是使用宏来设置事件属性,一种是编写某个事件的 VBA 代码过程,这样的代码称为事件过程。

2. VBA 数据类型

数据类型决定了如何将这些值存储到计算机内存中去。在 VBA 中,数据类型决定了变量存储的方式。Access 中数据类型分为:标准数据类型和用户自定义数据类型两种。

(1)标准数据类型

VBA 的标准数据类型包括整数型(Integer)、长整数型(Long)、单精度型(Single)、双精度型(Double)、货币型(Currency)、布尔型(Boolean)、日期型(Date)、字符串(String)、小数型(Decimal)、字节型(Byte)、对象型(Object)、字符串型(Variant)。在 VBA 的编程中定义变量时既可以使用类型标识来定义,也可以使用类型说明符号来定义。数据类型的具体说明见表 7-3。

表 7-3　　　　　　　　　　　　　　VBA 数据类型表

数据类型	类型标识	类型符号	字段类型	占内存字节数	取值范围	默认值
整数	Integer	%	字节/整数/是/否	2	$-32\,768 \sim 32\,767$	0
长整数	Long	&	长整数/自动编号	4	$-2\,147\,483\,648 \sim 2\,147\,483\,647$	0
单精度	Single	!	单精度数	4	负数:$-3.402823E38 \sim -1.401298E-45$ 正数:$1.401298E-45 \sim 3.402823E38$	0
双精度数	Double	#	双精度数	8	负数:$-1.79769313486E308 \sim -4.94065645841E-324$ 正数:$4.94065645841E-324 \sim .79769313486E308$	0
货币	Currency	@	货币	8	$-922\,337\,203\,685\,477 \sim 922\,337\,203\,685\,477.5807$	0
字符串	Variant	$	文本	与字符长度有关	$0 \sim 65\,535$ 个字符	空字符串
布尔型	Boolean		逻辑值	2	True 或 False	False
日期型	Date		日期/时间	8	100 年 1 月 1 日～9999 年 12 月 31 日	0
变体类型	String	无	任何	根据需要		Empty
字节型	Byte		任何	1	$0 \sim 255$	0

🐌提示：

字符串是用双引号引起来的字符,字符串内包括除双引号和回车以外可打印的所有字符,包括空格字符。例如:"1234"和"张 三"都是有效的字符串,其中"1234"是含4个字符的字符串,而"张 三"是含三个字符的字符串(空格是有效字符)。

日期型前后用#括起来,允许用各种表示日期和时间的格式。日期可以用"/"",""-"分隔开,可以是年、月、日,也可以是月、日、年的顺序。时间必须用":"分隔,顺序是时、分、秒。

（2）用户自定义数据类型

应用程序可以建立包含一个或多个 VBA 标准数据类型的数据类型,这就是用户自定义数据类型。它不仅包含 VBA 的标准数据类型,还可以包含前面已经说明的其他用户定义数据类型。

用户自定义数据类型的定义格式如下：

Type 数据类型名

　　元素1 As 数据类型

　　元素2 As 数据类型

　　……

End Type

例如:定义一个学生基本信息的数据类型,格式如下:

```
Type student
    stuno As String * 6
    stuname As String * 10
    stusex As String * 1
    stubirthday As Date
End Type
```

（3）对象类型

VBA 的对象数据类型由引用的对象库所定义。常用的 VBA 对象数据类型见表 7-4。

表 7-4　　　　　　　　　　VBA 对象数据类型

对象数据类型	对象库	对应的数据库对象类型
Database（数据库）	DAO 3.6	使用 DAO 时用 JET 数据库引擎打开的数据库
Connection（连接）	ADO 2.1	ADO 取代了 DAO 的数据库连接对象
Form（窗体）	Access 9.0	窗体,包括子窗体
Report（报表）	Access 9.0	报表,包括子报表
Control（控件）	Access 9.0	窗体和报表上的控件
Querydef（查询）	DAO 3.6	查询
Tabledef（表）	DAO 3.6	数据表
Command（命令）	ADO 2.1	ADO 中取代 DAO 中的 Querydef 对象
DAO. recordset	DAO 3.6	DAO 中创建的查询结果集
ADO. recordset	ADO 2.1	ADO 中的查询结果集

3. 变量和常量

常量是指在程序运行中其值始终不变的量。变量是指在程序运行中其值可以改变的量。

（1）常量

常量分为：文字常量、符号常量和系统常量。文字常量是直接表示的常量，如："abc"，123，♯2013-7-10♯ 等，符号常量用一个符号来表示常量的值，类型由其值决定。系统常量是 VBA 预先定义好的，用户可以直接调用的，如：vbRed、vbYes、vbOk 等。

（2）变量

每一个变量都必须有一个名称，称为变量名，该名称用来标识内存单元，用户可以通过变量名称来存取内存单元中的数据。

①变量的命名

变量的命名与字段命名相同，由字母开头，是字母、数字、下划线的组合，长度不能超过 255 个字符，不能使用 VBA 的关键字，不区分大小写，比如：A 和 a 代表的是同一变量。

②变量的声明

变量有三个要素：变量名、变量类型、变量的值。变量的声明就是定义变量名和变量的数据类型，使系统为变量分配内存空间。VBA 变量声明有两种形式：显式声明和隐含声明。

显式声明是指用"Dim/Static/Private/Public 变量名 As 数据类型"的结构或"Dim/Static/Private/Public 变量名类型符号"来进行声明。例如：Dim a As Integer，b％。

隐含声明是没有直接定义而通过一个值指定给变量名或在 Dim 定义中省略了数据类型，隐含声明的变量默认数据类型为变体型。如：Dim n 或 m＝28。

良好的编程习惯都应该是"先声明变量，后使用变量"，这样做可以提高程序的效率，同时也使程序易于调试。但是在默认情况下，VBA 允许在代码中使用未声明的变量，为了强制显式声明，可以在窗体模块、标准模块和类模块的通用声明段中加入：Option Explicit。

（3）变量的作用域

变量根据定义的位置和方式的不同，它所起作用的范围也不同，这个范围叫作变量的作用域。变量按作用域分为局部变量（Local）、模块级变量（Module）、全局变量（Public）三类。

局部变量是指在模块的过程内部、子过程或函数过程中定义的或直接使用的变量，这些变量的作用范围都是局部的。在子过程或函数内部使用 Dim，Static 关键字说明的变量就是局部变量。

模块级变量是指在窗体或模块的声明部分，用 Private 或 Dim 声明的变量，这种变量可以在模块的所有事件过程中引用，但是不能被其他模块的事件过程引用。

全局变量是指在标准模块中用 Public 声明的变量，这种变量可以被其他模块的所有事件过程引用。表 7-5 列出了三种变量的使用规则及作用域。

表 7-5　　　　　　　　　**三种变量的使用规则及作用域**

	局部变量	模块级变量	全局变量
声明方式	Dim、Static	Private、Dim	Public
声明位置	过程内部	窗体或模块的声明部分	标准模块
作用范围	过程内部	本模块的所有过程	所有过程

（4）对象变量

对象变量的引用格式（以窗体和报表为例）：

Forms！窗体名称！控件名［.属性名］

Reports！报表名称！控件名［.属性名］

关键字 Forms 和 Reports 分别表示窗体和报表对象集合,感叹号之后表示具体的窗体名称或报表名称,窗体名称或报表名称之后表示控件名。若属性名称缺省,则默认为控件基本属性。

例如:学生基本信息窗体中有个"姓名"文本框,则要设置该文本框中内容的语句为:

Forms! 学生基本信息! 姓名="张三"

若在本窗体的模块中引用,可以用 Me 来替代 Forms! 窗体名称。

4. 数组

数组不是一种数据类型,而是一组相同类型的变量集合。数组的优点是用数组名代表逻辑上相关的一批数据。数组中的每个数据称为数组元素,用下标表示数组中的各个元素。

(1)数组定义

数组在使用前要先定义,数组定义方法:

一维数组:Dim 数组名([下限 To] 上限) [As 数据类型]

例如:Dim s(9) As Integer。

定义了一个一维数组,该数组的名字为 s,类型为 Integer,占据 10 个整型变量的空间,下标为 0~9,下标下界默认为 0,如图 7-10 所示。

数组元素	s(0)	s(1)	s(2)	s(3)	s(4)	s(5)	s(6)	s(7)	s(8)	s(9)
值	78	89	100	56	67	76	66	86	89	93

图 7-10　一维数组图示

二维数组:Dim 数组名([下限 To] 上限,[下限 To] 上限) [As 数据类型]

例如:Dim a(1 To 3,2 To 4)As Integer。

定义了一个二维数组,该数组名字为 a,类型 Integer,该数组有 3 行(1 To 3)3 列(2 To 4)占据 9 个(3×3)整型变量的空间。如图 7-11 所示。

	第 0 列	第 1 列	第 2 列
第 0 行	a(1,2)	a(1,3)	a(1,4)
第 1 行	a(2,2)	a(2,3)	a(2,4)
第 0 行	a(3,2)	a(3,3)	a(3,4)

图 7-11　二维数组图示

(2)数组的使用

数组声明后,数组中的每个元素都可以当作简单变量来使用。

例如:S(2)是一个数组元素,其中的 S 称为数组名,2 是下标。在使用数组元素时,必须把下标放在一对紧跟在数组名之后的括号中。S(2)是一个数组变量,而 S2 则是一个简单变量。

(3)动态数组

在实际应用中,有时事先无法确定到底需要多大的数组,数组应定义多大,要在程序运行时才能决定。解决这类问题的方法是定义动态数组。

在定义数组时不指定数组的下标,则该数组为动态数组。

例如:Dim A( ) As Integer。

表示定义了一个动态数组。在使用动态数组时,需要再用 ReDim 关键字重新定义。如:ReDim A(5,5) As Integer,将上面的动态数组设置为 6×6 个数组元素。

5. 验证函数、输入框函数和消息框函数

（1）验证函数

验证函数主要用来进行一些测试的，常用的验证函数及函数功能见表 7-6。

表 7-6　　　　　　　　　　　　常用验证函数及说明

函数名称	说　　明
IsNumeric(表达式)	如果表达式为数值，则返回值为 True，否则为 False
IsDate(表达式)	如果表达式可以转换为日期型数据，则返回值为 True，否则为 False
IsNull(表达式)	如果表达式为 Null，则返回值为 True，否则 为 False
IsEmpty(表达式)	如果变量已经初始化则返回值为 False，否则为 True
IsError(表达式)	如果表达式是错误值，则返回 True，否则为 False
IsObject(表达式)	如果表达式为对象变量，则返回 True，否则返回 False
IsArray(表达式)	如果表达式为数组，则返回值为 True，否则返回 False

（2）输入框函数

输入框函数的功能是打开一个对话框，等待用户输入正文并按下按钮，然后返回包含文本框内容的数据信息。函数返回值为字符串类型。函数格式如下：

x＝InputBox(Prompt[，Title]，Default[，Xpos][，Ypos])

参数说明：

①Prompt：打开对话框内的提示信息，必选的一个参数。

②Title：对话框的标题。

③Default：默认值，当用户没有输入值，函数的返回值为这个默认值。不设置默认值，函数返回值为空字符串。

④Xpos、Ypos：表示 x 坐标和 y 坐标，是对话框左上角在屏幕上的位置。以屏幕左上角为坐标原点，单位是 twip。

例如：InputBox("请输入数据"，"输入对话框"，12)，得到的对话框如图 7-12 所示。

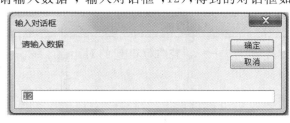

图 7-12　输入对话框示例

（3）消息框函数

消息框函数显示一个消息对话框，等待用户单击按钮，并返回一个整型值，指示用户单击了哪一个按钮。函数格式如下：

MsgBox(Prompt[，Buttons][，Title])

参数说明：

①Prompt：同 InputBox 函数，消息框内提示字符串。该参数是必需的。

②Buttons：可选参数。该参数是一个组合值，是消息框内按钮和图标的组合，该值可以是一个数值，也可以是一个常量的和。如消息框内显示 Yes 和 No 两个按钮和一个问号图标，则

Buttons 参数取值为:vbYesNo＋vbQuestion 或 4＋32。Buttons 参数的按钮及图标的取值见表 7-7。

表 7-7   **Buttons 参数的按钮及图标的取值**

常　量	值	说　明
vbOkOnly	0	显示【确定】按钮
vbOkCancel	1	显示【确定】和【取消】按钮
vbAbortRetryIgnore	2	显示【终止】、【重试】和【忽略】按钮
vbYesNoCancel	3	显示【是】、【否】、【取消】三个按钮
vbYesNo	4	显示【是】、【否】按钮
vbRetryCancel	5	显示【重试】、【取消】按钮
vbCritical	16	显示关键信息图标❌
vbQuestion	32	显示询问信息图标❓
vbExclamation	48	显示警告信息图标⚠
vbInformation	64	显示信息图标ⓘ

③Title:可选参数。表示消息框的标题。

④消息框函数返回值为单击的按钮的值,按钮的值见表 7-8。

表 7-8   **MsgBox 函数返回值**

常　量	值	说　明
vbOk	1	【确定】按钮
vbCancel	2	【取消】按钮
vbAbort	3	【终止】按钮
vbRetry	4	【重试】按钮
vbIgnore	5	【忽略】按钮
vbYes	6	【是】按钮
vbNo	7	【否】按钮

例如:MsgBox("密码错误",5＋48,"警告")得到的对话框如图 7-13 所示。

6. VBA 常见操作

(1)打开窗体操作

Docmd. OpenForm formname[,view][,filtername]
[,wherecondition][,datamode][,windowmode]

参数说明:

①formname:字符串表达式,代表当前数据库中窗体的名称。

图 7-13 消息框示例

②view:为下列固有常量之一:acDesign,asFormDS,acNormal,acPreview。

③filtername:过滤查询的有效名称,主要是对窗体数据源数据进行过滤和筛选。

④wherecondition:字符串表达式,不包含 Where 关键字的有效 SQL 子句。

⑤datamode:固有常量 acFormAdd,acFormEdit,acFormReadOnly,acFormPropertySettings 之一。

⑥windowmode：用于规定窗体的打开形式，为下列固有常量之一：acDialog，acHidden，acIcon，acWindowNormal。

例如，打开"登录"窗体的代码为：Docmd. OpenForm ″登录″

（2）打开报表

Docmd. OpenReport reportname［，view］［，filtername］［，wherecondition］

参数说明：

①reportname：字符串表达式，代表当前数据库中报表的名称。

②view：为下列固有常量之一：acViewDesign，acViewNormal，acViewPreview。

③filtername：字符串表达式，代表当前数据库中查询的名称。

④wherecondition：字符串表达式，不包含 Where 关键字的有效 SQL 子句。

例如，打开"学生详细信息"报表：Docmd. OpenReport ″学生详细信息″

（3）关闭操作

Docmd. Close［objecttype，objectname］［，save］

参数说明：

①objecttype：下列固有常量之一，acDataAccessPage，acDefault，acDiagram，acForm，acMacro，acModule，acQuery，acReport，acServerView，acStoredProcedure，acTable。

②objectname：字符串表达式，代表有效的对象名称。

③save：下列固有常量之一，acSaveNo，acSavePrompt，acSaveYes。

🕮 提示：

Docmd. Close 命令可以广泛用于关闭 Access 各种对象。不加任何参数的命令（Docmd. Close）用于关闭当前窗体。

7. VBA 流程控制语句

VBA 流程控制语句有三种结构：顺序结构、选择结构和循环结构。

（1）顺序结构

顺序结构就是按照语句书写的先后顺序进行执行，最常见的顺序结构的语句就是赋值语句。赋值语句以等号连接。格式为：变量名或对象属性名＝值或表达式。

例如：Dim a As Integer

　　　a＝10

（2）选择结构

选择结构就是根据条件的真假来决定要执行的语句。主要有以下几种结构：

①单分支结构

If 条件表达式 Then 条件表达式为真时执行的语句

或

If 条件表达式 Then

　　条件表达式为真时执行的语句

End If

②双分支结构

If 条件表达式 Then 条件表达式为真时执行的语句 Else 条件表达式为假时执行的语句

或

If 条件表达式 Then

　　　　条件表达式为真时执行的语句
Else
　　　　条件表达式为假时执行的语句
End If
③多分支结构
If 条件表达式 1 Then
　　　条件表达式 1 为真时执行的语句
ElseIf 条件表达式 2 Then
　　　条件表达式 2 为真时执行的语句
……
〔Else
　　　条件都不成立时执行的语句〕
End If
④Select Case 语句
Select Case 表达式
　　　Case 表达式 1
　　　　　表达式的值与表达式 1 的值相匹配时执行的语句
　　　Case 表达式 2
　　　　　表达式的值与表达式 2 的值相匹配时执行的语句
　　　……
　　　Case Else
　　　　　没有任何匹配时执行的语句
End Select
Case 后表达式的格式：
逗号分开的一组值,例如:1,3,4 表示等于 1 或等于 3 或等于 4。
关键字 To 连接的范围,例如:2 To 5 表示 2 到 5 之间的值。
关键字 is 连接关系运算符,例如:is>3 表示 Select Case 后的表达式的值大于 3。
　　提示：
　　Case 语句是依次测试的,并执行第一个符合 case 条件的语句,即使再有符合条件的分支也不会被执行。
　　⑤条件函数
Iif(条件表达式,条件表达式成立时执行的表达式 1,条件表达式不成立时执行的表达式 2)
例如:Iif(a>b,a,b),表示 a>b 成立函数返回值为 a,不成立返回 b。
　　(3)循环结构
　　用于重复执行一条或一组语句的结构,称之为循环结构。语句或语句组一直重复执行,直到满足某个条件为止。VBA 提供两种类型循环结构:For-Next、Do-Loop。
　　①For-Next 语句
　　格式：
For 循环变量＝初值 To 终值 〔step 步长〕
　　　语句组

Next 循环变量

执行流程如图 7-14 所示。

🌀**提示：**

步长：当步长＞0 时，若循环变量值＜＝终值，循环继续；若循环变量值＞终值，循环结束。当步长＝0 时，若循环变量＜＝终值，死循环。若循环变量值＞终值，一次也不执行。当步长＜0 时，若循环变量值＞＝终值，循环继续；若循环变量值＜终值，循环结束。

循环次数计算：循环次数＝int((终值－初值)/步长)＋1

②Do-Loop 语句

Do-Loop 语句主要用于循环次数不知道的情况下。While 条件称为当型循环，Until 条件称为直到型循环。

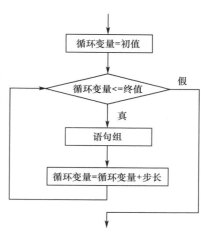

图 7-14　For 循环语句流程图

有四种格式：

第一种格式：

Do While 条件表达式

　　语句组

Loop

第三种格式：

Do

　　语句组

Loop While 条件表达式

第二种格式：

Do Until 条件表达式

　　语句组

Loop

第四种格式：

Do

　　语句组

Loop Until 条件表达式

前两种是先判断条件再执行语句，后两种是先执行一次语句再判断条件。While 是条件成立时执行语句，条件不成立时结束循环；Until 正好与 While 相反，是当条件不成立时执行语句，条件成立时结束循环。前两种循环执行流程如图 7-15 所示。

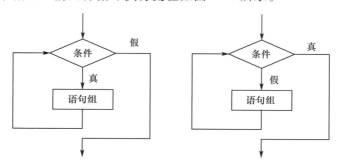

图 7-15　前两种循环结构执行流程

8. 过程调用时的参数传递

(1)形参与实参

出现在 Sub 过程和 Function 过程的形参表中的变量名、数组名等称之为形参，在过程被调用之前，系统并没有为其分配内存，其作用是用来接收调用时传递过来的数据。实参是指包含在过程调用的实参表中的变量、数组等，其作用是将它们的数据(数值或地址)传送给过程中与其对应的形参。实参可以是常量、表达式、变量、数组。

【示例 7.1】 定义一个求两个数中最大数的函数过程并在 Command1 按钮单击事件中调用。

①函数定义：

```
Function m(x As Integer, y As Integer) As Integer 'x 和 y 为形参
    m = IIf(x > y, x, y)
End Function
```

②函数调用：

```
Private Sub Command1_Click()
    Dim a As Integer, b As Integer '定义实参
    a = 1 '给实参赋值
    b = 2
    MsgBox "两个数的最大值为：" & m(a, b) '带实参调用函数
End Sub
```

（2）参数传递

参数传递指主调过程的实参（调用时已有确定值和内存地址的参数）传递给被调过程的形参，参数的传递有两种方式：

值传递（只把实参的值传递给形参）：形参前加"ByVal"关键字。采用值传递时，当形参的值发生变换时不会影响到实参

地址传递（把实参的地址传递给形参，形参和实参指向同一地址空间）：形参前加"ByRef"关键字或什么都不加。采用地址传递时，形参与实参指向同一地址空间，当形参值发生变化时，地址空间中的值发生变化，对应实参值也发生变化。

【示例 7.2】 创建两个过程 VChange1、VChange2，参数分别采用值传递和地址传递，创建一窗体，窗体上添加两个按钮，名称分别为 Command1 和 Command2，标题分别为值传递和地址传递，在两个按钮的单击事件中分别调用上面两个过程，观察输出结果。输出结果如图 7-16 所示。

```
单击按钮 1 输出结果为：
    X=20    Y=25
    M=10    N=20
```

```
单击按钮 2 输出结果为：
    X=20    Y=25
    M=20    N=25
```

图 7-16　两种值传递方式结果

```
Sub VChange1(ByVal X As Integer, ByVal Y As Integer)
    X = X + 10
    Y = Y + 5
    Debug. Print "X="; X, "Y="; Y
End Sub
Sub VChange2(ByRef X As Integer, ByRef Y As Integer)
    X = X + 10
    Y = Y + 5
    Debug. Print "X="; X, "Y="; Y
End Sub
Private Sub Command1_Click()
    Dim M As Integer, N As Integer
    M = 10： N = 20
    Call V1Change1(M, N)
    Debug. Print M, N
End Sub
```

```
Private Sub Command2_Click()
    Dim M As Integer, N As Integer
    M = 10: N = 20
    Call V1Change2(M,N)
    Debug. Print M, N
End Sub
```

提示：

形参表和实参表中的对应变量名可以不必相同，形参与实参的个数必须相同，对应位置的参数类型必须一致。

9. VBE 编程环境

VBE(Visual Basic Editor)是 Access 提供的编程界面，VBE 窗口主要由工具栏、工程资源管理器窗口、属性窗格和代码编辑区组成，如图 7-17 所示。

工具栏：包括创建模块时常用的命令按钮。

工程资源管理器窗口：以层次列表形式列出组成应用程序的所有窗体、文件和模块文件。

属性窗格：列出所选对象的各种属性。

代码编辑区：用来进行程序设计、显示和编辑的窗口。

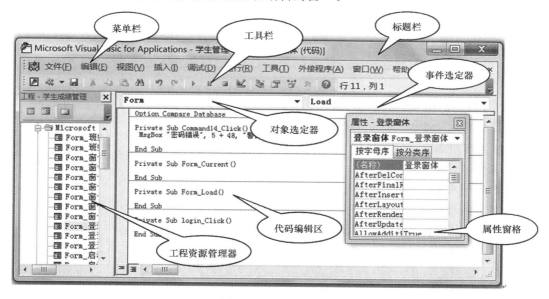

图 7-17 VBE 编程环境

知识点 5 VBA 数据库编程

前面的知识点中，已经介绍了使用各种类型的数据库对象来处理数据的方法，在实际应用中如果想更快速和更有效地管理好数据，开发出更有价值的应用程序，还应当掌握 VBA 的数据库编程方法。

1. 数据库引擎和编程接口

在 VBA 中主要提供了 3 种数据库访问接口：

(1)开放数据库互连应用编程接口。(ODBC)

(2)数据访问对象(Data Access Objects)，简称 DAO。

（3）ActiveX 数据对象（ActiveX Data Objects），简称 ADO。

2. 数据访问对象（DAO）

DAO 是 VBA 提供的一种数据访问对象，可以完成数据库创建、表的定义等。

（1）DAO 的引用

在使用 DAO 对象访问数据库时，需要先引用包括 DAO 对象和函数的库，引用方法是：进入 VBA 编程环境，打开"工具"菜单，并选择"引用"菜单项，在弹出的对话框中选中"Microsoft Office 14.0 Access database engine Object Library"，如图 7-18 所示。单击【确定】按钮完成。

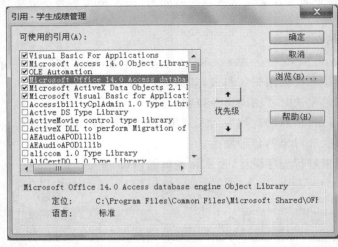

图 7-18　DAO 对象库引用对话框

（2）利用 DAO 访问数据库

首先要创建对象变量，然后通过对象方法和属性来进行操作。

①定义对象变量

定义工作区对象变量：Dim ws1 As Workspace

定义数据库对象变量：Dim db1 As Database

定义记录集对象变量：Dim rs1 As RecordSet

②通过 Set 语句给各对象变量赋值

Set ws1＝DBEngine. Workspaces(0)

Set db1＝ws. OpenDatabase(数据库文件名)

Set rs1＝db. OpenRecordSet(表名、查询名或 SQL 语句)

③使用循环结构处理记录集中的记录

Do While Not rs1. EOF

　　……

　　Rs1. MoveNext

Loop

④对象的关闭和释放

Rs1. close

Db1. close

Set rs1＝Nothing

Set db1＝Nothing

3. 数据访问对象(ADO)

ADO 是基于组件的数据库编程接口,它是一个和编程语言无关的 COM 组件系统,可以进行读取和写入操作。

(1)ADO 的引用

在使用 ADO 之前也要先进行引用,引用方法为:进入 VBA 编程环境,执行"工具"菜单的"引用"命令,打开"引用"对话框,在对话框的"可使用的引用"列表框选项中,选中"Microsoft ActiveX Data Objects 2.1 Library"列表项前面的复选框,单击【确定】按钮,完成设置。

(2)利用 ADO 访问数据库

①定义对象变量

定义连接对象:Dim cn As new ADODB. Connection

定义记录集对象:Dim rs As New ADODB. Recordset

②利用 Open 方法打开连接和记录集对象

cn. Open "连接字符串"

rs. Open "查询等"

③使用循环结构处理记录集中的记录

Do While Not rs. EOF

……'数据的各类操作

Rs. MoveNext

Loop

④对象的关闭和释放

Rs. close

　　cn. close

　　Set rs＝Nothing

　　Set cn＝Nothing

(3)数据记录操作

①定位记录

MoveFirst:移动到第一条记录上

MoveLast:移动到最后一条记录上

MoveNext:移动到下一条记录上

MovePrevious:移动到前一条记录上

②添加记录:AddNew

③更新记录:UpDate

④删除记录:Delete

⑤检索记录

两种方法:find 和 seek。seek 方法检索效率高,但使用条件严格。

• find 语法:rs. find "字符串表达式"

例如:rs. find "姓名 like '张 ∗'"

• seek 语法:rs. seek keyvalue,seekoption

keyvalue:为变体类型数组。

seekoption:为比较类型。

任务 7.1　学生管理系统中宏的操作

在前面的任务中主要介绍了学生管理系统中的数据表、查询、窗体和报表等数据库对象，这些对象分别用来存储、查询、操作和显示数据的。但是各个数据库对象都是相对独立的，例如在学生管理数据库中创建的浏览学生信息、打印学生信息的窗体和报表对象各自完成独立的功能，彼此之间不存在任何的联系，这样的设计不符合应用系统的功能需求。为了在学生管理系统中快速操作和运行各种数据库对象，要把各种数据库对象整合到一个完整的应用系统中。将对象整合到一起，可以使用宏对象来实现。宏是一种实现一些特殊任务的数据库对象，宏可以实现诸如打开表、打开窗体、打开报表等操作。

子任务 1　创建自动运行宏打开"启动"窗体

♣ 任务分析

在学生管理系统中，前面的任务只是建立了实现某种特定浏览、修改和编辑功能的各种窗体，但一般情况下，应用系统运行时都会显示一个"启动"窗体，学生管理系统也不例外。"启动"窗体是整个应用系统运行的第一个用户界面，用来显示应用系统的相关信息。

本子任务的功能是创建一个"启动"窗体，并创建一个自动运行宏打开"启动"窗体。

♣ 任务实施

1. 创建学生管理系统的"启动"窗体

步骤 1　启动 Access 2010，打开"学生管理"数据库。

步骤 2　在"学生管理"数据库的首界面的"创建"选项卡"窗体"命令组中单击【窗体设计】按钮，打开窗体设计窗口。

步骤 3　在窗体设计器中添加一个标签控件，放到窗体的主体节的中间位置，按住鼠标左键进行拖动，拖动到适当的大小松开，并输入标题为"学生管理系统"，如图 7-19 所示。

图 7-19　"学生管理系统"标签

步骤 4　在窗体设计器中的"属性表"窗格中设置标签对象的"名称"属性值为"L1"，"字号"属性值为"24"，"前景色"属性值为"文字 2、淡色 40％"，"字体名称"属性值为"华文行楷"，设置后效果如图 7-20 所示。

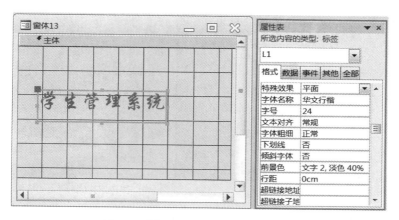

图 7-20　"学生管理系统"标签属性的设置

步骤 5　在窗体设计器的主体节右下角添加标签控件,调整控件到适合大小并设置其标题为"未经授权用户不得登录本系统"。在"属性表"窗格中设置标签对象的"名称"属性值为"L2","字号"属性值为"14","前景色"属性值为"文字 2、淡色 60％","字体名称"属性值为"华文行楷"。用上述方法继续添加两个标签,两个标签中分别输入"2013 年 12 月 16 日"和"23：07：56",名称分别为 L3 和 L4,"字号"属性值为"11","前景色"属性值都设置为"文字 2、淡色 60％","字体名称"设置为"华文行楷",设置后的效果如图 7-21 所示。

步骤 6　在窗体设计器中设置主体节的"背景色"属性值为"蓝色、淡色 80％"。

步骤 7　在"属性表"窗格中选择窗体对象,单击"格式"选项卡设置"最大化"和"最小化"属性为"无",然后单击"自定义快速访问工具栏"上的【保存】按钮,在弹出的"另存为"对话框中输入"启动窗体",然后单击【确定】按钮。至此"启动窗体"创建完成。在"导航窗格"中双击"启动窗体",运行效果如图 7-22 所示。

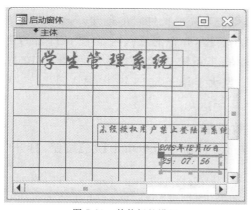

图 7-21　其他标签设置

图 7-22　启动窗体运行效果

2. 创建自动运行宏

步骤 1　在"学生管理"数据库工作界面中"创建"选项卡下的"宏与代码"命令组中单击【宏】按钮,打开"宏设计器"窗口,如图 7-23 所示。

步骤 2　在"宏 1"窗格中单击"添加新操作"下拉列表框选择宏操作为"OpenForm",在"宏 1"窗格中显示"OpenForm"事件属性,单击属性窗口中的"窗体名称"右侧下拉箭头,选择"启动窗体",或者直接输入"启动窗体",选择窗口模式为普通,不设置筛选名称、当条件和数据模式。如图 7-24 所示。

图 7-23 "宏设计器"窗口(1)

图 7-24 OpenForm 事件的属性设置

步骤 3 设置完成后,单击"自定义快速访问工具栏"上的【保存】按钮,在打开的"另存为"对话框中输入"AutoExec",单击【确定】按钮保存宏。这样以后打开"学生管理"数据库时 AutoExec 就会自动运行,并打开"启动窗体"。

提示:

(1)自动运行宏的名称必须为"AutoExec",表示打开数据库时会自动运行。如果想在打开数据库时不自动运行 AutoExec 宏,可以在启动数据库的同时按住 Shift 键。

(2)自动运行宏是一种独立宏,独立宏就是独立于窗体或报表之外的宏。

子任务 2 创建打开班级信息窗体的条件宏

任务分析

一般情况下,宏是按照添加宏操作的先后顺序执行的,但是有些情况下需要根据给定的条件来决定宏的执行,这就需要创建条件宏。

本子任务在前面创建的"班级信息"窗体的基础上来完成条件宏的创建。该条件宏的功能是:当系统日期小于 2013 年 10 月 1 日时,则打开消息框,并在消息框内显示"条件宏的使用",单击消息框内的【确定】按钮后打开"班级信息"窗体;当系统日期大于等于 2013 年 10 月 1 日时,则打开消息框,并在消息框内显示"系统当前日期大于等于 2013 年 10 月 1 日"。

任务实施

步骤 1 启动 Access 2010,打开"学生管理"数据库。

步骤 2 在数据库功能区"创建"选项卡"宏与代码"命令组中单击【宏】按钮,打开"宏操作"窗口,如图 7-25 所示。

图 7-25 "宏设计器"窗口(2)

步骤 3 在宏设计器"操作目录"窗格中,展开"程序流程",双击"If"程序流程,则将 If 程序流程添加到"宏 1"窗格的"添加新操作"命令组合框中。在"宏 1"窗格中设置 If 程序流程的相关信息,If 后输入条件表达式"Date()＜♯2013-10-1♯",如图 7-26 所示。

图 7-26 设置 If 程序流程的条件

步骤 4 在图 7-26 所示的 If 程序流程结构中"当条件为 True 时执行的条件内部块"中单击"添加新操作"命令组合框中选择 MessageBox,弹出"MessageBox"的属性窗格,在"消息"参数中输入"条件宏的使用"。继续在"当条件为 True 时执行的条件内部块"中单击"添加新操作"命令组合框中选择"OpenForm"事件,在弹出的"OpenForm"属性窗口的"窗体名称"属性中选择或输入"班级信息",设置后的效果如图 7-27 所示。

图 7-27 If 条件为 True 时执行的条件内部块效果图

步骤 5 在当条件为 True 时执行的条件内部块右下角单击"添加 Else"或"添加 Else If"继续设置条件,在 Else 后的"添加新操作"框中选择"MessageBox",在"消息"参数中输入"系统当前日期大于等于 2013 年 10 月 1 日","类型"属性选择"信息",如图 7-28 所示。

步骤 6 单击"自定义快速访问工具栏"上的【保存】按钮,在弹出的"另存为"对话框中输入宏名称为"条件宏示例"。

图 7-28　Else 条件下的设置

步骤 7　在数据库功能区"宏工具-设计"选项卡下的"工具"命令组中单击【运行】按钮,发现如果当前系统日期小于 2013 年 10 月 1 日,则弹出"条件宏的使用"对话框,如图 7-29 所示。单击【确定】按钮后自动打开"班级信息"窗体;如果当前系统日期大于或等于 2013 年 10 月 1 日,则弹出"系统当前日期大于等于 2013 年 10 月 1 日"对话框,如图 7-30 所示。

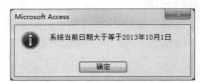

图 7-29　"条件宏的使用"对话框　　图 7-30　"系统日期大于 2013 年 10 月 1 日"对话框

提示:

(1)条件宏就是指宏里面有条件表达式,运行的时候根据条件是否成立来决定后面的操作是否执行。

(2)Date()是一个系统函数,可以获得系统当前的日期。

子任务 3　创建禁止显示空白学生详细信息报表的嵌入宏

任务分析

在任务 6 中学习了报表的创建,但发现如果创建报表时所用到的数据源不包括任何数据,运行后会显示一个空白的报表,而实际的应用中是应该避免显示空白报表的。此功能需要在创建报表时使用嵌入宏来实现。

本子任务的功能是修改任务 6 中创建的"打印学生详细信息"报表,实现禁止打印空白学生详细信息报表的功能。

任务实施

步骤 1　启动 Access 2010,打开"学生管理"数据库。

步骤 2　在"学生管理"数据库的导航窗格中,右击"打印学生详细信息"报表,在弹出的快捷菜单中选择"设计视图"命令,以设计视图打开学生详细信息报表,如图 7-31 所示。

步骤 3　在"报表设计器"窗格中,单击"报表设计工具-设计"选项卡"工具"命令组中的【属性表】按钮或按 F4 键,打开"属性表"窗格。在属性表中单击"事件"选项卡,在事件中选择"无数据"。如图 7-32 所示。

图 7-31　"打印学生详细信息"报表的设计视图

图 7-32　报表属性表

步骤 4　单击"无数据"属性右侧【…】按钮，打开"选择生成器"对话框，选择"宏生成器"。如图 7-33 所示。

步骤 5　单击"选择生成器"对话框中的【确定】按钮，在打开的"宏设计器"中，单击添加新操作的下拉箭头，选择 MessageBox 操作，弹出 MessageBox 的属性窗格，在"消息"参数中输入"报表中无数据"，继续添加新操作 CancelEvent。如图 7-34 所示。

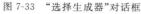

图 7-33　"选择生成器"对话框

图 7-34　宏设计器中的设置

步骤 6　关闭宏设计器，单击【保存】按钮保存报表，并关闭报表设计视图。

步骤 7　运行报表，如果报表中有数据就会打开报表，如果报表中没有数据，则会弹出消息框提示"报表中无数据"，单击【确定】按钮取消报表的打开操作。如图 7-35 所示。

图 7-35　"报表中无数据"对话框

提示：

嵌入宏属于窗体或报表的一部分，不会单独存在，创建后在"导航窗格"中看不到。使用嵌入的宏可以不必编写代码。例如：创建一个窗体，在该窗体中利用向导添加一个按钮，单击按钮打开学生信息窗体。设置完成后，打开按钮的"属性表"窗格，选择"事件"选项卡，会发现在单击事件中有个嵌入的宏。

子任务 4　使用子宏创建学生管理系统主菜单

任务分析

通过前面的任务操作，已经创建了实现学生管理系统功能的多个窗体，但是这些窗体没有联系到一起，需要用一个主界面加载菜单来进行系统整合，当单击菜单时就会打开相应的窗体。

根据任务 2.1 中对数据库的分析，学生管理系统要实现用户管理、学生信息管理、系部信息管理、教师信息管理、成绩信息管理、班级信息管理、课程信息管理、学生选课管理以及系统维护、基本信息的查询与打印。其中用户管理包括用户添加、用户修改、用户删除三个子菜单；系部信息管理包括系部信息的添加、系部信息的修改、系部信息的删除三个子菜单；班级信息管理包括班级信息的添加、班级信息的修改、班级信息的删除三个子菜单；学生信息管理包括学生信息的添加、学生信息的修改、学生信息的删除三个子菜单；教师信息管理包括教师信息的添加、教师信息的修改、教师信息的删除三个子菜单；课程信息管理包括课程信息的添加、课程信息的修改、课程信息的删除三个子菜单；学生选课管理包括教师授课安排、学生选课两个子菜单；成绩管理包括成绩的录入和修改、成绩的汇总统计、成绩的审核、成绩查询四个子菜单；系统维护包括数据的备份、数据的恢复、数据的导入、数据的导出四个子菜单。效果如图 7-36 所示。

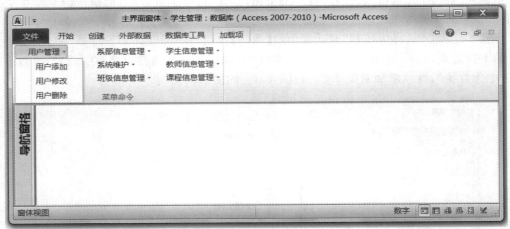

图 7-36　用户管理菜单结构

本任务在已经创建了所有实现学生管理系统功能窗体的基础上介绍如何使用子宏来创建学生管理系统的主菜单，通过主菜单来把这些窗体整合到一起。

任务实施

创建学生管理系统的主菜单需要两个过程：第一是为每个下拉菜单项创建子宏，第二是将所有菜单项的子宏组合到一个宏中。

1. 学生管理系统菜单项子宏设计

步骤 1　启动 Access 2010，打开"学生管理"数据库。

步骤 2　单击"创建"选项卡"宏与代码"命令组中的【宏】按钮，打开"宏操作"窗口。在"操作目录"窗格中展开"程序流程"，双击 Submacro 程序流程，则将 Submacro 程序流程添加到"宏 6"窗格的"添加新操作"组合框中，并弹出子宏属性窗格。如图 7-37 所示。

步骤 3　将子宏属性窗格中子宏后的 sub1 修改为"用户添加"（名称可任意），单击"添加新操作"下拉箭头，选择 OpenForm，弹出 OpenForm 的属性窗格，"窗体名称"下拉列表框选择系统对应功能的窗体名称。如图 7-38 所示。

步骤 4　再拖动 Submacro 到"宏设计器"的 End Submacro 下的"添加新操作"命令组合框中，松开鼠标，弹出子宏属性窗格，子宏属性窗格的子宏后输入"用户修改"，单击"添加新操作"下拉箭头，选择 OpenForm，弹出 OpenForm 的属性窗格，窗体名称参数单击下拉箭头选择对应的窗体名称。

图 7-37　子宏属性窗格

图 7-38　子宏"用户添加"的设置

步骤 5　重复步骤 3 的操作,完成"用户删除"子宏的设计。

步骤 6　单击"自定义快速访问工具栏"上的【保存】按钮,在打开的"另存为"对话框中输入"用户管理",单击【确定】按钮。保存完成后,关闭设计窗口。

步骤 7　用同样方法设计"学生信息管理""系部信息管理""教师信息管理""成绩信息管理""班级信息管理""课程信息管理""学生选课管理"以及"系统维护"菜单项的子宏。

提示:

如果有二级子菜单,则在子宏中继续添加子宏。

2．将"学生管理系统"的所有菜单项的子宏组合到一个宏中

步骤 1　单击"创建"选项卡"宏与代码"命令组中的【宏】按钮,打开宏操作窗口。

步骤 2　在"宏设计器"窗口中单击"添加新操作"的下拉箭头选择"AddMenu"操作。弹出"AddMenu"操作的属性窗格,在属性窗格的"菜单名称"参数中输入"用户管理"(和在主界面中的菜单栏中要显示的名称一致),在"菜单宏名称"参数中,单击下拉箭头,选择前面创建的子宏"用户管理"(菜单项子宏设计中创建的子宏)。如图 7-39 所示。

图 7-39　"AddMenu"属性的设置

步骤 3　继续单击下面"添加新操作"的下拉箭头,继续添加"AddMenu"操作,弹出"AddMenu"操作的属性窗格,在属性窗格的"菜单名称"参数中输入"学生选课管理",在"菜单宏名称"参数中,单击下拉箭头,选择前面创建的子宏"学生选课管理"。如图 7-40 所示。

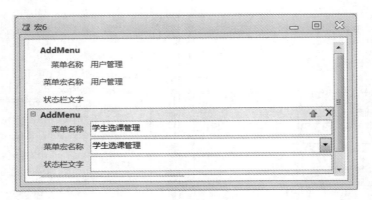

图 7-40　继续添加新操作的设置

步骤 4　重复上面的步骤,继续添加"AddMenu"操作,直到把学生管理系统中菜单项子宏全部添加进来。如图 7-41 所示。

图 7-41　全部子宏添加后效果

步骤 5　单击"自定义快速访问工具栏"上的【保存】按钮,在打开的"另存为"对话框中输入宏名为"菜单栏",单击【确定】按钮保存宏。

子任务 5　把主菜单加到学生管理系统的主界面上

♀ 任务分析

子任务 4 中已经创建了学生管理系统中的主菜单,但是这些主菜单和主界面窗体之间是分开的,我们需要把主菜单加到学生管理系统的主界面上。本子任务将介绍如何把主菜单添加到主界面上。

♀ 任务实施

步骤 1　启动 Access 2010,打开"学生管理"数据库。

步骤 2　单击"创建"选项卡"窗体"命令组中的【窗体设计】按钮,打开窗体设计视图。如图 7-42 所示。

步骤 3　单击"设计"选项卡"工具"命令组中的【属性表】按钮,打开"属性表"窗格。

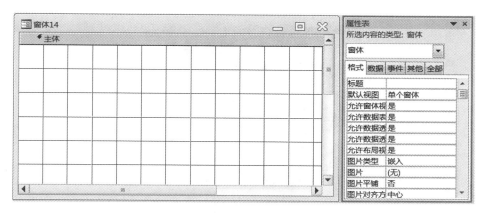

图 7-42　窗体设计视图

步骤 4　单击属性表的"其他"选项卡，在打开的属性列表中选择"菜单栏"属性，在右侧的值区域中输入子任务 4 中创建的"AddMenu"操作的宏的名称"菜单栏"。如图 7-43 所示。

步骤 5　单击"自定义快速访问工具栏"中的【保存】按钮，在打开的"另存为"对话框中输入窗体名称"主界面窗体"，单击【确定】按钮保存窗体，并关闭窗体设计窗口。

步骤 6　运行主界面窗体，会看到"加载项"选项卡中出现我们设计的主菜单。见图 7-36。

提示：

菜单除了可以加在窗体的"加载项"选项卡上，也可以作为快捷菜单。设计方法为：菜单宏设计完成后，打开窗体的设计视图，在"属性表"窗格的其他选项卡上，选择"快捷菜单"属性，设置为"是"，再选择"快捷菜单栏"属性，输入菜单宏的名称，保存窗体。

图 7-43　窗体菜单栏属性的设置

运行窗体，右键单击窗体就会显示一个快捷菜单。

★特别提示：任务点相关知识请参阅本任务知识点 1 宏操作。

任务 7.2　创建学生管理系统用户登录界面

为了保证学生管理系统不被系统外用户使用，大多数管理系统都有一个登录界面。而大多数的登录界面都需要输入用户名和密码，并对用户名和密码的合法性进行判断。

根据上面的分析，本任务要完成下面两项工作：

（1）创建一个登录窗体，运行效果如图 7-44 所示。

（2）实现用户登录功能。

在登录界面中当用户输入正确用户名（adm）和正确密码（pwd）后，单击【确定】按钮打开学生管理系统主界面。如果没有输入密码就单击【确定】按钮会打开"密码不能为空！请输入"对话框；如果没有输入用户名就单击【确定】按钮会打开"用户名不能为空！请输入"对话框；如果输入了用户名和密码，但是用户名是错误的，单击【确定】按钮会打开"用户名错误！请重新

图 7-44　登录窗体

输入"对话框,并将用户名文本框清空;如果密码是错误的,单击【确定】按钮会打开"密码错误!请重新输入"对话框,并将密码文本框清空。

实现上述的登录功能可以使用两种方法:宏和模块。

本任务就介绍如何设计上面的登录界面以及用宏和模块两种方法实现登录的功能。

子任务 1　创建"登录"窗体

任务分析

本子任务的功能是实现上面分析得到的登录窗体。根据上面窗体样式,需要在窗体中添加两个标签,标题分别为"用户名"和"密码",然后在窗体上添加两个文本框,分别用于输入用户名和密码,名称分别为:username 和 password。再添加两个按钮,标题分别为"确定"和"取消",名称分别为:login 和 cancel。

任务实施

步骤 1　启动 Access 2010,打开"学生管理"数据库。

步骤 2　在数据库窗口中,单击"创建"选项卡"窗体"组中的【窗体设计】按钮,打开窗体设计窗口。

步骤 3　单击"窗体设计工具-设计"选项卡"工具"组中的"属性表",打开属性表窗口。在"属性表"中选择窗体对象,设置窗体的"图片"属性值为"登录.jpg","最大化最小化"属性值为"无"。

步骤 4　单击窗体设计窗口中单击"窗体设计工具-设计"选项卡"控件"组中的【Aa】按钮(即"标签"控件),在窗体上要放置标签的位置按住鼠标左键进行拖动,拖动到适合的大小松开鼠标,在标签中输入"用户名",并设置标签的"字号"属性值为 11,"前景色"属性值为"文字 2、淡色 40％"。如图 7-45 所示。

步骤 5　单击"窗体设计工具-设计"选项卡"控件"组中的【Aa】按钮(即"标签"控件),在窗体上要放置标签的位置按住鼠标左键进行拖动,拖动到适合的大小松开鼠标,在标签中输入"密码",并设置标签的"字号"属性值为 11,"前景色"属性值为"文字 2、淡色 40％"。

步骤 6　单击"窗体设计工具-设计"选项卡"控件"组中的【abl】按钮(即"文本框"控件),在窗体上要放置"文本框"的位置按住鼠标左键进行拖动,拖动到适合的大小松开鼠标,设置文本框"边框颜色"属性值为"强调文字颜色 6,淡色 60％",并设置文本框"名称"属性值为"username",如图 7-46 所示。

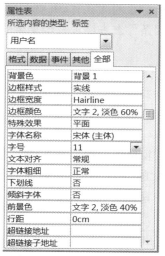

图 7-45 用户名标签属性设置

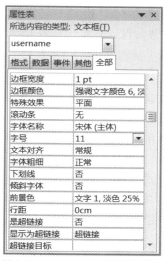

图 7-46 username 文本框属性设置

步骤 7 用步骤 6 的方法再添加一个"文本框",设置文本框的"边框颜色"属性值为"强调文字颜色 6,淡色 60％",并设置文本框"名称"属性的值为"password"。

步骤 8 单击"窗体设计工具-设计"选项卡"控件"组中的【 xxxxx 】按钮(即"按钮"控件)在窗体上要放置按钮的位置按住鼠标左键进行拖动,拖动到适合的大小松开鼠标,这时会弹出一个"命令按钮向导"对话框,如图 7-47 所示。

步骤 9 单击"命令按钮向导"对话框中的【取消】按钮,关闭窗口。然后单击属性表的"全部"选项卡,设置名称属性的值为"login","标题"属性值为"确定"。如图 7-48 所示。

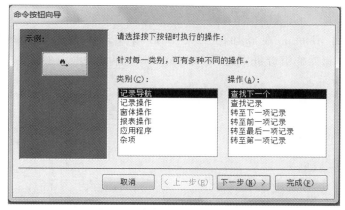

图 7-47 "命令按钮向导"对话框(3)

图 7-48 【确定】按钮属性设置

步骤 10 用第 8 步的方法再添加一个按钮,设置名称属性的值为"login","标题"属性值为"取消"。

步骤 11 单击"自定义快速访问工具栏"中的【保存】按钮,在打开的"另存为"对话框中输入"登录窗体",单击【确定】按钮保存窗体。

子任务 2 使用宏实现用户登录功能

任务分析

子任务 1 已经创建了登录窗体,下面就是要实现登录功能。通过前面对条件宏的学习,可以发现将条件语句和传统 If 语句一起使用。用户只需要输入条件,并选择操作、设置操作参数,就可以完成复杂的设计。本子任务介绍如何利用条件宏来实现一个复杂的登录功能。

任务实施

步骤 1 启动 Access 2010,打开"学生管理"数据库。

步骤 2 在数据库窗口中,单击"创建"选项卡"宏与代码"命令组中的【宏】按钮,打开"宏操作"窗口。

步骤 3 在操作目录窗格中,展开"程序流程",双击 If 程序流程,则将 If 程序流程添加到"宏 5"窗格的"添加新操作"命令组合框中。在"宏 5"窗格中设置 If 程序流程的相关信息,在 If 后输入条件表达式 Len(Nz([username]))=0,在下面的添加新操作组合框中选择 MessageBox,弹出 MessageBox 的属性窗口,在属性窗口中设置消息参数为"用户名不能为空!请输入"。如图 7-49 所示。

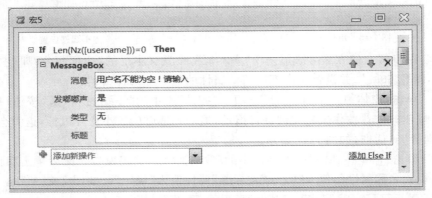

图 7-49　If 条件设置

步骤 4 单击右下角的添加 Else If,在添加的 Else If 后输入条件表达式:Len(Nz([password]))=0,在下面的添加新操作组合框中选择 MessageBox,并设置消息参数为"密码不能为空!请输入"。如图 7-50 所示。

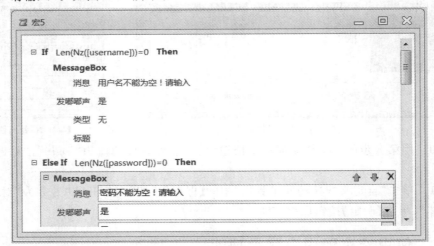

图 7-50　Else If 的设置

步骤 5 单击右下角的添加 Else,在"操作目录"窗格中,展开"程序流程",选择 If 程序流程,并拖动 If 到 Else 下的添加新操作组合框中,在 If 后输入条件表达式:[username]<>"adm",

在下面的添加新操作组合框中选择 MessageBox,并设置消息参数为"用户名错误! 请重新输入"。

步骤 6　继续添加新操作,选择 SetProperty,在"控件名称"参数中输入 username,属性中选择"值",该操作用来将用户名文本框清空。如图 7-51 所示。

图 7-51　Else 下的 If 条件的设置

步骤 7　再单击添加 Else,拖动 If 到添加新操作组合框中,在 If 后输入条件表达式:[password]<>"pwd",在下面的添加新操作组合框中选择 MessageBox,并设置消息参数为"密码错误! 请重新输入"。继续添加新操作,选择 SetProperty,在"控件名称"参数中输入 password,属性中选择"值",该操作用来将密码文本框清空。

步骤 8　再单击添加 Else,添加操作组合框中选择 OpenForm,窗体名称选择"学生管理系统主界面"。

步骤 9　单击"自定义快速访问工具栏"上的【保存】按钮,在"另存为"对话框中输入宏名为"登录宏",单击【确定】按钮保存宏。宏的最后设计结果如图 7-52 所示。

图 7-52　"登录宏"的最后设计结果

步骤 10　单击"导航窗格"中的下拉箭头选择"窗体"对象,找到"登录窗体",右键单击选择设计视图,以设计视图方式打开"登录窗体",选择【确定】按钮,打开【确定】按钮的属性表,在属性表的事件选项卡中选择单击事件，单击右侧下拉箭头，选择"登录宏"。如图 7-53 所示。

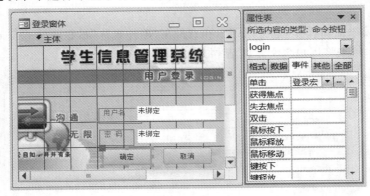

图 7-53 【确定】按钮单击事件的设置

步骤 11 单击"自定义快速访问工具栏"上的【保存】按钮，保存登录窗体的设置。关闭窗体的设计窗口。

步骤 12 双击导航窗格中的登录窗体运行。运行时如果什么都没输入就单击【确定】按钮会弹出图 7-54 所示对话框。

图 7-54 没有任何输入得到的对话框

步骤 13 只输入用户名，没有输入密码，单击【确定】按钮会看到如图 7-55 所示的对话框。

图 7-55 未输入密码得到的对话框

步骤 14 运行时如果用户名和密码都输入了，但是输入了错误的用户名，单击【确定】按钮会看到如图 7-55 所示的对话框。

图 7-56 用户名错误时得到的对话框

步骤 15 单击图 7-56 对话框的【确定】按钮，会看到输入用户名的文本框中被清空了。如图 7-57 所示。

步骤 16 运行时如果用户名和密码都输入了，并且输入了正确的用户名，但是输入了错误的密码，单击【确定】按钮会看到如图 7-58 所示的对话框。

步骤 17 单击图 7-58 对话框的【确定】按钮，会看到输入密码的文本框被清空了。

图 7-57　文本框清空

图 7-58　密码错误时得到的对话框

🐭提示：

在书写条件时所有的符号都必须是英文半角状态下的。

子任务 3　使用模块实现用户登录功能

🔅 任务分析

子任务 2 使用宏实现了用户登录功能。从设计的过程中发现,在添加 If 条件后,需要在 If 条件后输入条件表达式,而且结构看起来不那么清晰。所以对于这种复杂的问题,利用宏设计起来比较麻烦。本子任务就介绍另外一种实现用户登录功能的方法,即利用模块来实现用户登录功能。

🔅 任务实施

步骤 1　启动 Access 2010,打开"学生管理"数据库。

步骤 2　在"导航窗格"中单击下拉箭头,选择"窗体"对象,找到"登录窗体",右键单击该窗体,选择"设计视图",以设计视图打开"登录窗体",选择【确定】按钮,单击"设计"选项卡"工具"命令组中的【属性表】按钮,打开"属性表"窗格,在窗格中单击"事件"选项卡,然后选择"单击"事件,单击右侧下拉箭头,选择"事件过程"。如图 7-59 所示。

步骤 3　单击上图中"单击"事件属性右侧 ,打开 VBE 编辑环境,进入【确定】按钮的单击事件过程。如图 7-60 所示。

步骤 4　在打开的代码窗口中 Private Sub login_Click() 和 End Sub 之间输入下面的代码：

```
Private Sub login_Click()
    If Len(Nz(Me! username)) = 0 Or Len(Nz(Me! password)) = 0 Then
        MsgBox "用户名、密码不能为空"
        Me! username. SetFocus
    Else
```

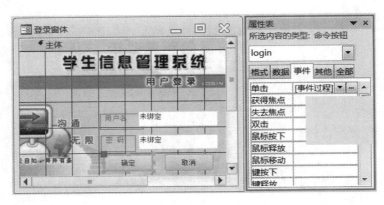

图 7-59 【确定】按钮"单击"属性的设置

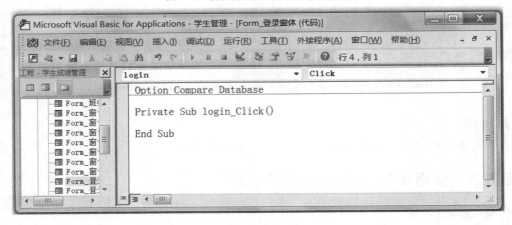

图 7-60 【确定】按钮的单击事件过程

```
        If Me! username <> "adm" Then
            MsgBox "用户名错误！请重新输入"
            Me! username = ""
            Me! username. SetFocus
        Else
            If Me! password <> "pwd" Then
                MsgBox "密码错误！请重新输入"
                Me! password = ""
                Me! password. SetFocus
            Else
                DoCmd. OpenForm "主界面窗体"
            End If
        End If
    End Sub
```

步骤 5　在 VBE 环境中单击"文件菜单"下的"保存"命令，并关闭 VBE 环境。

步骤 6　回到 Access 环境中，单击"自定义快速访问工具栏"上的【保存】按钮，保存窗体，并关闭窗体设计视图。

步骤 7　双击导航窗格中的"登录窗体"运行。我们会看到运行后的效果。

★**特别提示**：任务点相关知识请参阅本任务知识点 2 模块的操作和知识点 3 将宏转换为模块。

任务 7.3   使用模块实现学生管理系统启动界面的功能

◆任务分析

在任务 7.1 的子任务 1 中利用独立宏创建了一个"启动窗体"，但是启动窗体的功能还没有实现。该启动窗体要实现的功能是："学生管理系统"6 个字在窗体上闪烁，并且日期和时间要随着系统日期和时间而变化。当用鼠标单击窗体时，打开"学生管理系统"的主界面，并设置启动窗体的运行时间为 30 秒，30 秒后窗体自动关闭。本任务介绍如何使用模块来实现上述的功能。

◆任务实施

步骤 1   启动 Access 2010，打开"学生管理"数据库。

步骤 2   在"导航窗格"中单击下拉箭头，选择"窗体"对象，找到"启动窗体"，右键单击该窗体，选择"设计视图"，以设计视图打开"启动窗体"。

步骤 3   单击"数据库工具"选项卡"宏"命令组中的【Visual Basic】按钮，进入 VBA 编程环境，在"对象资源管理器"中选择"启动窗体"。如图 7-61 所示。

步骤 4   双击"启动窗体"，在打开的代码区域中的"对象选定器"中选择 Form，在"事件选定器"中选择"Open"，在 Private Sub Form_Open(Cancel As Integer) 和 End Sub 之间输入程序。如图 7-62 所示。

图 7-61   对象资源管理器

步骤 5   实现"学生管理系统"6 个字的闪烁。关闭 VBA 代码窗口，回到窗体设计视图，打开属性表，在属性表中选择窗体对象，然后单击"事件"选项卡，设置"计时器间隔"属性的值为 1000。如图 7-63 所示。

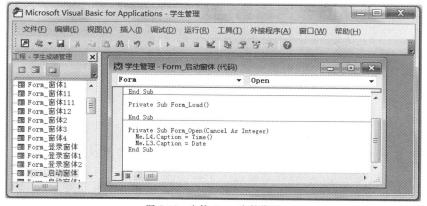

图 7-62   窗体 Open 事件代码

图 7-63   窗体"计时器间隔"属性设置

步骤 6   在"属性表"窗格中选择"计时器触发"事件，单击下拉箭头选择事件过程，再单击进入窗体的 Timer 事件代码区域。在事件代码中输入程序，如图 7-64 所示。

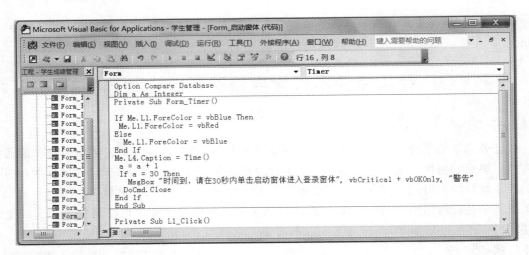

图 7-64　窗体 Timer 事件代码

步骤 7　在上面的 VBA 编程环境,在"对象选定器"下拉列表中选择 Form,在"事件选定器"中选择"Click"事件,在 Private Sub Form＿Timer() 和 End Sub 之间输入下面语句:DoCmd. OpenForm "登录窗体"。

步骤 8　在 VBA 编程环境中,单击"工具栏"上的【保存】按钮。关闭 VBA 环境,回到 Access 环境下,单击"自定义快速访问工具栏"上的【保存】按钮,保存"启动窗体"。

步骤 9　运行"启动窗体",观察效果。

提示:

VBA 中没有直接提供 Timer 时间控件,但是可以通过设置窗体的"计时器间隔"(TimerInterval)属性和添加"计时器触发"(Timer)事件来完成计时功能。"计时器间隔"(TimerInterval)属性的值是以毫秒为单位的。计时器事件的执行过程是:每隔"计时器间隔"时间执行一次 Timer 事件。

★特别提示:任务点相关知识请参阅本任务知识点 2 模块的操作、知识点 4 VBA 程序设计和知识点 5 VBA 数据库编程。

任务实训　创建图书销售管理系统的界面

一、实训目的和要求

1. 掌握创建宏、调试和运行宏,以及使用宏构造数据库应用程序

2. 掌握 VBA 的编程

二、实训内容与步骤

1. 使用子宏创建图书销售管理系统主菜单,并把主菜单加载到主界面上。

图书销售管理系统的主界面包括菜单,菜单样式根据任务 2 的任务实训中对图书销售管理系统的功能分析进行设计,每个菜单项的功能都是通过一个窗体来实现。

2. 创建一个用于打开图书销售管理系统启动界面的自动运行宏。当单击启动界面中的【确定】按钮时进入图书销售管理系统的登录界面。启动界面如图 7-65 所示。

3. 创建"图书销售管理系统"的登录界面,输入正确的用户名和登录密码后,单击登录按钮,可进入到图书销售管理系统的主界面,并使用条件宏实现登录功能。"图书销售管理系统"

的登录界面如图 7-66 所示。

4. 使用模块来实现上述登录窗体的功能。

图 7-65　图书销售管理系统启动界面

图 7-66　图书销售管理系统登录界面

任务小结

通过本任务的学习,要求学生了解宏的概述及常用的宏操作、宏的创建、宏的运行调试以及模块的概述、将宏转换为模块。了解 VBA 程序设计,包括程序设计基础知识及流程控制语句。并掌握独立宏、条件宏、嵌入宏和子宏的创建方法及使用,掌握了模块的使用。

思考与练习

一、填空题

1. 模块包含了一个声明区域和一个或多个子过程(以_____开头)或函数过程(以_____开头)。

2. VBA 的三种流程控制结构是顺序结构、_____和_____。

3. VBA 的定时操作功能是通过窗体的_____事件过程完成的。

4. VBA 中打开报表的命令语句是_____。

5. 宏是一个或多个_____的集合。

6. 在窗体中绘制两个文本框和一个命令按钮,然后在命令按钮的代码窗口中编写如下事件过程:

```
Private Sub Command1_Click()
    Text1="VB programming"
    Text2=Text1
    Text1="ABCD"
End Sub
```

程序运行后,单击命令按钮,文本框 Text2 中显示的内容为_____。

7. 在下面的 VBA 程序段运行时,内层循环的循环次数是_____。

```
For m=0 To 7 Step 3
    For n = m−1 To m+1
    Next n
Next m
```

8. 在窗体上画一个名称为 Command1 的命令按钮,然后编写如下事件过程,该事件过程的功能是计算 s＝1＋1/2! ＋1/3! ＋...＋1/n! 的值。请填空。

```
Private Sub Command1_Click()
    n＝5
    f＝1
    s＝0
    For i＝1 To n
        f＝f_____
        s＝s＋f
    Next
    Print s
End Sub
```

9. 设有以下窗体单击事件过程,打开窗体运行后,单击窗体,则消息框的输出内容是_____。

```
Private Sub Form_Click()
    a＝1
    For i＝1 To 3
        Select Case i
            Case 1,3
                a＝a＋1
            Case 2,4
                a＝a＋2
        End Select
    Next i
    MsgBox a
End Sub
```

二、选择题

1. OpenForm 基本操作的功能是打开(　　)。

A. 表　　　　　　　　B. 窗体　　　　　　　　C. 报表　　　　　　　　D. 查询

2. VBA 的自动运行宏,应当命名为(　　)。

A. AutoExec　　　　　B. Autoexe　　　　　　C. Autokeys　　　　　　D. AutoExec. bat

3. 定义了二维数组 A(2 To 5,5),则该数组的元素个数为(　　)。

A. 25　　　　　　　　B. 36　　　　　　　　　C. 20　　　　　　　　　D. 24

4. VBA 定时操作中,需要设置窗体的"计时器间隔"属性值,其计量单位是(　　)。

A. 毫秒　　　　　　　B. 微秒　　　　　　　　C. 秒　　　　　　　　　D. 分钟

5. 如果不指定对象,Close 操作关闭的是(　　)。

A. 正在使用的表　　　　　　　　　　　B. 当前正在使用的数据库

C. 当前窗体　　　　　　　　　　　　　D. 当前对象(窗体、查询、宏)

6. 在创建条件宏时,如果要引用窗体上的控件值,正确的表达式是(　　)。

A. [窗体名]! [控件名]　　　　　　　　B. [窗体名]. [控件名]

C. [form]! [窗体名]! [控件名]　　　　D. [forms]! [窗体名]! [控件名]

7. 创建宏时至少要定义一个宏操作,并要设置对应的(　　)。

A. 条件　　　　　　　B. 命令按钮　　　　　　C. 宏操作参数　　　　　D. 注释信息

8. 标准模块是独立于(　　)的模块。

A. 窗体与报表　　　　B. 窗体　　　　　　C. 报表　　　　　　D. 窗体或报表

9. 下面属于 VBA 常用标准数据类型的是(　　)。

A. 数值型　　　　　B. 字符型　　　　　C. 货币型　　　　　D. 以上都是

10. 从字符串 S("abcdefg")中返回字符串 B("cd")的正确表达式是(　　)。

A. Mid(S,3,2)　　　　　　　　　　B. Right(Left(S,4),2)

C. Left(Right(S,5),2)　　　　　　　D. 以上都可以

11. 假定有以下循环结构：

```
Do until 条件
    循环体
Loop
```

则下列说法正确的是(　　)。

A. 如果"条件"是一个为－1 的常数，则一次循环体也不执行

B. 如果"条件"是一个为－1 的常数，则至少执行一次循环体

C. 如果"条件"是一个不为－1 的常数，则至少执行一次循环体

D. 不论"条件"是否为"真"，至少要执行一次循环体

12. 以下程序运行后，消息框的输出结果是(　　)。

```
a＝sqr(3)
b＝sqr(2)
c＝a＞b
MsgBox c＋2
```

A. －1　　　　　　　B. 1　　　　　　　C. 2　　　　　　　D. 出错

任务8　"学生管理"数据库的安全性设置

学习重点与难点

- 压缩和修改数据库
- 数据库的备份和恢复
- 为数据库设置密码
- 打包并签署数据库
- 为数据库设置受信任位置
- 将数据库生成 ACCDE 格式文件

学习目标

- 掌握数据库的压缩与修改操作
- 掌握数据库的备份与恢复操作
- 掌握设置和撤消数据库的打开密码
- 了解打包并签署数据库
- 掌握将数据库添加到受信任位置的操作
- 掌握 ACCDE 格式文件的生成

任务描述

1."学生管理"数据库的压缩、修复和备份

2."学生管理"数据库的安全性设置与管理

相关知识

知识点　Access 安全性新增功能

为了保证应用程序系统中数据库安全可靠地运行,数据库创建后,必须要考虑数据库的安全性管理和设置工作。Access 数据库系统提供了对数据库进行安全管理和保护的方法。Access 2010 在 Access 2003 的基础上,新增了许多安全性的功能,主要有:

(1)新的加密技术

Office 2010 提供了新的加密技术,此加密技术比 Office 2007 提供的加密技术更加强大。

（2）对第三方加密产品的支持

在 Access 2010 中，可以根据自己的意愿使用第三方加密技术。

（3）即使在您不想启用数据库内容时也能查看数据的功能

在 Microsoft Office Access 2003 中，如果将安全级别设置为"高"，则必须先对数据库进行代码签名并信任数据库，然后才能查看数据。现在查看数据，而无须决定是否信任数据库。

（4）更高的易用性

如果将数据库文件（新的 Access 文件格式或早期文件格式）放在受信任位置（例如指定为安全位置的文件夹或网络共享），那么这些文件将直接打开并运行，而不会显示警告消息或要求启用任何禁用的内容。此外，如果在 Access 2010 中打开由早期版本的 Access 创建的数据库（例如 .mdb 或 .mde 文件），并且这些数据库已进行了数字签名，而且已选择信任发布者，那么系统将运行这些文件而不需要决定是否信任它们。注意，签名数据库中的 VBA 代码只有在信任发布者后才能运行，并且，如果数字签名无效，代码也不会运行。如果签名者以外的其他人篡改了数据库内容，签名将变得无效。

（5）信任中心

信任中心是一个对话框，它为设置和更改 Access 的安全设置提供了一个集中的位置。使用信任中心可以为 Access 创建或更改受信任位置并设置安全选项。在 Access 实例中打开新的和现有的数据库时，这些设置将影响它们的行为。信任中心包含的逻辑还可以评估数据库中的组件，确定打开数据库是否安全，或者信任中心是否应禁用数据库，并让您判断是否启用它。

（6）更少的警告消息

早期版本的 Access 强制处理各种警报消息，宏安全性和沙盒模式就是其中的两个例子。默认情况下，如果打开一个非信任的 .accdb 文件，将看到一个称为"消息栏"的工具。

当打开的数据库中包含一个或多个禁用的数据库内容（例如，动作查询（添加、删除或更改数据的查询）、宏、ActiveX 控件、表达式（计算结果为单个值的函数）以及 VBA 代码）时，若要信任该数据库，可以使用消息栏来启用任何这样的数据库内容。

（7）用于签名和分发数据库文件的新方法

在 Access 2007 之前的 Access 版本中，使用 Visual Basic 编辑器将安全证书应用于各个数据库组件。现在可以将数据库打包，然后签名并分发该包。

如果将数据库从签名的包中解压缩到受信任位置，则数据库将打开而不会显示消息栏。如果将数据库从签名的包中解压缩到不受信任位置，但信任包证书并且签名有效，则数据库将打开而不会显示消息栏。

（8）使用更强的算法来加密那些使用数据库密码功能的 .accdb 文件格式的数据库

加密数据库将打乱表中的数据，有助于防止不请自来的用户读取数据。当使用密码对数据库进行加密时，加密的数据库将使用页面级锁定。

（9）新增了一个在禁用数据库时运行的宏操作子类

这些更安全的宏还包含错误处理功能。用户可以直接将宏嵌入任何窗体、报表或控件属性。

任务 8.1   "学生管理"数据库的压缩、修复和备份

子任务 1   压缩和修复"学生管理"数据库

☀任务分析

在使用"学生管理"应用系统时,经常对系统中的各种数据进行删除操作,并且在数据库创建和维护过程中还会经常删除数据库对象。由于 Access 数据库系统文件结构的特点,删除操作会使 Access 数据库文件存储零散。这是因为当删除一条记录或一个数据库对象时,Access 不能自动把删除的记录和对象所占用的磁盘空间释放出来,为此造成了数据库文件大小不断增长,同时也造成了计算机硬盘空间数据存储不连续,从而降低硬盘的使用效率,数据库性能下降,有时还会出现打不开数据库的严重问题。Access 数据库提供了数据库的压缩和修复功能,可以避免上述问题的发生。

压缩和修复数据库有两种方式:自动压缩方式和手动压缩方式。本子任务的功能是设置"学生管理"数据库的自动压缩和手动压缩。

☀任务实施

1. 设置关闭数据库时自动压缩

步骤 1   启动 Access 2010,打开"学生管理"数据库。

步骤 2   单击"文件"选项卡,在左侧窗格中的"选项"命令,弹出"Access 选项"对话框,如图 8-1 所示。

图 8-1   "Access 选项"对话框(2)

步骤 3   在"Access 选项"对话框中,单击左侧窗格中的"当前数据库"命令,在右侧窗格中选择"关闭时压缩"选项,单击【确定】按钮,则"学生管理"数据库设置为每次关闭数据库时自动压缩。

2.压缩和修复"学生管理"数据库文件

当向数据库文件执行写操作时,如果没有正常地关闭数据库,如在数据库打开的情况下,计算机突然断电或自动重新启动,则会造成数据库无法正常启动。Access 提供了数据库修复功能,修复数据库就是为了解决 Access 数据库文件出现损坏时无法正常打开的情况。修复Access 文件与压缩 Access 文件是同时完成的。操作过程如下:

步骤 1 启动 Access 2010,打开"学生管理"数据库。

步骤 2 单击"文件"选项卡,如图 8-2 所示。在打开的"文件"选项卡中,单击左侧窗格中的"信息"命令,在右侧窗格中双击"压缩和修复数据库"命令。系统将开始进行压缩和修复数据库的工作,压缩和修复后返回"学生管理"数据库的工作界面。

图 8-2 "文件"界面

子任务 2 备份"学生管理"数据库

☀ 任务分析

"学生管理"数据库中存放着大量的数据,有时计算机会出现硬件或软件系统故障,从而造成数据库丢失或破坏。子任务 1 中的压缩和修复数据库只能修复数据库损坏的一般问题,当数据库丢失或严重破坏时,压缩和修复功能就无能为力了,为此要经常进行数据库的备份工作。当数据库出现严重破坏时,可以使用恢复功能使系统快速恢复到最近的正常数据工作状态,防止应用系统中断和数据丢失。

本子任务实现的功能是备份和恢复"学生管理"数据库。

☀ 任务实施

1.备份"学生管理"数据库

步骤 1 启动 Access 2010,打开"学生管理"数据库。

步骤 2 在"学生管理"数据库的首界面中,单击"文件"选项卡,在打开的"文件"选项卡中，单击左侧窗格中的"保存并发布"命令，打开"保存并发布"窗格。如图 8-3 所示。

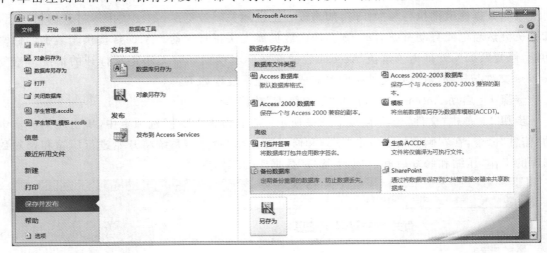

图 8-3 "备份"数据库窗口

步骤 3 在"保存并发布"窗格中，双击右侧窗格中的"备份数据库"命令，弹出"另存为"对话框，如图 8-4 所示。

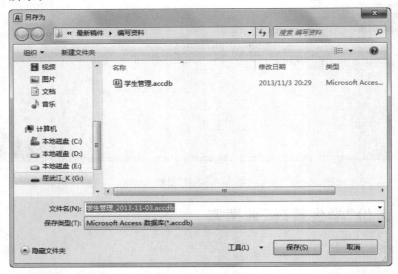

图 8-4 "另存为"对话框(4)

步骤 4 在"另存为"对话框中，选择备份数据库保存的路径，并输入保存的文件名，系统自动以数据库名＋当前日期作为备份数据库的文件名，再单击【保存】按钮，系统开始备份数据库直至完成。

提示：

上述操作使用的是 Access 2010 系统提供的备份数据库，另外，也可以使用"另存为"来备份数据库，但"另存为"方式需要用户自己对文件命名，这种方式不如备份数据库功能简单方便。

2. 恢复"学生管理"数据库

当数据库破坏后，为了保证应用系统快速恢复正常工作，可以使用还原方法恢复数据库，但 Access 数据库没有提供直接还原数据库的命令，最常用的方法是使用 Windows 操作系统的复制、粘贴方法,将 Access 数据库的备份直接复制到"学生管理"系统存放数据库的文件夹即可。由于操作过程简单,在此略。

★**特别提示**:任务点相关知识请参阅本任务知识点 Access 安全性新增功能。

任务 8.2 "学生管理"数据库的安全性设置和管理

子任务 1 设置和撤消"学生管理"数据库的密码

🔆 任务分析

数据库系统的安全性是指禁止非法用户进入数据库进行读写操作,Access 数据库系统实现数据库的安全主要通过设置数据库打开密码来实现。设置或撤消 Access 数据库密码,必须以独占方式打开数据库,这是因为 Access 在网络工作环境下,有可能存在多个用户同时使用同一个数据库。如果未以独占方式打开数据库,当为数据库设置或撤消密码时,系统会显示提示信息,并提示用户独占方式打开数据库的操作过程,如图 8-5 所示。

图 8-5 提示信息对话框

本子任务实现的功能是设置和撤消"学生管理"数据库的打开密码。

🔆 任务实施

1. 设置"学生管理"数据库的密码

步骤 1 启动 Access 2010,单击"文件"选项卡,在打开的"文件"界面中,单击左侧窗格中的"打开"命令,在"打开"对话框中,选择要设置密码的数据库"学生管理",再单击"打开"命令按钮右侧的下拉箭头,选择"以独占方式打开"选项。如图 8-6 所示。

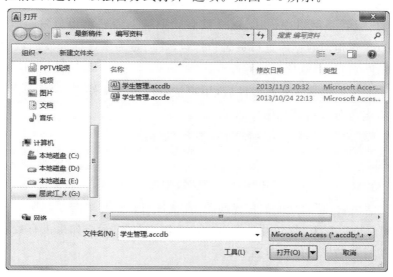

图 8-6 "打开"对话框(2)

步骤 2　单击"文件"选项卡,在打开的"文件"选项卡窗口中,单击左侧窗格中的"信息"命令,在右侧窗格中双击"用密码进行加密"命令,弹出"设置数据库密码"对话框,如图 8-7 所示。

步骤 3　在"设置数据库密码"对话框中,在"密码"文本框中输入密码,在"验证"文本框中再输入一遍密码,单击【确定】按钮完成设置"学生管理"数据的密码操作。

步骤 4　"学生管理"数据库密码设置完成后,再次打开数据库时,系统会提示输入打开密码,如图 8-8 所示。

2. 撤消"学生管理"数据库的密码

步骤 1　启动 Access 2010,单击"文件"选项卡,在打开的"文件"选项卡窗口中,单击左侧窗格中的"打开"命令,在"打开"对话框中,选择要设置密码的数据库"学生管理",再单击"打开"命令按钮右侧的下拉箭头,选择"以独占方式打开"选项。

步骤 2　单击"文件"选项卡,在打开的"文件"选项卡窗口中,单击左侧窗格中的"信息"命令,在右侧窗格中双击"解密数据库"命令,弹出"撤消数据库密码"对话框,如图 8-9 所示。

图 8-7　"设置数据库密码"对话框　　图 8-8　"要求输入密码"对话框　　图 8-9　"撤消数据库密码"对话框

步骤 3　在"撤消数据库密码"对话框中,输入打开数据库的密码,再单击【确定】按钮,完成撤消数据库密码操作。

子任务 2　打包并签署"学生管理"数据库

任务分析

学生管理系统开发完成后,开发人员创建的数据库并不是在自身的计算机中使用,而是必须分发给其他用户或者是网络中使用,这样就必须把数据库安全地分发给其他用户。使用 Access 2010 可以快速地对数据库进行签名和打包,签名是为了保证分发的数据库是安全的。打包是确保在创建该包后数据库没被修改。

在创建了 .accdb 文件或 .accde 文件后,用户就可以将该文件进行打包,并对该包应用数字签名,然后将签名包分发给其他用户。

本子任务实现的功能是打包并签署"学生管理"数据库。

任务实施

步骤 1　启动 Access 2010,打开"学生管理"数据库。

步骤 2　在"学生管理"数据库的首界面单击"文件"选项卡,单击左侧窗格中的"保存并发布"命令,在右侧窗格中双击"打包并签署"命令,如图 8-10 所示。如果没有数字证书,则系统会弹出如图 8-11 所示的提示用户对话框。

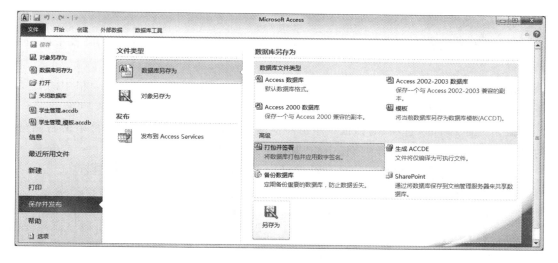

图 8-10 "保存并发布"窗格

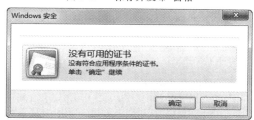

图 8-11 "没有可用的证书"提示对话框

提示：

在打包并签署操作过程中需要注意以下问题：

(1)对数据库打包并签名是一种传达信任的方式。

(2)从包中提取数据库后,签名包与提取的数据库之间将不再有关系。

(3)仅可以为以.accdb、.accdc 或.accde 文件格式保存的数据库进行"打包并签署"。

(4)一个包中只能添加一个数据库。

(5)打包是确保创建该包后数据库没有被修改。

(6)打包并签署将对包进行压缩,以便缩短下载时间。

子任务 3 将"学生管理"数据库添加到受信任位置

☞ 任务分析

受信任位置是指存放到该位置的 Access 数据库,在打开数据库时,数据库中的所有 VBA 代码、宏和安全表达式都会直接运行,而不需要做出信任决定。

使用受信任位置的数据库,必须要在 Access 数据库系统中创建受信任位置,然后将 Access 数据库复制、移动或保存到该受信任位置,以后打开受信任位置的数据库就可以直接运行了。

本子任务的功能是将 D 盘下的 DATA 文件夹创建为受信任位置,并将"学生管理"数据库复制到受信任位置。

任务实施

步骤 1 在 D 盘根文件夹下,建立 DATA 文件夹。启动 Access 2010,打开"学生管理"数据库。

步骤 2 在"学生管理"数据库的启动界面,单击"文件"选项卡,单击左侧窗格中的"选项"命令,弹出"Access 选项"对话框。

步骤 3 在"Access 选项"对话框中单击左侧窗格中的"信任中心"命令,再单击右侧窗格中的"信任中心设置"命令,弹出"信任中心"对话框,如图 8-12 所示。

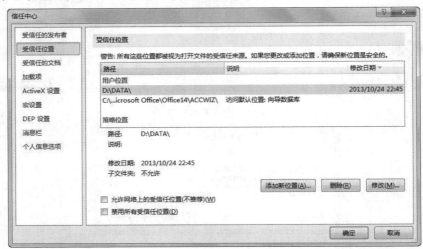

图 8-12 "信任中心"对话框

步骤 4 单击"受信任位置"命令,在右侧窗格显示"受信任位置"窗格。

步骤 5 单击【添加新位置】按钮,弹出"Microsoft Office 受信任位置"对话框,如图 8-13 所示。再单击【浏览】按钮,显示"浏览"对话框,如图 8-14 所示,在对话框中选择 D 盘下的 DATA 文件夹。

图 8-13 "Microsoft Office 受信任位置"对话框

步骤 6 在"浏览"对话框中单击【确定】按钮,返回"Microsoft Office 受信任位置"对话框,在对话框中选择"同时信任此位置的子文件夹"复选框。再单击【确定】按钮即可完成添加受信任位置的操作。最后单击【确定】按钮关闭"信息中心"和"Access 选项"对话框。

步骤 7 关闭"学生管理"数据库,将"学生管理.accdb"文件复制到 D 盘下的 DATA 文件夹,则将"学生管理"数据库添加到受信任位置。以后打开该文件夹中的"学生管理"数据库,系统将自动运行 VBA 等代码,不必再做信任决定了。

图 8-14 "浏览"对话框

子任务 4 将"学生管理"数据库生成 ACCDE 文件

任务分析

"学生管理"数据库创建后,为了保护数据库系统中所创建的各类对象,不被他人擅自修改或查看,保护并隐藏所创建的 VBA 代码,防止误操作删除数据库的对象,可以把设计好并完成测试的"学生管理"数据库转换成 ACCDE 格式的文件,这样可以进一步提高数据库系统的安全性。

生成 ACCDE 文件的操作称为数据库打包,打包生成 ACCDE 文件的过程就是对数据库进行编译、自动删除所有可编辑的 VBA 代码并压缩数据库系统。

本子任务实现的功能是打包"学生管理"数据库生成 ACCDE 文件。

任务实施

步骤 1 启动 Access 2010,打开"学生管理"数据库。

步骤 2 单击"文件"选项卡,在左侧窗格中单击"保存并发布"命令,在右侧窗格中双击"生成 ACCDE"命令,弹出"另存为"对话框,如图 8-15 所示。

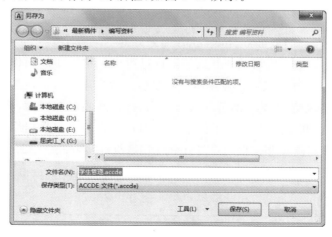

图 8-15 生成 ACCDE 文件的"另存为"对话框

步骤 3 在"另存为"对话框中,选择生成的 ACCDE 文件保存的文件夹和文件名,再单击【保存】按钮即可完成生成 ACCDE 文件的操作。

提示:

(1)原数据库.ACCDB 生成了 ACCDE 文件后,原来的 ACCDB 文件仍保持不变,不像以前的 Access 版本是把原来的文件直接转换为 ACCDE 文件了,这为用户提供了很大的方便。

(2)当用户打开"学生管理.ACCDE"文件后,发现在该文件中不允许创建任何对象了,这表示现有数据库处于只读状态,不能进行编辑和修改。

★**特别提示:**任务点相关知识请参阅本任务知识点 Access 安全性新增功能。

任务实训 图书销售管理数据库的安全性设置

一、实训目的和要求

1.掌握压缩和修复以及备份数据库

2.掌握设置和撤消数据库密码

3.了解数据库的打包并签署

4.掌握添加受信任位置以及生成 ACCDE 文件

二、实训内容与步骤

1.设置"图书销售管理"数据库的压缩方式为"关闭时自动压缩"。

2.手工压缩和修复"图书销售管理"数据库。

3.备份"图书销售管理"数据库。

4.设置"图书销售管理"数据库的打开密码为"admin",并打开数据库查看效果。

5.打包并签署"图书销售管理"数据库。

6.在 D 盘上建立文件夹"APP_DATA",并设置为受信任位置,并向"图书销售管理"数据库添加该受信任位置。

7.将"图书销售管理"数据库生成 ACCDE 文件,并保存到 D 盘下的 APP_DATA 文件夹中。

任务小结

数据库的安全性管理是应用系统开发和运行过程中非常重要的工作环节,本任务介绍了 Access 数据库的安全性设置以及管理操作。主要包括数据库文件的压缩和修复、数据库文件的备份与恢复、设置和撤消数据库的打开权限密码、打包并签署数据库、将数据库添加到受信任位置以及生成 ACCDE 文件。解决了由于经常删除操作造成的数据库存储碎片、系统出现故障造成数据库损坏和防止非授权用户打开和使用数据库等问题。通过本任务的学习要求学生掌握 Access 数据库的安全性设置操作。

思考与练习

一、填空题

1. Access 2010 中整理数据库碎片使用_____功能。

2.压缩和修复数据库操作有两种方式,分别是_____和_____。

3.Access 2010 提供了数据库备份功能,操作方法是单击文件选项卡窗口中左窗格中的_____命令,最后单击_____命令。

4.设置受信任位置是通过文件选项卡中的_____命令。

5._____是为了保证分发的数据库是安全的,_____是确保在创建该包后数据库没被修改。

6.设置或撤消 Access 数据库密码,必须以_____方式打开数据库。

7.Access 2010 中的_____位置,是指存放到该位置的 Access 数据库,在打开数据库时,数据库中的所有 VBA 代码、宏和安全表达式都会直接运行,而不需要做出信任决定。

8.Access 2010 中,_____格式的文件保护数据库系统中所创建的各类对象,不被他人擅自修改或查看,保护并隐藏所创建的 VBA 代码,防止误操作删除数据库的对象。

二、简答题

简述 Access 2010 的安全性设置与管理。

参 考 文 献

[1] 张满意. Access 2010 数据库管理技术实训教程[M]. 北京:科学出版社,2012.

[2] 张强,张玉明. 中文 Access 2010 入门与实训教程[M]. 北京:电子工业出版社,2011.

[3] 付兵. 数据库基础与应用-Access 2010[M]. 北京:科学出版社,2012.

[4] 付兵. 数据库基础与应用实验指导-Access 2010[M]. 北京:科学出版社,2012.

[5] 教育部考试中心. 全国计算机等级考试二级教程-Access 数据库程序设计[M]. 北京:高等教育出版社,2008.

[6] 纪澍琴. Access 数据库应用基础教程[M]. 北京:北京邮电大学出版社,2010.

附录　Access 2010数据库技术课程设计指导

一、设计的目的、任务

Access 2010 数据库技术是高职计算机应用类专业的技能课程,通过课堂理论知识的学习,学生已掌握了 Access 2010 数据库的基本理论和实际操作。课程设计是一项非常重要的实践教学环节,是在学习课程后进行的一次综合训练。其目的是通过课程设计,使学生在掌握 Access 2010 数据库的基础上,结合实际应用系统的设计与操作,巩固课堂教学内容,使学生理论与实际相结合,应用现有的数据建模工具和数据库管理系统软件,规范、科学地完成一个小型数据库的设计与实现,让学生做到学以致用,编制出完整的应用程序,为以后编制大型的应用软件打下良好的基础。

二、课程设计要求

(1)严格遵循课程设计的安排,按时参加课程设计,不迟到、不早退,保质保量地完成课程设计任务;

(2)课题设计内容符合课程设计要求,实现应用系统的基本功能,并可以添加与应用有关的其他功能或修饰,使程序更加完善、合理;

(3)设计的应用系统要求交互界面友好美观,操作简单易行;

(4)结合设计的应用系统要求不要过分强调系统的全面性,注意程序的实用性,同时要充分考虑数据库和应用系统的安全性;

(5)课程设计过程中要随时记录设计情况,以便备查并为编写设计说明书做好准备;

(6)课程设计结束后提交设计说明书 1 份,源程序能编译成可执行文件并能正常运行;

(7)加强团队意识,互帮互助,相互协作。

三、设计说明书(设计报告)大纲

1.课程设计题目。

2.系统概述:系统的基本任务、主要业务和开发目标。

3.系统需求分析:系统现状,要解决的主要问题,达到的具体指标等。

4.系统功能分析与设计:分析现有系统或手工系统,确定系统的功能模块,对系统要实现的功能进行简明扼要的描述,绘制系统功能结构图。

5.数据库设计:确定系统的概念模型,绘制系统的 E-R 模型,并根据 E-R 模型进行数据库的逻辑设计,导出关系模式。进行数据库的物理结构设计,创建数据库,并设计表的索引、表之间的关系和数据完整性约束,同时考虑到系统有多个用户操作,要进行数据库安全性控制。

6.系统的详细设计:详细说明各功能模块的实现过程,所用到的主要代码、技巧等。

7.总结和体会:总体概括系统实现的主要功能、存在的不足以及预期的解决办法,谈谈自己在课程设计过程中的心得体会。

8.参考文献:按参考文献规范列出各种参考文献,包括参考书目、论文和网址等。

四、课程设计题目及具体要求

1.人事管理系统
系统功能的基本要求:

(1)员工各种信息的输入,包括员工的基本信息、学历信息、婚姻状况、职称等。

(2)员工各种信息的修改。

(3)对于转出、辞职、辞退、退休员工信息的删除。

(4)按照一定的条件,查询、统计符合条件的员工信息。至少应该包括每个员工详细信息的查询、按婚姻状况查询、按学历查询、按工作岗位查询等,至少应该包括按学历、婚姻状况、岗位、参加工作时间等统计员工信息。

(5)对查询、统计的结果打印输出。

2.工资管理系统
系统功能的基本要求:

(1)员工每个工种基本工资的设定。

(2)加班津贴管理,根据加班时间和类型给予不同的加班津贴。

(3)按照不同工种的基本工资情况、员工的考勤情况产生员工每月的月工资。

(4)员工年终奖金的生成,员工的年终奖金计算公式=(员工本年度的工资总和+津贴的总和)/12。

(5)企业工资报表。能够查询单个员工的工资情况、每个部门的工资情况、按月的工资统计,并能够打印。

3.机票预定系统
系统功能的基本要求:

(1)每个航班信息的输入;

(2)每个航班座位信息的输入;

(3)当旅客进行机票预定时,输入旅客基本信息,系统为旅客安排航班,打印取票通知和账单;

(4)旅客在飞机起飞前一天凭取票通知交款取票;

(5)旅客能够退订机票;

(6)能够查询每个航班的预定情况、计算航班的满座率。

4.库存管理系统
系统功能的基本要求:

(1)基本信息管理

基本信息管理的功能主要包括供应商信息、仓库信息、部门信息、职工信息、客户信息的添加、修改和查询等。

(2)货品入库管理

货品入库管理的功能主要包括各种货品的入库单登记、入库单修改和入库单删除等。

（3）货品出库管理

货品出库管理的功能主要包括各种货品的出库单登记、出库单修改和出库单删除等。

（4）货品查询管理

货品查询管理的功能主要包括入库单流水账查询、统计和打印，出库单流水账查询、统计和打印，货品库存查询和打印，库存盘点和打印，货品调拨查询和打印以及综合查询统计和打印等。

（5）系统维护管理

系统维护管理的功能主要包括用户添加、修改和删除，用户口令的设置，数据库的备份与恢复，系统初始化等。

五、课程设计时间安排

课程设计时间为 1～2 周，每周 20 学时。

六、成绩的评定方法与评分标准

根据本人的软件系统和设计说明书完成情况评定课程设计成绩。成绩可分为优、良、中、及格和不及格五个等级。

（1）优：课程设计所编制的程序能完整运行，界面完整、良好，能正确回答指导老师提出的问题；

（2）良：课程设计所编制的程序能完整运行，界面完整，能正确回答指导老师提出的问题；

（3）中：课程设计所编制的程序能运行，只能回答指导老师提出的部分问题；

（4）及格：课程设计所编制的程序只能部分执行，只能回答指导老师提出的部分问题；

（5）不及格：课程设计中所设计的程序不能运行，指导老师提出的问题不能回答。

优秀系统设计的标准：系统设计合理，有一定的实用性、逻辑性强、界面友好；

优秀报告的标准：层次清晰，文字流畅，重点突出。

七、参考资料

充分利用图书馆和网络去搜集相关资料。

八、需上交资料

书面资料：按封面、任务书、设计说明书（设计报告）的顺序装订。

电子资料：Word 文档（封面、任务书、设计说明书（设计报告））和应用系统的备份资料。

九、参考案例：《库存管理系统》课程设计说明书

第 1 章　库存管理系统概述

库存管理系统是企事业单位不可缺少的一部分，库存管理的规范化对于企业的决策者和管理者来说是至关重要的，因此，库存管理系统应该能够为用户提供充足的信息和快捷的查询手段。但长期以来人们使用传统的人工方式管理库存，这种管理方式随着企业生产规模的不

断扩大,数据信息处理工作量越来越大,存在容易出错、数据丢失,且不易查找等问题,这种管理方式缺乏系统、规范的信息管理手段。

随着科学技术的不断提高,计算机科学技术的不断发展,计算机强大的功能已经被人们深刻认识,它已经进入了人类社会的各个领域并发挥着越来越重要的作用。作为计算机应用的一部分,使用计算机对产品库存信息进行管理,具有人工管理无法比拟的优点,它检索迅速、查找方便、可靠性高、存储量大、保密性好、寿命长、成本低等,可减少更多的人力物力,这些都能够极大地提高货品库存的管理效率,也是企业库存管理科学化、正规化,与世界接轨的重要条件。因此,开发一套规范、先进的库存管理系统,对提高库存管理工作的效率、信息的规范管理、科学统计和快速查询,减少管理方面的工作量,同时对于调动广大员工的工作积极性,提高企业的生产效率,具有十分重要的现实意义。

第 2 章　库存管理系统分析设计

系统分析设计的总原则是保证系统目标的实现,并在此基础上使技术资源的运用达到最佳。在系统设计中应遵循以下的原则:系统性原则,经济性原则、可靠性原则和管理可接受原则。库存管理系统设计的主要任务是建立详尽的库存管理信息以及所有仓库内的货品及对应入库、出库的记录,并对货品的库存量进行统计登记,以便管理人员及时对仓库内货品信息、客户信息、供应商信息等的浏览等。

2.1　需求分析

2.1.1　系统目标概述

本库存管理系统的目的是实现仓库管理的系统化、自动化,帮助仓库管理人员更有效地完成管理工作,充分利用计算机实现对出入库管理、库存信息管理、客户和供应商管理等自动化控制工作,本系统用户最终分为一般用户和管理员。其中一般管理员可以实现对库存信息、出入库操作记录,客户信息、供应商和经办人信息等的查询;管理员除了有查询以上信息的权限外,还有修改信息的权限,能够实现添加新的系统用户等功能。

2.1.2　功能需求分析

(1)基本信息管理

库存管理系统中包括供应商信息、仓库信息、部门信息、职工信息、客户信息等。基本信息管理的功能主要包括供应商信息、仓库信息、部门信息、职工信息、客户信息的添加、修改和查询等。

(2)货品入库管理

货品入库管理的功能主要包括各种货品的入库单登记、入库单修改和入库单删除等。

(3)货品出库管理

货品出库管理的功能主要包括各种货品的出库单登记、出库单修改和出库单删除等。

(4)货品查询管理

货品查询管理的功能主要包括入库单流水账查询、统计和打印、出库单流水账查询、统计和打印、货品库存查询和打印、库存盘点和打印、货品调拨查询和打印以及综合查询统计和打印等。

(5)系统维护

系统维护的功能主要包括用户添加、修改和删除,用户口令的设置,数据库的备份与恢复,系统初始化等。

2.2　系统功能结构

库存管理系统由基本信息管理子系统、货品入库管理子系统、货品出库管理子系统、货品查询子系统和系统维护子系统五部分组成,功能结构如附图1所示。功能结构图反映了系统功能模块之间的层次关系。

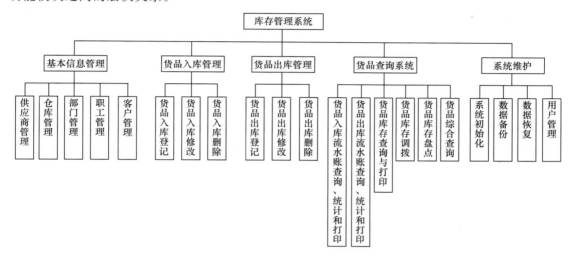

附图1　库存管理系统功能结构图

第3章　库存管理系统数据库设计

数据库在一个信息管理系统中占有非常重要的地位,数据库结构设计的好坏将直接影响应用系统的效率及实现的效果。合理的数据库结构设计可以提高数据存储的效率,保证数据的完整性和一致性。通过对模块的详细调查,充分了解该系统的工作情况,明确用户的各种需求,确定了这个数据库系统的功能。该数据库系统的设计不仅适应当前用户各方面的要求,而且要充分考虑今后可能的扩充和改变。本章针对库存管理系统的用户功能需求对系统数据库的需求分析、概念设计、逻辑设计和物理结构设计进行描述。

3.1　数据库需求分析

数据库的需求分析是进行系统功能划分和系统设计最重要的一个环节。根据系统需要,库存管理,系统存储和维护如下数据实体和数据项。

(1)供应商信息

供应商信息主要包括供应商编号、供应商名、地址、联系人、联系电话等。

(2)仓库信息

仓库信息主要包括仓库号、仓库名、所在部门、负责人等。

(3)部门信息

部门信息主要包括部门号、部门名、负责人、联系电话等。

(4)职工信息

职工信息主要包括职工号、姓名、性别、工作日期、基本工资、职务、部门号等。

(5)客户信息

客户信息主要包括客户号、客户名、地址、联系人、联系电话等。

（6）货品信息

货品信息主要包括货品编号、货品名称、规格、型号、单位等。

（7）库存信息

库存信息主要包括货品编号、库存数量、单价、仓库号等。

（8）入库单信息

入库单信息主要包括入库单号、货品编号、入库日期、入库数量、入库单价、经办人等。

（9）出库单信息

出库单信息主要包括出库单号、货品编号、出库日期、出库数量、出库单价、客户号等。

3.2 数据库的概念设计

根据库存管理系统的数据库需求和功能要求，按照数据库概念模型的设计要求使用 E-R 图描述与具体数据库管理系统无关的概念模型。库存管理系统中有实体供应商、仓库、部门、职工、客户、货品等，各实体之间存在一对多和多对多的联系。

3.2.1 绘制库存管理系统的局部 E-R 模型

分析库存管理数据库各实体之间的联系，将系统划分为组织结构局部 E-R 图、采购局部 E-R 图、库存局部 E-R 图、出库局部 E-R 图。

（1）使用 ER_Designer 工具绘制组织结构局部 E-R 图，如附图 2 所示。

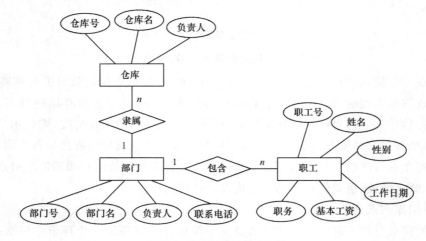

附图 2　组织结构局部 E-R 图

（2）使用 ER_Designer 工具绘制采购局部 E-R 图，如附图 3 所示。

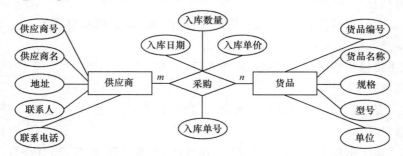

附图 3　采购局部 E-R 图

（3）使用 ER_Designer 工具绘制库存和货品出库局部 E-R 图，略。

3.2.2　使用 ER_Designer 工具绘制库存管理系统全局 E-R 图,如附图 4 所示

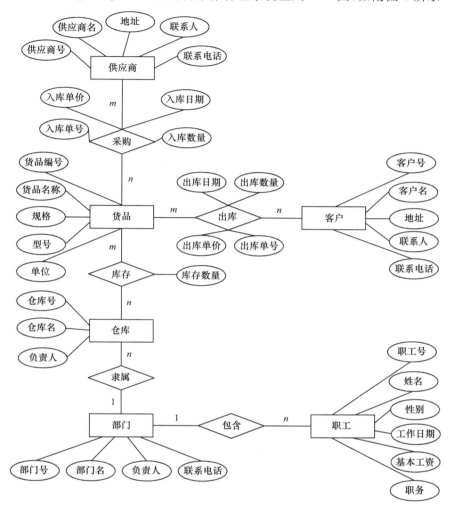

附图 4　库存管理系统全局 E-R 图

3.3　数据库的逻辑设计

在库存管理数据库概念设计生成的 E-R 模型的基础上,首先将 E-R 模型按照从概念模型转换为逻辑模型的规则将其转换为关系模式,再根据导出的关系模式根据功能需求增加关系、属性并规范化得到最终的关系模式。转换后的关系模式如下:

(1)供应商信息(供应商号,供应商名,地址,联系人,联系电话)

(2)仓库信息(仓库号,仓库名,所在部门,负责人,部门号)

(3)部门信息(部门号,部门名,负责人,联系电话)

(4)职工信息(职工号,姓名,性别,工作日期,基本工资,职务,部门号)

(5)客户信息(客户号,客户名,地址,联系人,联系电话)

(6)货品信息(货品编号,货品名称,规格,型号,单位)

(7)库存信息(货品编号,库存数量,单价,仓库号)

(8)入库单信息(入库单号,货品编号,入库日期,入库数量,入库单价,经办人,供应商号)

(9)出库单信息(出库单号,货品编号,出库日期,出库数量,出库单价,客户号)

3.4　数据库的物理结构设计

根据逻辑设计导出的库存管理数据库关系模式,在计算机上使用特定的数据库管理系统 (Access 2010)实现数据库的建立,称为数据库的物理结构设计。以供应商表为例设计表的结构,其他数据表自行完成。

1.供应商表的物理结构设计,见附表1。

附表 1　　　　　　　　　　　　　供应商表结构

字段名	数据类型	大小	约　束
供应商编号	文本	4	主键
供应商名	文本	30	非空
地址	文本	30	
联系人	文本	8	
联系电话	文本	13	

2.部门表的物理结构设计,略。

3.职工表的物理结构设计,略。

4.客户表的物理结构设计,略。

5.货品表的物理结构设计,略。

6.入库单表的物理结构设计,略。

7.出库单表的物理结构设计,略。

8.库存表的物理结构设计,略。

9.用户表的物理结构设计,略。

第 4 章　库存管理系统的详细设计

系统的详细设计是软件开发的关键环节,库存管理系统根据功能需求需要在 Access 2010 中创建登录界面,系统主界面,供应商信息的添加、修改、删除界面,部门信息的添加、修改、删除界面,职工信息的添加、修改、删除界面,客户信息的添加、修改、删除界面,用户信息的添加、删除、界面,口令修改界面、货品入库登记界面,货品入库登记修改界面,货品出库登记、修改、删除界面,出入库流水账查询、统计和打印界面、库存盘点界面、综合信息查询、统计和打印界面,系统初始化、数据备份以及数据恢复界面等。

本章主要介绍库存管理系统软件功能的设计与实现过程。

4.1　库存管理系统的业务流程

根据库存管理系统的用户需求以及操作流程,用户使用库存管理系统首先进行用户登录,登录成功后进入到库存管理系统主界面,在主界面中完成所有的库存管理功能。具体业务流程如附图 5 所示。

4.2　库存管理系统的登录界面与主界面的实现

4.2.1　系统登录界面的设计与实现

不论是系统管理员还是普通用户,当进入库存管理系统时,首先弹出用户登录界面,如附图 6 所示。输入用户名和密码,系统验证用户身份,合法的用户才允许使用本系统,否则给出错误提示,如附图 7 所示。

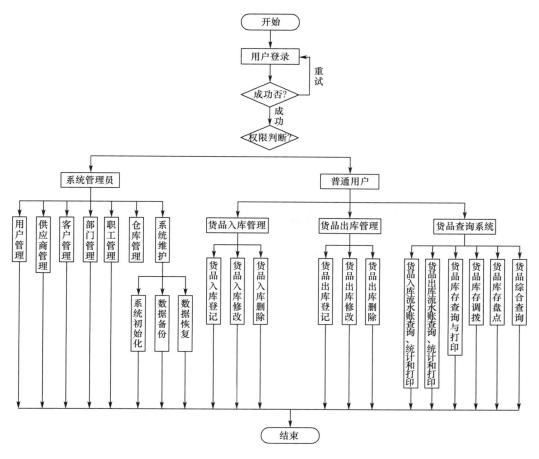

附图 5 库存管理系统业务流程图

附图 6 用户登录界面

附图 7 登录错误提示对话框

4.2.2 库存管理系统主界面的设计

登录成功后，系统自动打开库存管理系统主界面，如附图 8 所示。用户在主界面选择要完成的功能模块，系统打开对应的窗口完成用户操作。

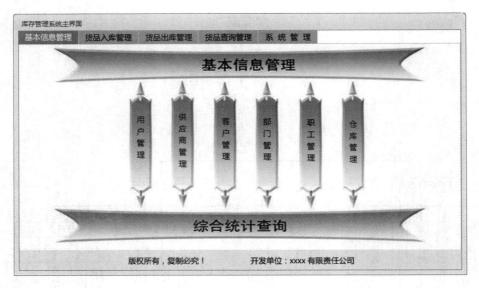

附图 8　库存管理系统主界面

4.3　基本信息管理子系统的设计与实现

4.3.1　供应商信息管理的实现

供应商信息管理主要包括供应商信息的添加、修改和删除操作，系统提供良好人机交互界面。

（1）供应商信息的添加

供应商信息的添加界面如附图 9 所示。

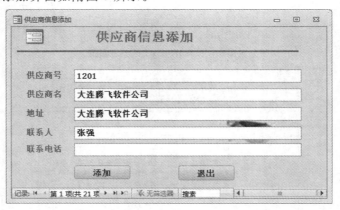

附图 9　供应商信息添加窗口

第 5 章　总结和心得体会

　　为期两周的 Access 2010 数据库技术课程设计在指导教师的指导下，在我们的共同努力下，从课程设计选题到软件系统的需求分析、功能设计、数据库设计，再到系统功能的具体实现，最后撰写课程设计说明书，圆满完成了课程设计的任务要求。课程设计是 Access 2010 数据库技术课程的综合实训环节，本门课程的理论部分采用项目化任务驱动教学模式，以学生熟悉的学生管理系统为教学案例贯穿教学过程，体现了"教中做，做中学"的教学理念。采用目前流行的 Access 2010 数据库，注重新技术、新思维。通过本门课程的任务教学和任务实训的学习使我们掌握了 Access 2010 数据库的基本理论、基本操作和实际应用系统的开发过程。

　　本次课程设计的库存管理系统应用 Access 2010 实现了基本信息管理子系统、货品入库管理子系统、货品出库管理系统、货品查询子系统和系统维护子系统的相关功能。通过应用 Access 2010 开发和设计库存管理系统，使我们对 Access 2010 的各种操作和应用系统的开发过程有了更加深刻的理解和掌握，并能够应用 Access 2010 数据库开发具体的实际应用软件系统，同时在数据库设计方面得到了大幅度的提高，从原来对数据库的 E-R 图的一知半解，到现在能针对一个具体的应用系统做好数据库的规划和设计。

　　但在本次课程设计中也存在着不足，由于在最初的系统需求分析方面所收集以及准备的材料不足，致使在程序的实际开发过程中，出现了很多由于事先没有全面考虑而产生的不必要的问题，增加了程序设计开发的时间。另外在界面布局方面不专业，不美观，应进一步加强美化。在数据库设计方面，由于在概念结构设计方面的疏忽使得数据库中表与表之间的联系不灵活，从而导致了数据库中冗余数据的出现。

　　总之，通过课程设计使我们在掌握 Access 2010 数据库操作的基础上，理论与实际相结合，学以致用，结合具体实际应用系统的设计与操作，极大地提高了实践动手和应用所学理论知识解决具体的实际问题的能力，充分体现了"教、学、做"一体化的教学新模式，为以后编制大型的应用软件打下良好的基础。